普通高等教育"十一五"国家级规划教材
中国电子教育学会推荐教材
全国高职高专院校规划教材·精品与示范系列

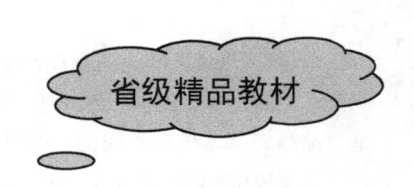

省级精品教材

模拟电子技术与应用

华永平　主　编

张智玮　徐瑞亚　王海荣　副主编

电子工业出版社
Publishing House of Electronics Industry
北京·BEIJING

内 容 简 介

本书按照最新的职业教育教学改革理论，在作者多年的课程改革实践经验基础上进行编写，集理论、实践、仿真、多媒体于一体，是一本实用性强、易于教学的项目式课程教材。主要内容包含 5 个项目，分别是：晶体管基本电路的测试与应用设计、集成运算放大器的测试与应用设计、功率放大器的测试与应用设计、直流稳压电源的测试与设计、函数信号发生器的测试与设计等。在每个项目中提出具体的学习目标与工作任务，突出工作任务与知识的联系，让学生在职业实践活动的基础上掌握知识，增强了课程内容与职业岗位能力要求的相关性，强化了知识学习的针对性和应用性。

本书可作为高职高专院校各专业模拟电子技术课程的教材，以及应用型本科、成人教育、函授学院、电视大学、中职学校相应课程的教材，亦可供从事电子技术工作的工程技术人员参考。

本书配有免费的电子教学课件和练习题参考答案，详见前言。

未经许可，不得以任何方式复制或抄袭本书之部分或全部内容。
版权所有，侵权必究。

图书在版编目（CIP）数据

模拟电子技术与应用 / 华永平主编. —北京：电子工业出版社，2009.8
全国高职高专院校规划教材·精品与示范系列
ISBN 978-7-121-11597-4

Ⅰ.①模… Ⅱ.①华… Ⅲ.①模拟电路－电子技术－高等学校：技术学校－教材 Ⅳ.①TN710

中国版本图书馆 CIP 数据核字（2009）第 158900 号

策划编辑：陈健德（E-mail:chenjd@phei.com.cn）
责任编辑：张　京
印　　刷：北京虎彩文化传播有限公司
装　　订：北京虎彩文化传播有限公司
出版发行：电子工业出版社
　　　　　北京市海淀区万寿路 173 信箱　邮编　100036
开　　本：787×1092　1/16　印张：16　字数：410 千字
版　　次：2009 年 12 月第 1 版
印　　次：2021 年 2 月第 9 次印刷
定　　价：28.00 元

所购买电子工业出版社图书有缺损问题，请向购买书店调换。若书店售缺，请与本社发行部联系，联系及邮购电话：(010) 88254888，88258888。
质量投诉请发邮件至 zlts@phei.com.cn，盗版侵权举报请发邮件至 dbqq@phei.com.cn。
本书咨询联系方式：chenjd@phei.com.cn。

职业教育　继往开来（序）

自我国经济在新的世纪快速发展以来，各行各业都取得了前所未有的进步。随着我国工业生产规模的扩大和经济发展水平的提高，教育行业受到了各方面的重视。尤其对高等职业教育来说，近几年在教育部和财政部实施的国家示范性院校建设政策鼓舞下，高职院校以服务为宗旨、以就业为导向，开展工学结合与校企合作，进行了较大范围的专业建设和课程改革，涌现出一批示范专业和精品课程。高职教育在为区域经济建设服务的前提下，逐步加大校内生产性实训比例，引入企业参与教学过程和质量评价。在这种开放式人才培养模式下，教学以育人为目标，以掌握知识和技能为根本，克服了以学科体系进行教学的缺点和不足，为学生的顶岗实习和顺利就业创造了条件。

中国电子教育学会立足于电子行业企事业单位，为行业教育事业的改革和发展，为实施"科教兴国"战略做了许多工作。电子工业出版社作为职业教育教材出版大社，具有优秀的编辑人才队伍和丰富的职业教育教材出版经验，有义务和能力与广大的高职院校密切合作，参与创新职业教育的新方法，出版反映最新教学改革成果的新教材。中国电子教育学会经常与电子工业出版社开展交流与合作，在职业教育新的教学模式下，将共同为培养符合当今社会需要的、合格的职业技能人才而提供优质服务。

近期由电子工业出版社组织策划和编辑出版的"全国高职高专院校规划教材·精品与示范系列"，具有以下几个突出特点，特向全国的职业教育院校进行推荐。

（1）本系列教材的课程研究专家和作者主要来自于教育部和各省市评审通过的多所示范院校。他们对教育部倡导的职业教育教学改革精神理解得透彻准确，并且具有多年的职业教育教学经验及工学结合、校企合作经验，能够准确地对职业教育相关专业的知识点和技能点进行横向与纵向设计，能够把握创新型教材的出版方向。

（2）本系列教材的编写以多所示范院校的课程改革成果为基础，体现重点突出、实用为主、够用为度的原则，采用项目驱动的教学方式。学习任务主要以本行业工作岗位群中的典型实例提炼后进行设置，项目实例较多，应用范围较广，图片数量较大，还引入了一些经验性的公式、表格等，文字叙述浅显易懂。增强了教学过程的互动性与趣味性，对全国许多职业教育院校具有较大的适用性，同时对企业技术人员具有可参考性。

（3）根据职业教育的特点，本系列教材在全国独创性地提出"职业导航、教学导航、知识分布网络、知识梳理与总结"及"封面重点知识"等内容，有利于老师选择合适的教材并有重点地开展教学过程，也有利于学生了解该教材相关的职业特点和对教材内容进行高效率的学习与总结。

（4）根据每门课程的内容特点，为方便教学过程，为教材配备相应的电子教学课件、习题答案与指导、教学素材资源、程序源代码、教学网站支持等立体化教学资源。

职业教育要不断进行改革，创新型教材建设是一项长期而艰巨的任务。为了使职业教育能够更好地为区域经济和企业服务，我们殷切希望高职高专院校的各位职教专家和老师提出建议，共同努力，为我国的职业教育发展尽自己的责任与义务！

中国电子教育学会

职业导航

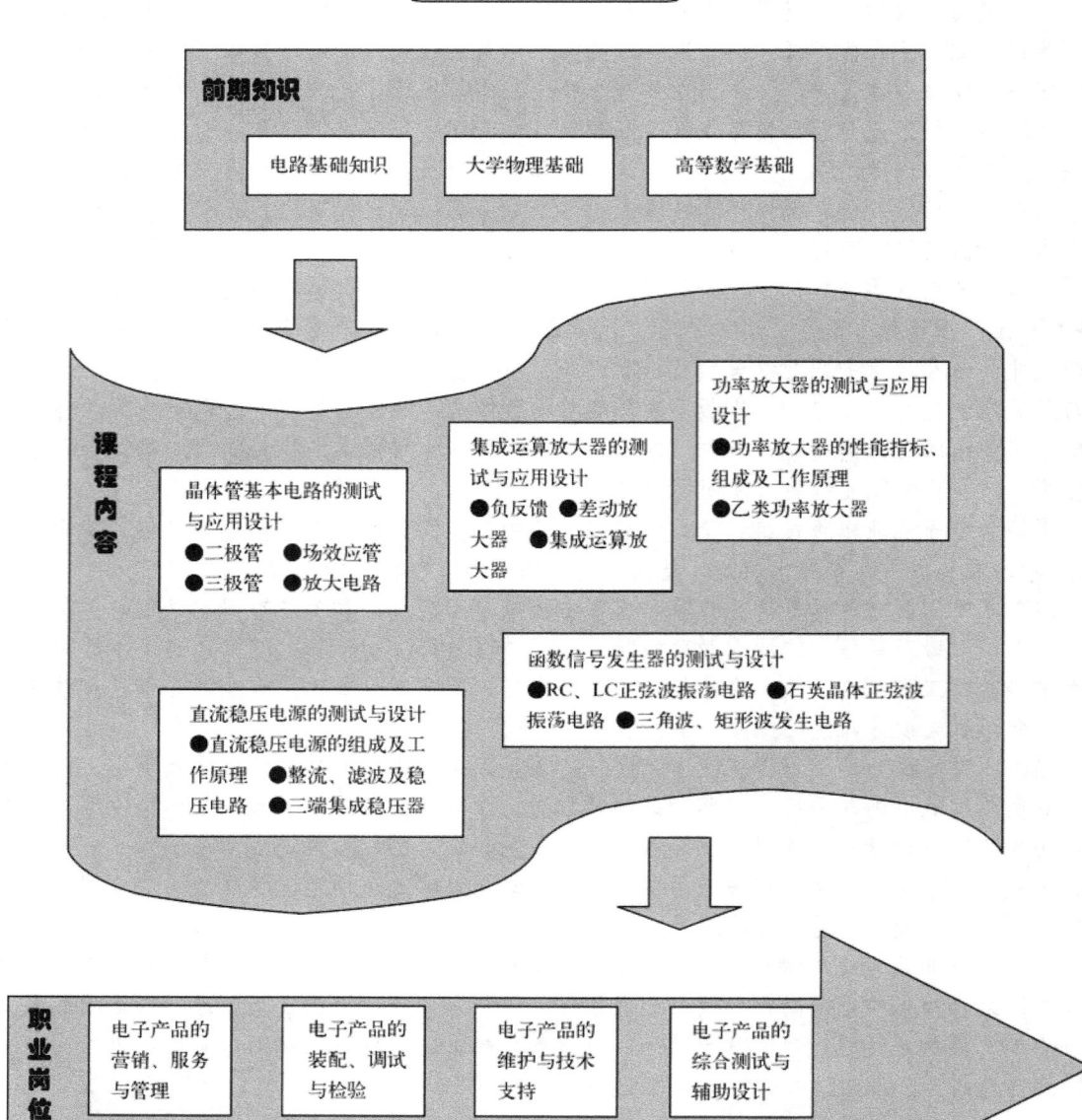

前期知识
- 电路基础知识
- 大学物理基础
- 高等数学基础

课程内容

晶体管基本电路的测试与应用设计
- 二极管 ●场效应管
- 三极管 ●放大电路

集成运算放大器的测试与应用设计
- 负反馈 ●差动放大器 ●集成运算放大器

功率放大器的测试与应用设计
- 功率放大器的性能指标、组成及工作原理
- 乙类功率放大器

直流稳压电源的测试与设计
- 直流稳压电源的组成及工作原理 ●整流、滤波及稳压电路 ●三端集成稳压器

函数信号发生器的测试与设计
- RC、LC正弦波振荡电路 ●石英晶体正弦波振荡电路 ●三角波、矩形波发生电路

职业岗位
- 电子产品的营销、服务与管理
- 电子产品的装配、调试与检验
- 电子产品的维护与技术支持
- 电子产品的综合测试与辅助设计

前言

传统意义上的学科课程形成了一个序化的、结构化的、相对比较完整的知识体系，有利于学习者进行大容量快捷记忆、归纳、总结与应用，从知识本身的学习效率来看还是比较高的。但学科课程的致命缺陷是理论与实践严重脱节，使得学习者不仅实践能力得不到实质性的提高。同时，由于缺少知识与岗位工作的关联性及相关应用研究，很多技术理论（原理）知识具有抽象、空洞、晦涩、难懂的特质，也使得学习效率大打折扣，因此，单一的知识学习模式使学习者得到更多的是"知识碎片"，很难进行"系统化"归纳与总结，更不要谈知识的应用了。

以工作过程为导向的课程强调把完整的工作过程及其操作要求作为课程内容。当工作过程导向课程运用项目载体设计学习情境时，这一工作过程实际上就成了完成具体项目的自始至终的步骤。

工作过程导向课程给高职教育注入了"工作"内容，有利于克服学生懂技术却不懂工作的状况。因为传统的高职课程内容是基于技术的，而不是基于工作的。然而高职课程一直是在技术层面突出实践性，而不是在工作层面突出实践性，而且所强调的主要是技术原理。高等职业教育的高等性的重要体现恰恰是技术的复杂性。技术的复杂性是高职存在和发展的根本动力，而掌握现代复杂技术是高职院校学生职业能力水平的重要标志。只熟悉工作步骤和内容，却没有掌握扎实的现代技术的高职院校学生，其职业能力是肤浅的。

模拟电子技术课程是电子信息类专业的一门专业核心课程，也是一门传统意义上的专业基础课程，该课程在技术原理及应用方面的知识体系的完整性是非常重要的。因此，该课程内容的开发有机地综合了工作导向和技术导向这两个基本理念，在工作层面进行技术内容的开发，既考虑了知识的序化与结构化，又考虑了工作任务的序化与典型性，并在完整的工作过程中锻炼学习者应对复杂技术情境的能力。当然，本课程内容的开发不仅依据工作任务，而且进一步依据体现工作任务的项目。

本书按照最新的职业教育教学改革理论，在作者多年的课程改革实践经验基础上进行编写，集理论、实践、仿真、多媒体于一体，是一本实用性强、易于教学的项目式课程教材，其内容重点体现了"以能力为本位、以职业实践为主线"的课程设计要求，以形成模拟放大电路设计、电路制作、电路测试与调试等能力为基本目标，突破传统学科课程的设计思路，紧紧围绕完成工作任务的需要来选择和组织课程内容，突出工作任务与知识的联系，让学生在职业实践活动的基础上掌握知识，增强了课程内容与职业岗位能力要求的相关性，强化了知识学习的针对性和应用性。

通过对模拟电子技术课程的学习，使学生具备本专业高等技术应用型人才所必需的半导体器件、三极管放大电路、场效应管放大电路、集成运算放大器、功率放大器、直流稳压电

嵌入式系统

源、振荡器等有关知识，以及常用仪器仪表的使用、元器件与放大电路的测试、电路设计、电路制作与调试等技能。

本书主要内容包含 5 个项目，按照初学者循序渐进学习项目的过程进行编排，主要有：晶体管基本电路的测试与应用设计、集成运算放大器的测试与应用设计、功率放大器的测试与应用设计、直流稳压电源的测试与设计、函数信号发生器的测试与设计等。在每个项目内容中，先简单、后复杂；先测试、后设计；先单元电路、后总体电路；先任务、后项目。一般在最后一个任务中完成最终的项目，前面的任务则为最后的项目做铺垫。在每个任务完成的过程中嵌入知识（理论知识和实践知识）的学习，做到"读、做、想、学"等方面环环紧扣，师生互动，以期达到最佳的教学效果。

本书由南京信息职业技术学校华永平主编，南京信息职业技术学院张智玮、徐瑞亚和山西综合职业技术学院王海荣担任副主编。南京长盛仪器有限公司朱晓明总工程师作为编写顾问为本书的编写提供了许多有价值的参考资料，并提出一些具体的编写意见。在此对各位老师和专家对本书编写工作的大力支持表示衷心的感谢！

为了方便教师教学，本书配有免费的电子教学课件、习题参考答案，请有需要的教师登录华信教育资源网（www.hxedu.com.cn）免费注册后进行下载，有问题时请在网站留言板留言或与电子工业出版社联系（E-mail: gaozhi@phei.com.cn）。

编 者
2010 年 7 月于南京

目　录

项目 1　晶体管基本电路的测试与应用设计 1
　教学导航 1
　模块 1-1　二极管基本特性的测试 2
　　任务 1-1-1　二极管单向导电性的测试 3
　　任务 1-1-2　二极管伏安特性的测试 8
　　任务 1-1-3　稳压二极管的特性测试 11
　　任务 1-1-4　变容二极管的特性测试 13
　　任务 1-1-5　发光二极管的特性测试 16
　　任务 1-1-6　光电二极管的特性测试 18
　模块 1-2　三极管基本特性的测试 20
　　任务 1-2-1　三极管各极电流关系的测试 20
　　任务 1-2-2　三极管共射输入特性曲线的测试 25
　　任务 1-2-3　三极管共射输出特性曲线的测试 27
　模块 1-3　放大电路工作状态的测试 30
　　任务 1-3-1　共射放大电路放大作用的测试 30
　　任务 1-3-2　放大电路静态工作点的测量 33
　　任务 1-3-3　放大电路交流工作状态的测试 34
　　任务 1-3-4　放大电路异常现象的测试 37
　　任务 1-3-5　静态工作点对输出波形影响的测试 38
　　任务 1-3-6　分压式偏置电路工作点稳定性的测试 39
　模块 1-4　三极管放大器基本特性的测试 42
　　任务 1-4-1　共发射极放大器基本特性的测试 42
　　任务 1-4-2　共集电极放大器基本特性的测试 49
　　任务 1-4-3　共基极放大器基本特性的测试 52
　模块 1-5　场效应管基本特性的测试 57
　　任务 1-5-1　结型场效应管基本特性的测试 57
　　任务 1-5-2　增强型绝缘栅型场效应管基本特性的测试 64
　　任务 1-5-3　耗尽型绝缘栅型场效应管基本特性的测试 68
　　任务 1-5-4　共源放大电路基本特性的测试 75
　实训 1　小功率三极管放大器的设计 80
　知识梳理与总结 86
　思考与练习题 1 87

嵌入式系统

项目2　集成运算放大器的测试与应用设计 93
 教学导航 93
 模块2-1　负反馈放大器的性能测试 94
  任务2-1-1　负反馈放大器提高增益稳定性的测试 95
  任务2-1-2　负反馈放大器扩展通频带的测试 103
  任务2-1-3　负反馈放大器减小非线性失真的测试 104
  任务2-1-4　负反馈放大器改变输入、输出电阻的测试 106
 模块2-2　差动放大器的性能测试 109
  任务2-2-1　简单差动放大器的性能测试 109
  任务2-2-2　射极耦合差动放大器的性能测试 112
 模块2-3　集成运放基本应用电路的测试 115
  任务2-3-1　加法电路的测试 118
  任务2-3-2　减法电路的测试 120
  任务2-3-3　积分电路的测试 121
  任务2-3-4　微分电路的测试 122
  任务2-3-5　简单电压比较器的测试 123
  任务2-3-6　迟滞电压比较器的测试 125
 实训2　集成运算放大器的应用设计 127
 知识梳理与总结 135
 思考与练习题2 136

项目3　功率放大器的测试与应用设计 140
 教学导航 140
 模块3-1　功率输出级电路的测试 141
  任务3-1-1　甲类基本放大电路效率的测量 141
  任务3-1-2　乙类互补对称电路的特性测试 145
  任务3-1-3　OTL乙类互补对称功率放大电路的测试 150
  任务3-1-4　BTL乙类互补对称功率放大电路的测试 152
  任务3-1-5　乙类互补对称电路失真现象的测试 153
 模块3-2　集成低频功率放大器的测试 156
 实训3　音频功率放大器的设计 159
 知识梳理与总结 165
 思考与练习题3 166

项目4　直流稳压电源的测试与设计 168
 教学导航 168
 模块4-1　直流稳压电源各单元电路的测试 169
  任务4-1-1　电源变压器的测试 170
  任务4-1-2　整流电路的测试 171
  任务4-1-3　电容滤波电路的测试 175
  任务4-1-4　电感滤波电路的测试 177

    任务 4-1-5 串联式稳压电路的测试 ································ 180
  模块 4-2 直流稳压电源的测试 ································ 182
    任务 4-2-1 三端式稳压器的测试 ································ 183
    任务 4-2-2 可调三端式稳压器的测试 ································ 186
 实训 4 直流稳压电源的设计 ································ 191
 知识梳理与总结 ································ 194
 思考与练习题 4 ································ 194

项目 5 函数信号发生器的测试与设计 ································ 197
 教学导航 ································ 197
  模块 5-1 正弦波振荡器的测试 ································ 198
    任务 5-1-1 RC 正弦波振荡器的测试 ································ 199
    任务 5-1-2 LC 正弦波振荡器的测试 ································ 204
    任务 5-1-3 晶体振荡器的测试 ································ 211
  模块 5-2 非正弦波振荡器的测试 ································ 214
    任务 5-2-1 方波发生器的测试 ································ 214
    任务 5-2-2 三角波发生器的测试 ································ 217
 实训 5 函数信号发生器的设计 ································ 218
 知识梳理与总结 ································ 222
 思考与练习题 5 ································ 223

附录 A 项目测试报告格式 ································ 226
附录 B 项目设计报告格式 ································ 227
附录 C 标准电路图纸格式 ································ 228
附录 D 半导体器件型号命名方法 ································ 229
附录 E 常用半导体二极管参数表 ································ 234
附录 F 常用半导体三极管参数表 ································ 237
附录 G 常用半导体场效应管参数表 ································ 241
附录 H 部分集成运算放大器的主要参数表 ································ 243
附录 I 常用集成稳压器的主要参数表 ································ 245

项目 1 晶体管基本电路的测试与应用设计

教学导航

教	知识重点	1. 二极管的伏安特性 3. 共射恒流式、分压式偏置电路 5. 场效应管的转移特性	2. 三极管的电流放大作用 4. 共集电极放大电路 6. 三极管放大器的设计
	知识难点	1. 特殊二极管的应用 3. 三极管放大电路的性能分析	2. 三极管放大电路的工作状态 4. 场效应管的转移特性
	推荐教学方式	从工作任务入手，让学生从外到内、从直观到抽象、从感性认知到理性分析，逐步理解常用半导体器件的特性及应用，掌握放大电路的分析与设计	
	建议学时	36 学时	
学	推荐学习方法	从简单任务入手，通过电路测试，了解常用半导体器件的性能，归纳总结测试结果，进而学习理论知识，掌握半导体器件及其应用电路的分析与设计	
	必须掌握的理论知识	1. 二极管的单向导电性 3. 三极管共射、共集放大电路	2. 三极管的电流放大作用 4. 场效应管的转移特性
	必须掌握的技能	1. 简单电子电路的装接、性能测试与故障排查 2. 三极管放大电路的设计与调试	

模拟电子技术与应用

学习目标

- 能正确测试各种晶体管（二极管、三极管、场效应管）的外特性，能正确记录测试结果并能对结果进行准确描述及分析。
- 了解各种晶体管的结构、符号及其基本特性：二极管的单向导电性、三极管的电流放大特性、场效应管的转移特性等。
- 能查阅半导体器件手册，了解各晶体管的主要参数、分类及其选择使用方法。
- 能正确测量三极管、场效应管放大电路的性能指标，并能解释各性能指标的概念。
- 能设计和装接各种晶体管基本应用电路，并能通过调试得到正确结果。
- 能对电路中的故障现象进行分析判断并加以解决。
- 理解各种晶体管应用电路的电路构成、工作原理和电路中各元器件的作用。
- 能对各晶体管基本应用电路进行分析和计算。
- 能撰写设计文档和测试报告。

工作任务

- 各晶体管外特性的测试，记录结果并进行特性描述。
- 稳压二极管、变容二极管、发光二极管、光电二极管电路的测试。
- 三极管、场效应管基本放大电路的性能测试。
- 查阅半导体器件手册，选用相关元器件，完成小功率三极管放大器的电路设计、装接与调试。
- 撰写设计文档和测试报告。

各种电子设备的主要组成部分是电子线路，而电子线路的核心是半导体器件，如半导体二极管、半导体三极管、场效应管和集成电路。半导体器件是现代电子技术的重要组成部分，它由于具有体积小、重量轻、使用寿命长、输入功率小和功率转换效率高等优点而得到广泛应用。本项目通过相关测试和设计，学习各种晶体管（二极管、三极管、场效应管）的基本特性及其基本应用电路。

模块 1-1　二极管基本特性的测试

学习目标

- 能正确测试普通二极管的单向导电性。
- 能正确测量并绘出普通二极管的伏安特性曲线。
- 能正确测试稳压二极管、变容二极管、发光二极管、光电二极管的基本特性。
- 能正确记录测试结果并能对结果进行准确描述。
- 了解普通二极管的结构、符号、单向导电性、温度特性等。
- 了解普通二极管的等效电路模型。
- 了解稳压二极管、变容二极管、发光二极管、光电二极管的基本应用。

项目 1　晶体管基本电路的测试与应用设计

工作任务

- ◇ 普通二极管电路的装接、基本特性测试、结果记录及描述。
- ◇ 普通二极管伏安特性曲线的测试、结果记录及绘制。
- ◇ 稳压二极管电路的装接、基本特性测试、结果记录及描述。
- ◇ 变容二极管基本特性的测试、结果记录及描述。
- ◇ 发光二极管电路的装接、基本特性测试、结果记录及描述。
- ◇ 光电二极管电路的装接、基本特性测试、结果记录及描述。

任务 1-1-1　二极管单向导电性的测试

器件认知

二极管是各种半导体器件及其应用电路的基础，各种普通二极管（简称二极管，区别于稳压二极管、变容二极管、发光二极管、光电二极管等特殊二极管）器件的外形图及封装形式如图 1-1 所示。

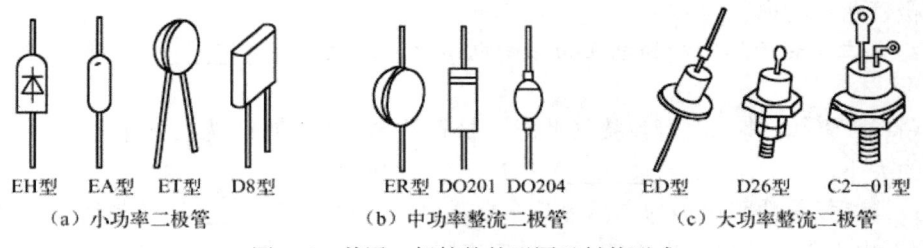

EH型　EA型　ET型　D8型　　ER型 DO201 DO204　　ED型　D26型　C2—01型
　　（a）小功率二极管　　　　（b）中功率整流二极管　　　（c）大功率整流二极管

图 1-1　普通二极管的外形图及封装形式

二极管的结构示意图如图 1-2（a）所示。将 PN 结用外壳封装起来，并在两端加上电极引线就构成了半导体二极管。其中，由 P 区引出的电极称为阳极 a，由 N 区引出的电极称为阴极 k。二极管的电路符号如图 1-2（b）所示，其箭头方向表示正向电流的方向，即由阳极指向阴极的方向。

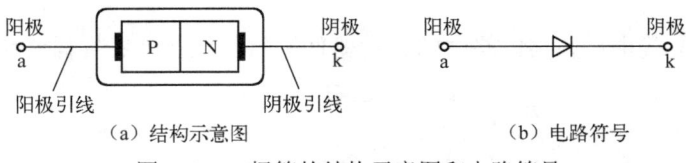

（a）结构示意图　　　　　（b）电路符号

图 1-2　二极管的结构示意图和电路符号

二极管的种类很多，分类方法也不相同。按所用的半导体材料可分为硅管和锗管；按功能可分为开关管、整流管、稳压管、变容管、发光管和光电管等，其中开关管和整流管统称为普通二极管，其他的则统称为特殊二极管；按工作电流大小可分为小电流管和大电流管；按耐压高低可分为低压管和高压管；按工作频率高低可分为低频管和高频管等。具体型号及选择可查阅相关器件手册。二极管的命名方法见附录 D。

应用测试

测试要求：按测试程序要求完成所有测试内容，并撰写测试报告（格式要求见附录 A）。

测试设备：模拟电路综合测试台 1 台，0～30 V 直流稳压电源 1 台，数字万用表 1 块，毫安表 1 只。

测试电路：如图 1-3 所示，其中二极管 VD 为 1N4148（或其他），R=1 kΩ。

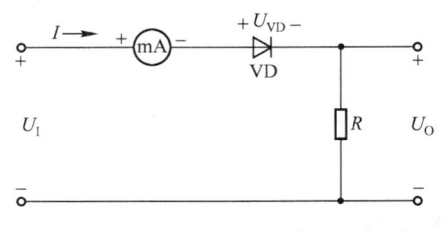

图 1-3　二极管单向导电性测试电路

测试程序：

① 按图 1-3 接好电路。

② 由直流稳压电源输出 10 V 电压接入输入端，即 U_I = +10 V（此时二极管两端所加的电压为正向电压），测量输出电压和电流的大小，并记录 U_O = _____ V；I = _____ mA，测量此时二极管两端的电压为 U_{VD} = _____ V。

结论：当二极管两端所加的电压为正向电压时，二极管将 _____（导通/截止，截止即不导通）。

③ 保持步骤②，将二极管反接（此时二极管两端所加的电压为反向电压），测量输出电压和电流的大小，并记录 U_O = _____ V；I = _____ mA。

结论：当二极管两端所加的电压为反向电压时，二极管将 _____（导通/截止）。

④ 用万用表直接测量二极管的正、反向电阻，比较大小并记录：正向电阻=_____ kΩ，反向电阻=_____ kΩ。

结论：二极管 _____（具有/不具有）单向导电性，且正向导通时，导通电压降约为 _____（零/零点几/几）伏。

思维拓展

二极管的导通与截止状态与电路中的开关器件有何相似之处？有何区别？

知识链接

1．半导体基础知识

1）半导体材料

半导体器件是由经过特殊加工且性能可控的半导体材料制成的。所谓半导体是指导电能力介于导体和绝缘体之间的一种物质，最常用的是硅（Si）和锗（Ge）两种半导体。半导体材料之所以得到广泛的应用，是因为它具有不同于导体和绝缘体的两种独特性质。

（1）当半导体受到外界光和热的激发时，其导电能力会发生显著变化（即光敏与热敏特性）。

（2）在纯净的半导体中加入微量的杂质，其导电能力也会有显著的增加（即掺杂特性）。

2）本征半导体

本征半导体是完全纯净的、结构完整的半导体晶体，其结构示意图如图1-4（a）所示。

本征半导体中存在大量的价电子，在热力学温度为 0 K（即-273.15℃）时，价电子均被束缚在共价键中，不能自由移动。此时，本征半导体是不能导电的。当温度升高或受光照射时，价电子以热运动的形式不断地从外界获取能量，少数价电子获得足够大的能量从而挣脱共价键的束缚，成为自由电子，这种现象称为本征激发。

价电子挣脱共价键的束缚成为自由电子，同时在原来共价键的相应位置上留下一个空位，这个空位称为空穴。空穴是一种带正电荷的载流子，其电量与电子电量相等。如图1-4（b）所示，其中 A 处为空穴，B 处为自由电子。显然，自由电子和空穴是成对出现的，因此称为电子-空穴对。

（a）结构示意图　　　　（b）本征激发

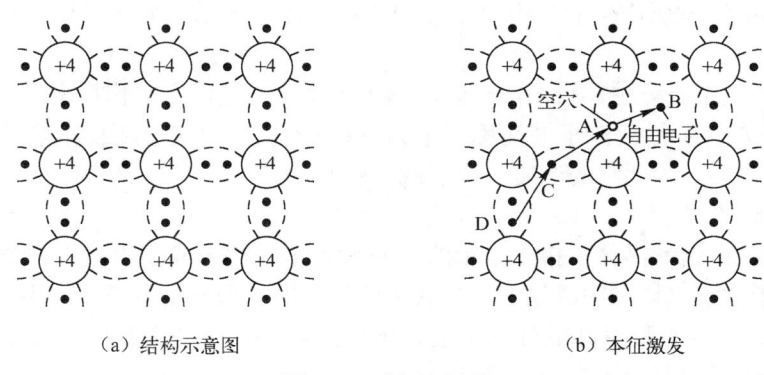

图1-4　本征半导体

可见，在本征半导体中存在两种载流子，带负电荷的自由电子和带正电荷的空穴，而金属导体中只有一种载流子，即自由电子，这是二者的一个重要区别。但是，由于本征激发产生的电子-空穴对的数目很少，载流子浓度很低，因此本征半导体的导电能力仍然很弱。

在本征激发产生电子-空穴对的同时，自由电子在运动中因能量的损失有可能和空穴相遇，重新被共价键束缚起来，电子-空穴对消失，这种现象称为"复合"。显然，在一定的温度下，激发和复合都在不停地进行，但最终将达到动态平衡。因此，在一定的温度下，本征半导体中载流子的浓度是一定的，并且自由电子与空穴的浓度相等。

3）杂质半导体

通过扩散工艺，在本征半导体中掺入微量合适的杂质，就会使半导体的导电性能发生显著改变，形成杂质半导体。根据掺入杂质的化合价不同，可分为 N 型半导体和 P 型半导体。

（1）N 型半导体

在纯净的硅（或锗）晶体中掺入微量的 5 价磷元素，就形成了 N 型半导体。杂质磷原子有 5 个价电子，它以 4 个价电子与周围的硅原子形成共价键，多余的一个价电子处于共价键之外，很容易成为自由电子，而磷原子本身因失去电子变成带正电荷的离子，如图 1-5 所示。

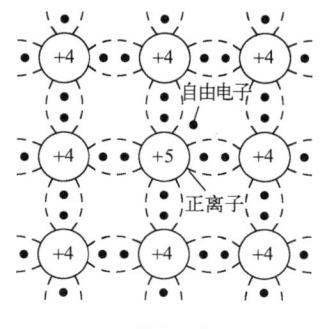

(a) 结构示意图 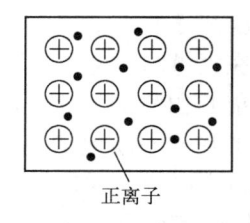　　　　　　　　(b) 离子和载流子（不计本征激发）

图 1-5　N 型半导体

由于这种杂质原子可以提供自由电子，因此称为施主杂质。通常，掺杂所产生的自由电子浓度远大于本征激发所产生的自由电子或空穴的浓度，所以杂质半导体的导电性能远超过本征半导体。

显然，在 N 型半导体中，自由电子浓度远大于空穴浓度，所以称自由电子为多数载流子（简称多子），空穴为少数载流子（简称少子）。多子的浓度取决于所掺杂质的浓度，而少子是由本征激发产生的，因此它的浓度与温度或光照密切相关。

（2）P 型半导体

在纯净的硅（或锗）晶体中掺入微量的 3 价硼元素，就形成了 P 型半导体。由于硼原子只有 3 个价电子，它与周围的硅原子形成共价键时，因缺少一个电子而产生一个空位（即空穴）。在室温下它很容易吸引邻近硅原子的价电子来填补，于是杂质硼原子变为带负电荷的离子，而邻近硅原子的共价键中则出现了一个空穴，如图 1-6 所示。

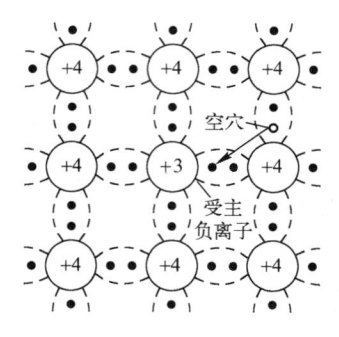

(a) 结构示意图 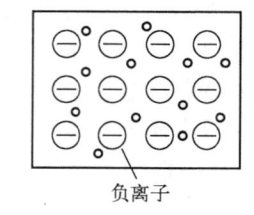　　　　　　　　(b) 离子和载流子（不计本征激发）

图 1-6　P 型半导体

由于这种杂质原子能吸收电子，因此称为受主杂质。显然，在 P 型半导体中，空穴是多子，而自由电子是少子。

关于掺杂的概念在这里还可以做一些引申。如果半导体中的同一区域既有施主杂质又有受主杂质，则其导电类型（N 型还是 P 型）取决于浓度大的杂质。因此，若在 N 型半导体中掺入浓度更大的受主杂质，则可将其变为 P 型半导体，反之亦然。这种因杂质的相互作用而改变半导体类型的过程称为杂质补偿，它在半导体器件的制造中得到了广泛的应用。

2．二极管的单向导电性

二极管最基本的特性就是单向导电性。由于二极管的组成核心是 PN 结，因此必须首先了解 PN 结及其导电特性。

1）PN 结的形成

如果将 P 型半导体和 N 型半导体制作在同一块本征半导体基片上，在它们的交界面就会形成一层很薄的特殊导电层，即 PN 结，如图 1-7 所示。PN 结是构成各种半导体器件的基础。

（1）多子的扩散运动

如图 1-7（a）所示，由于 N 区的电子多、空穴少，而 P 区则空穴多、电子少，在交界面两侧就出现了浓度差，从而引起了多数载流子的扩散运动。N 区的电子向 P 区扩散，而 P 区的空穴也要向 N 区扩散。扩散到相反区域的载流子将被大量复合，在交界面附近载流子的浓度就会下降，仅留下不能移动的杂质离子，从而形成了一个很薄的空间电荷区，这就是 PN 结，又称为耗尽层，如图 1-7（b）所示。

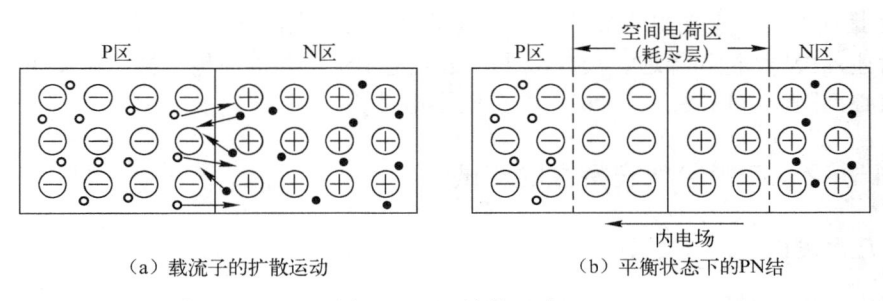

（a）载流子的扩散运动　　（b）平衡状态下的PN结

图 1-7　PN 结的形成

（2）少子的漂移运动

空间电荷区出现的同时，也产生了一个由 N 区指向 P 区的内电场。显然，内电场将阻止多子的扩散，因此空间电荷区又称为势垒区或阻挡层。内电场将引起少数载流子的漂移运动，P 区的电子向 N 区运动，而 N 区的空穴向 P 区运动。

因此，在交界面两侧同时存在扩散和漂移这两种方向相反的运动。显然，在无外电场或其他激发作用下，扩散和漂移将达到动态平衡，空间电荷区的宽度基本保持不变。此时，扩散电流与漂移电流大小相等、方向相反，流过 PN 结的总电流为零。

2）PN 结的单向导电性

若在 PN 结两端外加电压，即给 PN 结加偏置，就将破坏原来的平衡状态，PN 结中将有电流流过。而当外加电压极性不同时，PN 结表现出截然不同的导电性能，即呈现出单向导电性。

（1）正向导通

若 PN 结的 P 端接电源正极、N 端接电源负极，这种接法称为正向偏置，简称正偏，如图 1-8（a）所示。正偏时，PN 结变窄，流过较大的正向电流（主要为多子的扩散电流），其方向由 P 区指向 N 区。此时 PN 结对外电路呈现较小的电阻，这种状态称为正向导通。

(a) 正偏　　　　　　　　　　　　(b) 反偏

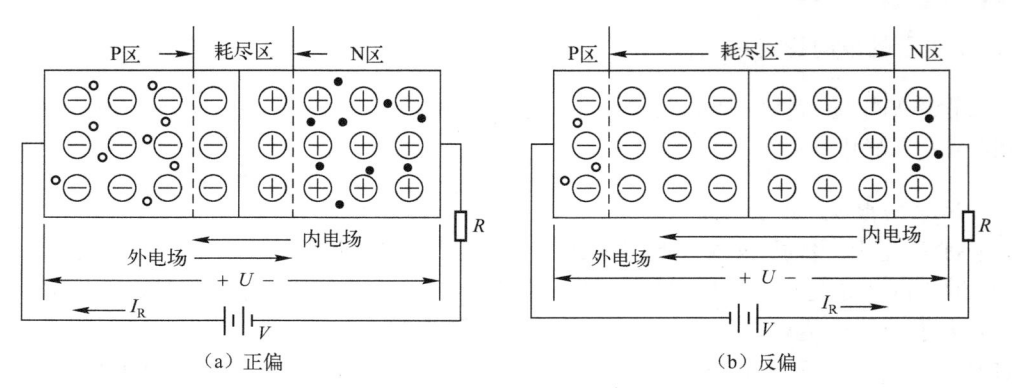

图 1-8　外加电压时的 PN 结

（2）反向截止

若 PN 结的 P 端接电源负极、N 端接电源正极，这种接法称为反向偏置，简称反偏，如图 1-8（b）所示。反偏时，PN 结变宽，流过较小的反向电流（主要为少子的漂移电流），其方向由 N 区指向 P 区。此时 PN 结对外电路呈现较高的电阻，这种状态称为反向截止。

综上所述，PN 结正向导通、反向截止，这就是 PN 结的单向导电性。由于 PN 结是构成二极管的核心，因此它也决定了二极管的单向导电性。

任务 1-1-2　二极管伏安特性的测试

应用测试

测试要求：按测试程序要求完成所有测试内容，并撰写测试报告。

测试设备：模拟电路综合测试台 1 台，0～30 V 直流稳压电源 1 台，数字万用表 1 块，毫安表 1 只，微安表 1 只。

测试电路：如图 1-9 所示，其中二极管 VD 为 1N4148（或其他），$R=1\ \text{k}\Omega$。

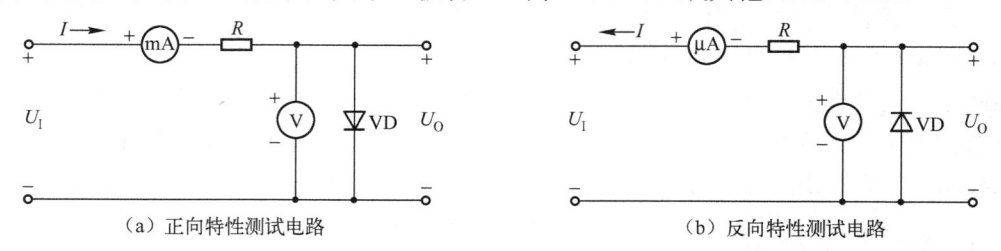

(a) 正向特性测试电路　　　　　　　　　　(b) 反向特性测试电路

图 1-9　二极管伏安特性测试电路

测试程序：

① 按图 1-9（a）接好电路（此时读出的电压值和电流值应视为正值），直流稳压电源接输入端 U_I（下同）。

② 按表 1-1 的要求测量各点电压值和电流值，并填入表中。

③ 按图 1-9（b）接好电路（此时读出的电压值和电流值应视为负值）。

④ 按表 1-1 的要求测量各点电压值和电流值，并填入表中。

⑤ 根据表 1-1 的测试结果，在坐标纸上大致绘出二极管的伏安特性曲线，即 I–U 关系

曲线（U 为横坐标，I 为纵坐标）。

表 1-1　二极管伏安特性测试结果

U/V	0	0.5						U/V	−1	−10	−20
I/mA			0.5	1	2	3	5	10	I/μA			

思维拓展

二极管的伏安特性是否严格符合单向导电性？为什么？

知识链接

1. 二极管的伏安特性

二极管的伏安特性曲线如图 1-10 所示。为了使曲线清晰，横轴所代表的电压在 $U>0$ 和 $U<0$ 两部分采用不同的比例，纵轴所代表的电流在 $I>0$ 和 $I<0$ 两部分则采用不同的单位。

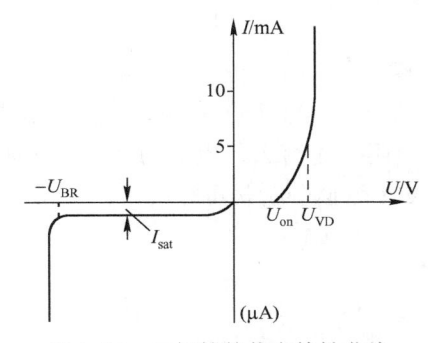

图 1-10　二极管的伏安特性曲线

1）正向特性

二极管两端不加电压时，其电流为零，故特性曲线从原点开始。正向特性曲线开始部分变化很平缓，表明当正向电压较小时，正向电流很小，此时二极管实际上没有导通，工作于"死区"。死区以后的正向特性曲线上升较快，表明只有在正向电压超过某一数值后，电流才显著增大，这个电压称为导通电压或开启电压、死区电压，用 U_{on} 表示。在室温下，硅管的 $U_{on} \approx 0.5$ V，锗管的 $U_{on} \approx 0.1$ V。当 $U>U_{on}$ 时，正向电流从零开始随端电压按指数规律增大，二极管处于导通状态，呈现很小的电阻。当正向电流较大时，正向特性曲线几乎与横轴垂直，表明当二极管导通时二极管两端电压（称为管压降，用 U_{VD} 表示）变化很小。通常，硅管的管压降约为 0.6~0.8 V，锗管的管压降约为 0.1~0.3 V。

2）反向特性

反向特性曲线靠近横轴，表明当二极管外加反向电压时，反向电流很小，管子处于截止状态，呈现出很大的电阻，而且当反向电压稍大后，反向电流基本不变，即达到饱和。因此二极管的反向电流又称为反向饱和电流，用 I_{sat} 表示。小功率硅管的反向电流一般小于 0.1 μA，而锗管通常为几微安。反向电流越小，二极管的单向导电性越好。

二极管的伏安特性也可以用特性方程来描述。

$$I = I_{sat}(e^{U/U_T} - 1) \tag{1-1}$$

式中，I_{sat} 为反向饱和电流，$U_T = kT/q$ 为温度电压当量，其中 k 为玻耳兹曼常数，T 为热力学温度，q 为电子电量。在室温为 27℃或 300 K 时，$U_T \approx 26$ mV。

2．二极管的温度特性

由于半导体材料具有热敏特性，因此二极管对温度也有一定的敏感性。在室温附近，温度每升高 1℃，正向压降减小 2~2.5 mV；温度每升高 10℃，反向电流约增大一倍。显然，二极管的反向特性受温度的影响较大。这一点对二极管的实际应用是不利的，因为不管是普通二极管还是特殊二极管均有可能工作在反向区。当然，温度对二极管的影响是不可避免的，因为温度总是存在的且经常变化的。

3．二极管的等效电路模型

二极管是一种非线性器件，因而对二极管电路的严格分析一般要采用非线性电路的分析方法，具有一定的困难。下面简要介绍普通二极管的等效电路分析法。

1）理想模型

理想二极管的 U-I 特性如图 1-11（a）所示，其中的虚线表示实际二极管的 U-I 特性。图 1-11（b）为它的等效电路。由图 1-11（a）可见，在正向偏置时，其管压降为 0 V，而当二极管处于反向偏置时，它的电阻为无穷大，电流为 0。在实际的电路中，当电源电压远大于二极管的管压降时，利用此法来近似分析是可行的。

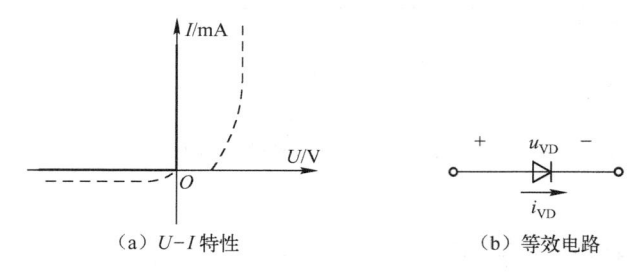

（a）U-I 特性　　　（b）等效电路

图 1-11　理想模型

2）恒压降模型

恒压降模型如图 1-12 所示，其基本思想是二极管导通后，其管压降 U_{VD} 是恒定的，不随电流而变化，典型值为 0.7 V。不过，这只有当二极管的电流 i_{VD} 近似等于或大于 1 mA 时才是可行的。该模型提供了合理的近似，因此应用也较广。

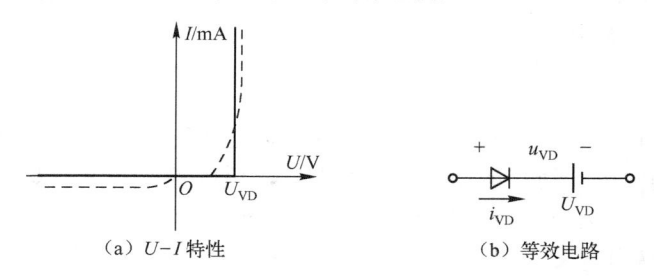

（a）U-I 特性　　　（b）等效电路

图 1-12　恒压降模型

3）折线模型

折线模型如图 1-13 所示，为了较真实地描述二极管的 U-I 特性，在恒压降模型的基础上做一定的修正，即认为二极管的管压降不是恒定的，而是随着二极管电流的增大而增加的。折线模型通常用一个直流电源和一个电阻 r_{VD} 来做进一步的近似。这个直流电源的电压选定为二极管的开启电压 U_{on}，约为 0.5 V。至于 r_{VD} 的值，可以这样来确定。例如，当二极管的导通电流为 1 mA、管压降为 0.7 V 时，r_{VD} 的值可计算如下：

$$r_{VD} = \frac{U_{VD} - U_{on}}{I_{VD}} = \frac{0.7\text{ V} - 0.5\text{ V}}{1\text{ mA}} = 200\text{ }\Omega$$

由于二极管特性的离散性，U_{on} 和 r_{VD} 的值不是固定不变的。

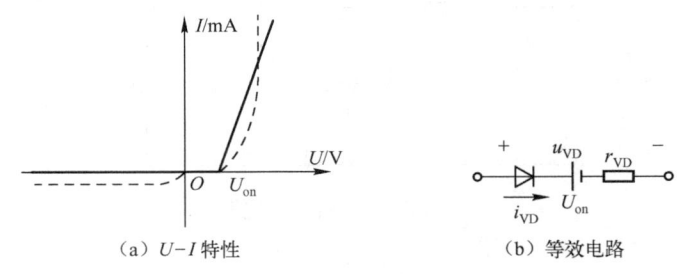

（a）U-I 特性　　　　（b）等效电路

图 1-13　折线模型

需要注意的是，r_{VD} 并不是二极管的直流电阻 R_{VD}，R_{VD} 应为二极管两端所加的直流电压 U_{VD} 与流过管子的直流电流 I_{VD} 之比，即

$$R_{VD} = \frac{U_{VD}}{I_{VD}} = \frac{0.7\text{ V}}{1\text{ mA}} = 700\text{ }\Omega$$

【简单测试】分别用万用表的 $R \times 10$ 挡、$R \times 100$ 挡和 $R \times 1000$ 挡测量二极管 1N4148 的正向电阻值，并记录 R_{VD}＝ ____，____，____。

结论：二极管的正向直流电阻将随电流的变化而 ____（变化/不变化）。

显然，用万用表直接测量出的电阻就是二极管的直流电阻 R_{VD}，一般二极管的正向直流电阻约在几十欧至几千欧之间，反向直流电阻一般在几百千欧以上。且有 $R_{VD} > r_{VD}$，电流 I_{VD} 越大，它们的值均越小。

任务 1-1-3　稳压二极管的特性测试

器件认知

稳压二极管是一种特殊的硅材料二极管，由于在一定的条件下能起到稳定电压的作用，故称稳压管，常用于基准电压、保护、限幅和电平转换电路中。

稳压二极管器件的外形图及电路符号如图 1-14 所示。

应用测试

测试要求：按测试程序要求完成所有测试内容，并撰写测试报告。

测试设备：模拟电路综合测试台 1 台，0～30 V 直流稳压电源 1 台，数字万用表 1 块。

测试电路：如图 1-15 所示，VD_Z 为稳压二极管 1N47，R 的参数为 470 Ω/1 W。

模拟电子技术与应用

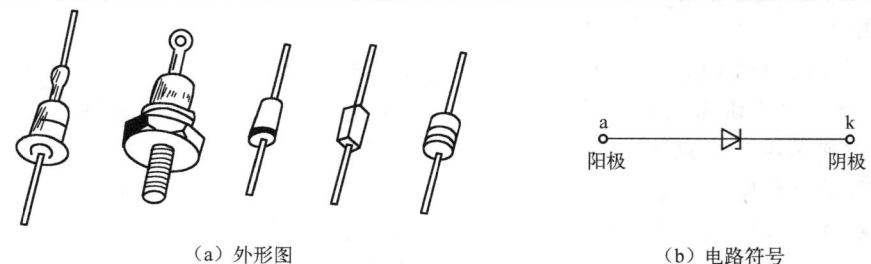

（a）外形图　　　　　　　　　　　　（b）电路符号

图 1-14　稳压二极管的外形图及电路符号

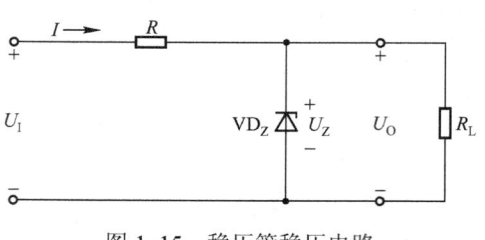

图 1-15　稳压管稳压电路

测试程序：

① 按图 1-15 接好电路。

② 接入输入电压 U_I =20 V，负载电阻 R_L=10 kΩ，测量输出电压 U_O，并记录 U_O= _____ 。

③ 改变输入电压，使 U_I =25 V，负载电阻 R_L 不变，测量输出电压 U_O，并记录 U_O= _____ 。

结论：当输入电压在一定范围内变化时，电路的输出电压 _____（基本保持不变/随输入电压变化而变化）。

④ 改变负载电阻，使 R_L=5 kΩ，输入电压 U_I 不变，测量输出电压 U_O，并记录 U_O= _____ 。

结论：当负载电阻在一定范围内变化时，电路的输出电压 _____（基本保持不变/随负载电阻变化而变化）。

思维拓展

稳压二极管正常工作时，其偏置是正偏还是反偏，或者两种情况都有可能？为什么？

知识链接

1. 二极管的反向击穿特性

当二极管两端所加的反向电压增大到某一数值后，反向电流急剧增加，这种现象称为二极管的反向击穿。图 1-10 中反向电流随电压急剧变化的区域称为反向击穿区，反向电流开始明显增大时所对应的电压 U_{BR} 称为反向击穿电压。二极管的反向击穿属于电击穿，由于外加电场的作用，导致 PN 结中载流子的数量大大增加，反向电流急剧增大。

二极管反向击穿后，一方面失去了单向导电作用；另一方面，PN 结中流过很大的电流致使 PN 结发热。若电流过大，将导致 PN 结因过热而烧毁，即出现热击穿。显然，热击穿必须避免，因为它会造成二极管的永久损坏；电击穿一般也应避免，因为它使二极管失去了单向导电性。但是，如果采取限流措施，使二极管只出现电击穿，则当反向电压下降到 $|U|<U_{BR}$ 时，二极管又可以恢复到击穿前的情况，即电击穿具有可逆性。同时需要特别指出的是，普通二极管的反向击穿电压较高，一般在几十伏到几百伏以上（高反压管可达几千伏），因此普通二极管在实际应用中不允许工作在反向击穿区。

2. 稳压二极管的伏安特性

稳压二极管是利用二极管的反向击穿特性制成的，具有稳定电压的特点（其稳定电压 U_Z 略大于反向击穿电压 U_{BR}）。稳压二极管的反向击穿电压较低，一般在几伏到几十伏之间，以满足实际需要。

稳压二极管的伏安特性与普通二极管相似，区别在于反向击穿区的曲线很陡，几乎平行于纵轴，电流虽然在很大范围内变化，但端电压几乎不变，具有稳压特性，如图 1-16 所示。

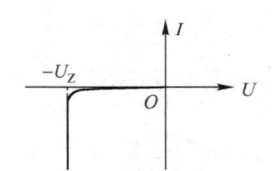

图 1-16　稳压管反向特性曲线

3. 稳压二极管稳压电路

由稳压二极管构成的简单稳压电路参见图 1-15。稳压二极管稳压是利用其在反向击穿时电流可在较大范围内变动而击穿电压却基本不变的特点实现的。当输入电压变化时，输入电流将随之变化，稳压二极管中的电流也将随之同步变化，但输出电压基本不变；当负载电阻变化时，输出电流将随之变化，稳压二极管中的电流将随之反向变化，但输出电压仍基本不变。

需要注意的是，当稳压二极管的反向电流小于最小工作电流 I_{Zmin} 时不稳压，大于最大稳定电流 I_{Zmax} 会因超过额定功耗而损坏，所以在稳压二极管电路中必须串联一个电阻来限制电流，从而保证稳压二极管正常工作（$I_{Zmin}<I<I_{Zmax}$），故称这个电阻为限流电阻，如图 1-15 中的 R。只有在限流电阻取值合适时，稳压二极管才能安全地工作在稳压状态。

任务 1-1-4　变容二极管的特性测试

器件认知

变容二极管是利用 PN 结的结电容效应设计出来的一种特殊二极管，可作为可变电容使用，常用于高频电路中的电调谐、调频、自动频率控制、稳频等场合。

模拟电子技术与应用

变容二极管器件的外形图及电路符号如图 1-17 所示。

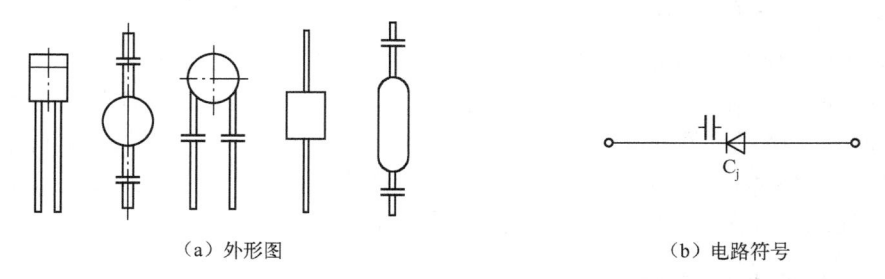

（a）外形图　　　　　　　　　　　　　（b）电路符号

图 1-17　变容二极管的外形图及电路符号

应用测试

测试要求：按测试程序要求完成所有测试内容，并撰写测试报告。
测试设备：计算机 1 台、Multisim 2001 或其他同类软件 1 套。
测试电路：如图 1-18 所示。

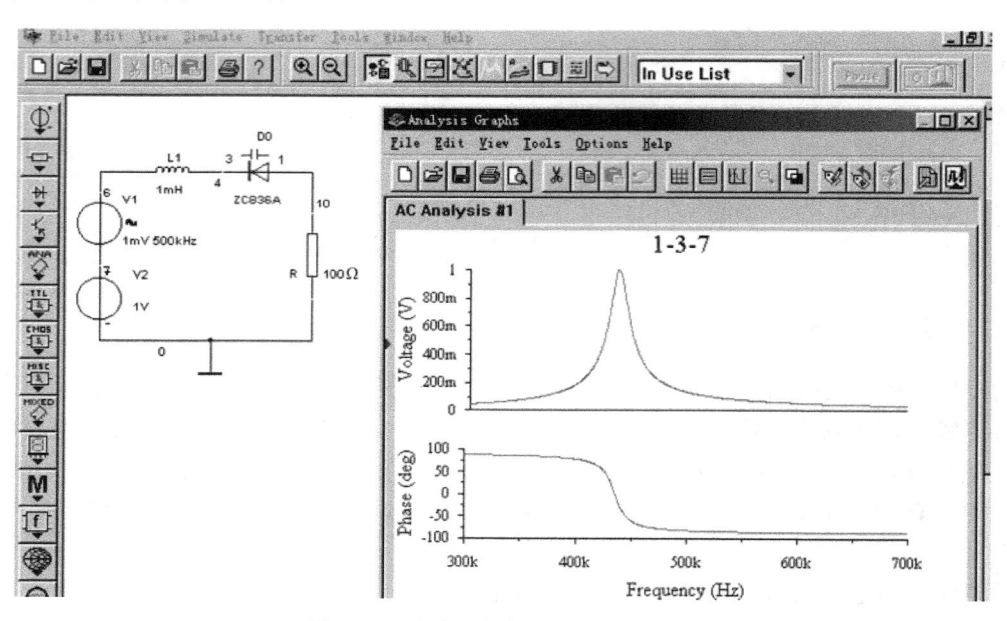

图 1-18　变容二极管调谐电路的测试

测试程序：

① 按图 1-18 画仿真电路，并接入输入交流信号源为 1 mV、500 kHz 的正弦波信号。

② 在输入端串联接入 1 V 直流电压（给变容二极管提供反向偏压），用 AC Analysis 观察输出端的频率特性，画出其幅频特性曲线并记录：该电路_____（具有/不具有）LC 谐振电路的谐振特性，且谐振频率为 _____kHz。

③ 将直流偏置电压改为 2 V，用 AC Analysis 观察输出端的频率特性，画出其幅频特性曲线并记录：此时，该电路谐振频率为 _____kHz，且谐振频率_____（保持不变/变大/变小），这是因为此时的变容二极管的容量 _____（保持不变/变大/变小）。

14

④ 将直流偏置电压改为 0 V，用 AC Analysis 观察输出端的频率特性，画出其幅频特性曲线并记录：此时，该电路谐振频率为 _____ kHz，且谐振频率 _____（保持不变/变大/变小），这是因为此时的变容二极管的容量 _____（保持不变/变大/变小）。

结论：该电路 _____（可以/不可以）通过改变直流电压（即偏置电压）的大小来改变变容二极管容量的大小，进而 _____（可以/不可以）实现控制谐振电路谐振频率即电调谐的作用。

思维拓展

变容二极管正常工作时，其偏置是正偏还是反偏？还是两种情况都有可能？为什么？

知识链接

1. 二极管的电容效应

二极管具有电容效应，根据产生的原因不同可分为势垒电容和扩散电容。

1）势垒电容

势垒电容是由耗尽层形成的。耗尽层中不能移动的正、负离子具有一定的电量，当外加电压变化时，耗尽层的宽度将随之变化，电荷量也将发生改变，即耗尽层的电荷量随外加电压的变化而改变，与电容器的充放电过程相似，这种电容效应称为势垒电容，用 C_b 表示。

势垒电容 C_b 不是一个常量，它不但与 PN 结的结面积、耗尽层宽度和半导体材料的介电常数有关，还取决于外加电压的大小。当 PN 结反偏时，反向电压越大，耗尽层越宽，C_b 越小。因此 C_b 为非线性电容，一般为几皮法以下。

2）扩散电容

PN 结的正向电流为多子的扩散电流。在扩散过程中，载流子必须有一定的浓度梯度（即浓度差），在 PN 结的边缘处浓度大，离 PN 结远的地方浓度小。当 PN 结的正向电压增大时，扩散运动加强，载流子的浓度增大且浓度梯度也增大，从外部看正向电流增大。当外加正向电压减小时，与上述变化过程相反。扩散过程中载流子的这种变化是电荷的积累和释放过程，与电容器的充放电过程相似，这种电容效应称为扩散电容，用 C_d 表示。

扩散电容 C_d 也是非线性电容。PN 结正偏时 C_d 较大，且正向电流越大，C_d 越大，而反偏时 C_d 可以忽略。通常 C_d 为几十皮法以下。

3）结电容

PN 结的结电容 C_j 为 C_b 与 C_d 之和，即

$$C_j = C_b + C_d \tag{1-2}$$

正偏时，$C_b \ll C_d$，结电容 C_j 以扩散电容为主；反偏时，$C_b \gg C_d$，C_j 主要由势垒电容决定。由于 PN 结的结电容一般都很小，对于低频信号呈现很大的阻抗，其作用可忽略不计。但当信号频率较高时，高频电流将主要从结电容通过，这就破坏了二极管的单向导电性。因此，当工作频率很高时，就要考虑结电容的作用，或者说工作频率受到一定的限制。

2. 变容二极管的伏安特性

利用 PN 结的势垒电容随外加反向电压变化的特点可制作变容二极管。变容二极管主要用做可变电容（受电压控制），其单向导电性已无多大实际意义。需要注意的是，变容二极管必须工作在反偏状态下，因为在正偏状态下二极管有较大的导通电流，相当于电容两端并联了一个阻值很小的电阻，从而失去电容应有的作用。图 1-19 所示为变容二极管的 C-U 关系曲线。

3. 变容二极管电调谐电路

在很多无线电设备的选频或其他电路中，经常要用到调谐电路。与机械调谐电路相比，电调谐电路具有体积小、成本低、可靠性高和易与 CPU 接口等优点而得到广泛应用。

由变容二极管构成的简单电调谐电路（原理电路）如图 1-20 所示。在该电路中，实际的输入信号是交流电压 u_i，而不是直流电压 U。电压 U 的作用是使变容二极管处于反偏状态，同时控制变容二极管的容量大小，以控制谐振电路的谐振频率，进而达到选频的目的。

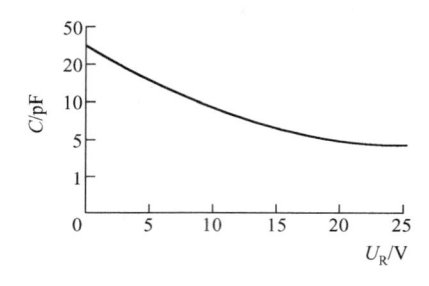

图 1-19 变容二极管的 C-U 关系曲线

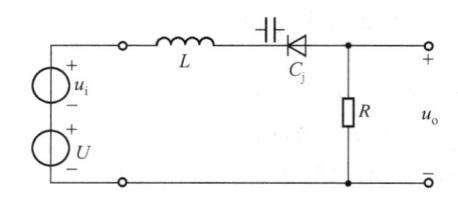

图 1-20 变容二极管电调谐电路

任务 1-1-5　发光二极管的特性测试

器件认知

发光二极管简称 LED，是一种能将电能转换成光能的半导体器件，它通过一定的电流时就会发光。它具有体积小、工作电压低、工作电流小、发光均匀稳定、响应速度快和寿命长等特点，常用做显示器件，如指示灯、七段显示器、矩阵显示器等。

各种发光二极管的外形图及电路符号如图 1-21 所示。

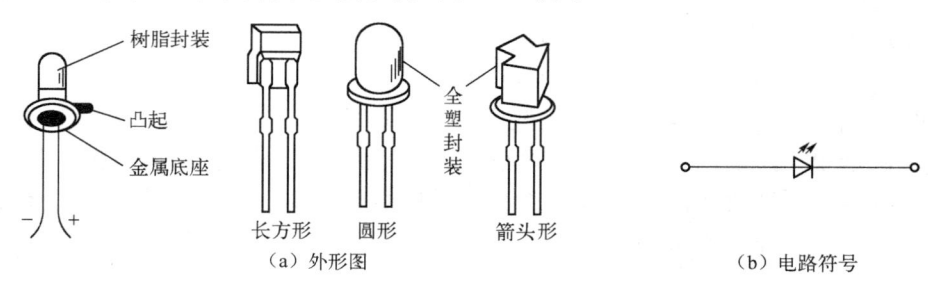

（a）外形图　　　　　　　　　　　　（b）电路符号

图 1-21　发光二极管的外形图及电路符号

项目 1　晶体管基本电路的测试与应用设计

应用测试

测试要求：按测试程序要求完成所有测试内容，并撰写测试报告。

测试设备：模拟电路综合测试台 1 台，0～30 V 直流稳压电源 1 台，数字万用表 1 块，毫安表 1 只。

测试电路：如图 1-22 所示，其中二极管 VD 为发光二极管，$R=1\ \text{k}\Omega$。

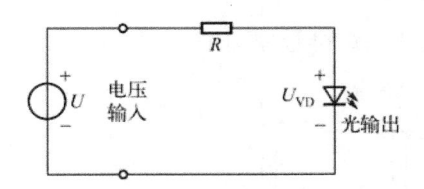

图 1-22　电-光转换电路

测试程序：

① 直接用万用表测量发光二极管的正反向电阻值，并记录：$R_正$=_____；$R_反$=_____。

② 按图 1-22 接好电路，并串联电流表。

③ 接入电源电压 U，并使 U 由 0 V 逐渐增大，直至发光二极管开始发光，记录此时发光二极管正向压降 U_{VD} 和正向电流 I：U_{VD}= _____；I = _____。

④ 保持步骤③，继续增大 U，观察发光二极管发光强度随 U 增大而变化的情况并记录：_____。

⑤ 将发光二极管反接，并观察此时发光二极管有无发光并记录：_____。

思维拓展

发光二极管正常工作时，其偏置是正偏还是反偏？还是两种情况都有可能？为什么？

知识链接

发光二极管的基本特性，相关知识如下所述。

二极管在加正向偏压时，N 区的电子和 P 区的空穴都穿过 PN 结进行扩散运动，若在运动中复合，就会有能量释放出来。由硅和锗制成的二极管主要以热的形式释放出载流子复合时的能量，而由磷、砷、镓等材料制成的二极管则以光的形式释放出这部分能量。

利用二极管的这一特性，可制成发光二极管。发光二极管是由磷化镓、砷化镓等化合物半导体制成的，属于光电子器件，正常工作时处于正偏状态，能把电能转化为光能。发光二极管的发光颜色取决于所用材料，目前有红、黄、绿、橙等颜色。

发光二极管也具有单向导电性，只有在外加正向电压及正向电流达到一定值时才能发光，如图 1-22 所示。它的正向导通压降比普通二极管大，一般在 1.5～2.3 V 之间；工作电流一般为几至几十毫安，典型值为 10 mA。正向电流愈大，发光愈强。

任务 1-1-6　光电二极管的特性测试

器件认知

光电二极管又称光敏二极管，是一种能将光信号转换为电信号的器件，常用于光电转换及光控、测光等自动控制电路中。

各种光电二极管的外形图及电路符号如图 1-23 所示。

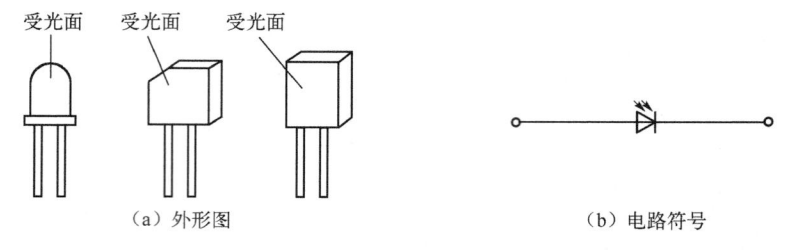

（a）外形图　　　　　　　　　　（b）电路符号

图 1-23　光电二极管的外形图及电路符号

应用测试

测试要求：按测试程序要求完成所有测试内容，并撰写测试报告。

测试设备：模拟电路综合测试台 1 台，0～30 V 直流稳压电源 1 台，数字万用表 1 块，毫安表 1 只，微安表 1 只。

测试电路：如图 1-24 所示，其中二极管 VD 为光电二极管，R=10 kΩ。

测试程序：

① 直接用万用表测量光电二极管的反向电阻值，比较在不同光照情况下的差异，并记录：光电二极管在光照较强时的反向电阻值（大于/小于）_____光照较弱时的电阻值。

② 按图 1-24 接好电路，并串联电流表。

③ 接入电源电压 U_I=10 V，观察二极管中有无电流流过，有无输出电压，并记录：_____。

④ 改变光照强度，使光照强度由强变弱，此时的输出电压或电流将变（大/小）_____。

⑤ 将光电二极管反接，并改变光照强度，观察此时的输出电压或电流有无明显变化并记录：_____。

思维拓展

1. 光电二极管正常工作时，其偏置是正偏还是反偏？还是两种情况都有可能？为什么？
2. 普通二极管"正向导通，反向截止"的基本特性描述是否适用于光电二极管？为什么？

知识链接

光电二极管的基本特性，相关知识如下所述。

半导体材料具有光敏特性，即半导体在受到光照射时会产生电子-空穴对，且光照越

强，受激发产生的电子-空穴对的数量越多。这对半导体中少子的浓度有很大影响，因此，普通二极管为避免光照对其反向截止特性的影响，其外壳都是不透光的。

利用二极管的光敏特性，可制成光电二极管。光电二极管也属于光电子器件，能把光信号转化为电信号。为了便于接受光照，光电二极管的管壳上有一个玻璃窗口，让光线透过窗口照射到 PN 结的光敏区。

光电二极管工作于反偏状态，如图 1-24 所示。在无光照时，与普通二极管一样，反向电流很小，称为暗电流。当有光照时，其反向电流随光照强度的增大而增加，称为光电流。图 1-25 所示为光电二极管的特性曲线。

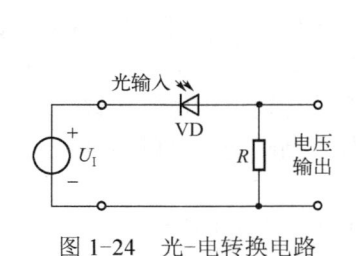

图 1-24　光-电转换电路

图 1-25　光电二极管的特性曲线

知识链接

1．二极管的主要参数

电子器件的参数是定量描述其性能的指标，它表明了器件的应用范围。因此，参数是正确使用和合理选择元器件的依据。很多参数可以直接测量，也可以从半导体器件手册中查出。二极管的主要参数如下所述。

1）最大整流电流 I_F

I_F 是指二极管正常工作时允许通过的最大正向平均电流，它与 PN 结的材料、结面积和散热条件有关。因为电流流过 PN 结会引起管子发热，如果在实际应用中流过二极管的平均电流超过 I_F，管子将因过热而烧坏。因此，二极管的平均电流不能超过 I_F，并要满足散热条件。

2）最高反向工作电压 U_R

U_R 是指二极管在使用时所允许加的最大反向电压。为了确保二极管安全工作，通常取反向击穿电压 U_{BR} 的一半为 U_R。例如，二极管 1N4001 的 U_R 规定为 100 V，而 U_{BR} 实际上大于 200 V。在实际使用时，二极管所承受的最大反向电压不应超过 U_R，否则二极管就有发生反向击穿的危险。

3）反向电流 I_R

I_R 是指二极管未击穿时的反向电流。I_R 越小，管子的单向导电性越好。由于温度升高时 I_R 将增大，所以使用时要注意温度的影响。

4）最高工作频率 f_M

f_M 是由 PN 结的结电容大小决定的。当工作频率超过 f_M 时，结电容的容抗减小到可以与反向交流电阻相比拟，二极管将逐渐失去它的单向导电性。

上述参数中的 I_F、U_R 和 f_M 为二极管的极限参数，在实际使用中不能超过。应当指出，由于制造工艺的限制，即使是同一型号的管子，参数的分散性也很大，一般手册上给出的往往是参数的范围。另外，手册上的参数是在一定的测试条件下测得的，使用时要注意这些条件，若条件改变，则相应的参数值也会发生变化。常用半导体二极管参数表见附录 E。

2．二极管的选择

无论是电路设计，还是电子设备维修，都会面临一个如何选择二极管的问题。根据上面的介绍可知，选择二极管时必须注意以下两点。

（1）设计电路时，根据电路对二极管的要求查阅半导体器件手册，从而确定选用的二极管型号。选用的二极管极限参数 I_F、U_R 和 f_M 应分别大于二极管实际工作时的最大平均电流、最高反向工作电压和最高工作频率。应该注意，要求导通电压低时选锗管，要求反向电流小时选硅管，要求击穿电压高时选硅管，要求工作频率高时选点接触型高频管，要求工作环境温度高时选硅管。

（2）在修理电子设备时，如果发现二极管损坏，要用同型号的管子来替换。如果找不到同型号的管子，则可改用其他型号二极管来代替，替代管子的极限参数 I_F、U_R 和 f_M 应不低于原管，且替代管子的材料类型（硅管或锗管）一般应与原管相同。

模块 1-2　三极管基本特性的测试

学习目标

- ◇ 能正确测量三极管的电流放大特性，记录测量结果并做特性描述。
- ◇ 能正确测量三极管的输入与输出特性，记录测量结果并做特性描述。
- ◇ 理解三极管及其基本特性：结构与符号、分类、电流放大特性、输入输出特性等。

工作任务

- ◇ 三极管基本特性测试电路的装接。
- ◇ 三极管电流放大特性的测试、结果记录与描述。
- ◇ 三极管输入输出特性的测试、结果记录与描述。

任务 1-2-1　三极管各极电流关系的测试

器件认知

半导体三极管又称为双极型三极管、晶体三极管，简称三极管或 BJT，是一种最常用的半导体器件。由于三极管中两个 PN 结之间相互影响，使其表现出不同于二极管（单个 PN

结）的特性，具有电流放大作用。

各种三极管器件的外形图及封装形式如图 1-26 所示。

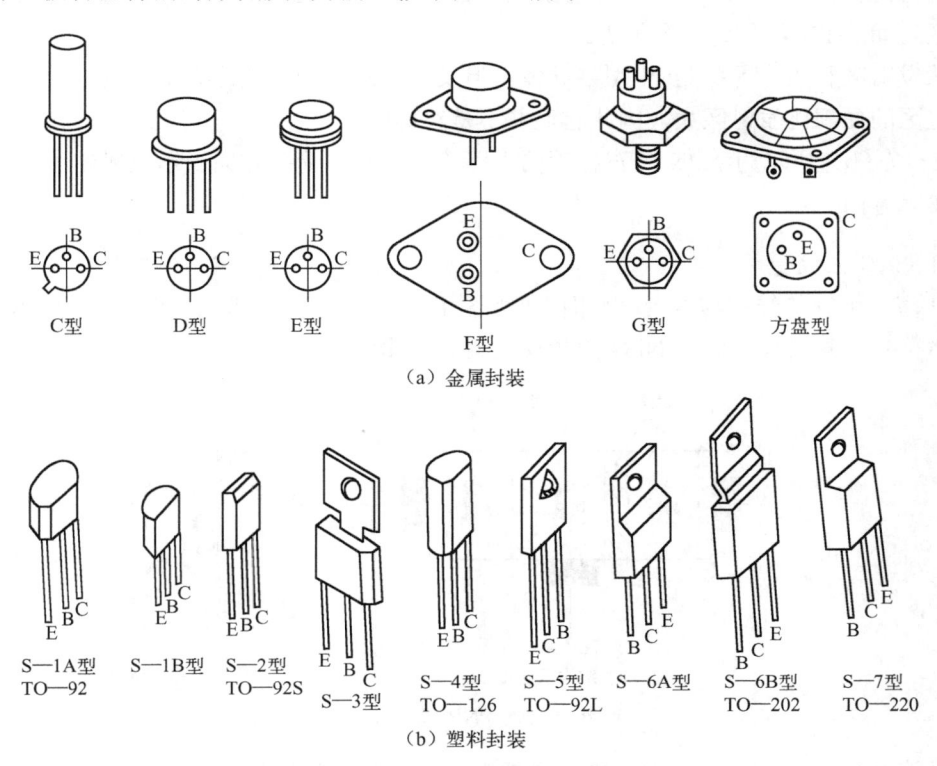

图 1-26 三极管的外形图及封装形式

三极管的结构分为 NPN 型和 PNP 型。

1) NPN 型三极管

NPN 型三极管的结构示意图如图 1-27（a）所示，它是在 N 型半导体的基片上通过杂质补偿，在中间产生一个很薄（仅零点几微米至几微米）的 P 型层，并与两端的 N 型半导体紧密结合而构成的管子。

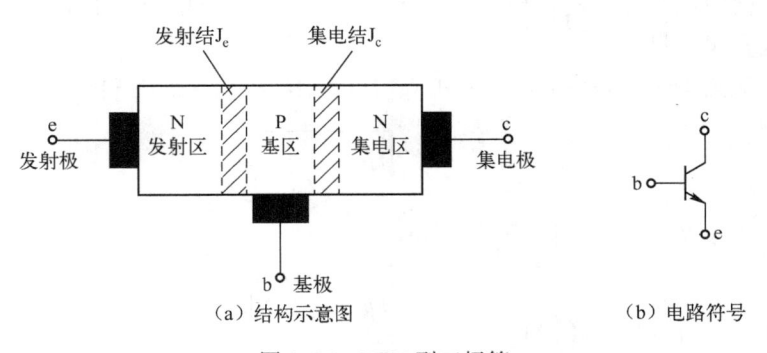

图 1-27 NPN 型三极管

P 型半导体与其两侧的 N 型半导体分别形成 PN 结，整个三极管的结构是两个 PN 结构成的三层半导体。中间的一层称为基区，两边分别称为发射区和集电区，从这三个区引出的电极分别称为基极 b、发射极 e 和集电极 c。发射区和基区之间的 PN 结称为发射结 J_e，基区和集电区之间的 PN 结称为集电结 J_c。

虽然发射区和集电区都是 N 型半导体，但发射区的掺杂浓度比集电区高；而在几何尺寸上，集电区的面积比发射区大，因此它们并不是对称的。

图 1-27（b）所示为 NPN 型三极管的电路符号，其中箭头方向表示发射结正偏时发射极电流的实际方向。

2）PNP 型三极管

PNP 型三极管的结构与 NPN 型相似，如图 1-28（a）所示。图 1-28（b）为 PNP 型三极管的电路符号，其箭头方向与 NPN 型相反，但意义相同。

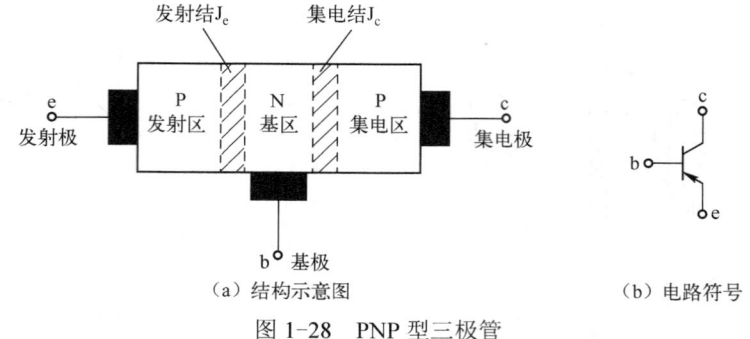

（a）结构示意图　　　　　　　　　　（b）电路符号

图 1-28　PNP 型三极管

三极管的分类还有多种方式。按工作频率分为低频管和高频管，按耗散功率大小分为小功率管和大功率管，按用途分为放大管、开关管和功率管，按所用的半导体材料分为硅管和锗管等。目前生产的硅管多为 NPN 型，锗管多为 PNP 型，其中硅管的使用率远大于锗管。三极管的具体命名方法见附录 D。

应用测试

测试要求：按测试程序要求完成所有测试内容，并撰写测试报告。

测试设备：模拟电路综合测试台 1 台，0～30 V 直流稳压电源 1 台，数字万用表 1 块，毫安表 1 只，微安表 1 只。

测试电路：如图 1-29 所示电路，图中 R_B=100 kΩ，R_C=1 kΩ，三极管为 S9013。

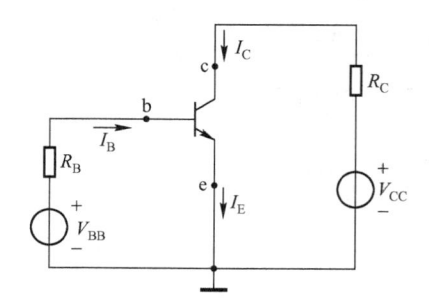

图 1-29　三极管各极电流关系的测试电路

项目 1　晶体管基本电路的测试与应用设计

测试程序：

① 按图 1-29 接好电路，并在基极回路串联微安表，在集电极回路串联毫安表。

② 接入电源电压 V_{BB}=0 V、V_{CC}=20 V，观察三极管中有无集电极电流，并记录 _____。

③ 改变电源电压 V_{BB}，使 I_B 为表 1-2 中所给的各数值，并测出此时相应的 I_C 值，求出相应的 I_E（= $I_B + I_C$）值、I_C/I_E 值和 I_C/I_B 值。

表 1-2　三极管各极电流关系的测试结果

I_B/μA	0	10	20	50
I_C/mA				
I_E/mA (= $I_B + I_C$)				
I_C/I_E	—			
I_C/I_B	—			

结论：三极管的电流 _____（I_B, I_C, I_E）对电流 _____（I_B, I_C, I_E）有明显的控制作用；I_C/I_E _____（>>1，>≈1，<≈1，<<1），I_C/I_B _____（>>1，>≈1，<≈1，<<1），且 I_C/I_E 值和 I_C/I_B 的值在 I_B 变化时 _____（会/不会）发生明显变化。

思维拓展

为什么发射极电流要由式 $I_E = I_B + I_C$ 求得，而不能在发射极串联电流表直接读出？

知识链接

1. 三极管的放大偏置

为了使三极管具有放大作用，必须使其获得合适的直流偏置。由于三极管具有两个 PN 结，所以可能的偏置有 4 种：发射结正偏、集电结反偏；发射结反偏、集电结正偏；二结均正偏；二结均反偏。放大电路中三极管的偏置为发射结正偏、集电结反偏。

符合该要求的三极管直流偏置电路（也称直流供电电路）如图 1-30 所示，该电路接法称为共射（含义后述）接法。外加直流电源 V_{BB}，通过 R_B 给发射结加正向电压；外加直流电源 V_{CC}，通过 R_C 给集电极加反向电压，该电压并不等于集电结电压，但由于集电极电压通常较大（指绝对值），足以克服 b-e 间的发射结导通电压而给 c-b 间的集电结加一较大的反向电压，从而实现发射结正偏、集电结反偏的条件。一般发射结的正向电压小于 1 V，而集电结反向电压较高，一般达几伏到几十伏以上。

（a）NPN型三极管的偏置电路　　　　（b）PNP型三极管的偏置电路

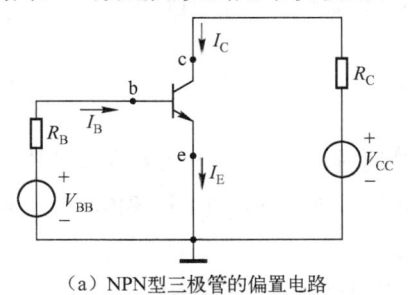

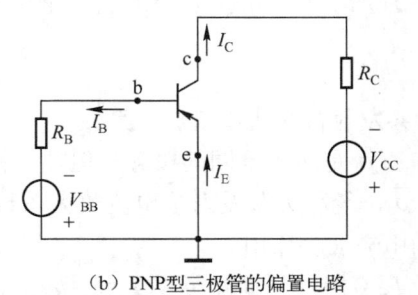

图 1-30　三极管的偏置电路（共射接法）

2. 三极管的各极电流关系

下面通过三极管 3DG6 的电流测试数据来讨论其各极电流关系，参见表 1-3。

表 1-3 三极管电流测试数据

I_B/mA	0	0.02	0.04	0.06	0.08	0.10
I_C/mA	<0.001	0.70	1.50	2.30	3.10	3.95
I_E/mA	<0.001	0.72	1.54	2.36	3.18	4.05
I_C/I_E	—	0.97	0.97	0.97	0.97	0.98
I_C/I_B	—	35	37.5	38.3	38.8	39.5

由此测试结果可得出以下结论。

（1）分析测试数据的每一列，可得

$$I_E = I_B + I_C \tag{1-3}$$

此结果也符合基尔霍夫电流定律（KCL）。

（2）分析第 3 列至第 5 列数据可知，I_C 和 I_E 均远大于 I_B，且 I_C/I_E 和 I_C/I_B 基本保持不变，这就显示了三极管的电流放大作用。由此可得

$$\bar{\alpha} \approx \frac{I_C}{I_E} \tag{1-4a}$$

式中，$\bar{\alpha}$ 为共基极直流电流放大系数，其值一般在 0.95～0.995 之间。

$$\bar{\beta} \approx \frac{I_C}{I_B} \tag{1-4b}$$

式中，$\bar{\beta}$ 为共发射极直流电流放大系数，其值一般在几十至几百之间。

因此，

$$I_C \approx \bar{\alpha} I_E \approx \bar{\beta} I_B \tag{1-5a}$$

$$I_E \approx (1+\bar{\beta}) I_B \tag{1-5b}$$

显然，由于 $\bar{\alpha} \approx 1$，$\bar{\beta} \gg 1$，因此有 $I_E > I_C \gg I_B$，$I_C \approx I_E$。

同样，三极管的电流放大作用还体现在基极电流变化量 ΔI_B 和集电极电流变化量 ΔI_C 上。比较第 3 列至第 5 列数据，可得

$$\frac{\Delta I_C}{\Delta I_B} = \frac{2.30-1.50}{0.06-0.04} = \frac{3.10-2.30}{0.08-0.06} = \frac{0.80}{0.02} = 40$$

可见，微小的 ΔI_B 可以引起较大的 ΔI_C，且其比值与 $\bar{\beta}$ 近似相等。因此可得

$$\beta = \frac{\Delta I_C}{\Delta I_B} \tag{1-6}$$

式中，β 为共发射极交流电流放大系数。

虽然 β 和 $\bar{\beta}$ 是两个不同的概念，但在三极管导通时，在 I_C 相当大的变化范围内，$\bar{\beta}$ 基本不变，$\beta \approx \bar{\beta}$，统称为共发射极电流放大系数，并均用 β 表示。由于 β 值较大，因此三极管具有较强的电流放大作用。

（3）当 $I_B=0$ 时（基极开路），$I_C=I_E=I_{CEO}$（穿透电流，含义后述），$I_{CEO}<0.001$ mA＝1 μA。

如图 1-31 所示为 NPN 型三极管和 PNP 型三极管各极电流关系及方向的示意图,其中 PNP 型三极管的电流关系与 NPN 型三极管完全相同,但 PNP 型三极管各极的电流方向与 NPN 型三极管正好相反。

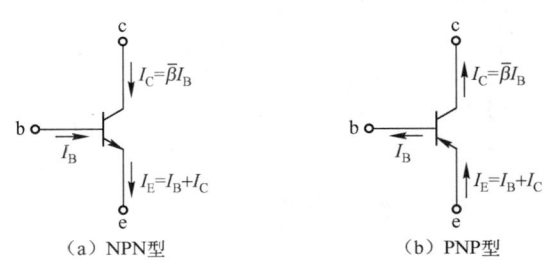

图 1-31 三极管的各极电流关系及方向

【简单测试】 试用万用表的欧姆挡和 h_{FE}(即 β)挡测量并判断三极管的管型(NPN 型或 PNP 型),e 极,b 极,c 极,以及 β 值和管子的好坏。

任务 1-2-2　三极管共射输入特性曲线的测试

知识链接

三极管共射特性曲线,相关知识如下所述。

三极管是放大电路中的核心器件,因此有必要了解三极管的 i_B 与 u_{BE}、i_C 与 i_B 及 i_C 与 u_{CE} 的关系。其中 i_C 与 i_B 的关系在放大状态下可表示为 $i_C=\beta i_B$,因此关于三极管(伏安)特性曲线的分析主要是围绕 i_B 与 u_{BE} 和 i_C 与 u_{CE} 的关系进行的。

采用共射接法的三极管特性曲线称为共射特性曲线。当三极管的输出电压 u_{CE} 为常数时,输入电流 i_B 与输入电压 u_{BE} 之间的关系曲线称为三极管的共射输入特性曲线,即

$$i_B = f(u_{BE})|_{u_{CE}=常数}$$

对于每一个给定的 u_{CE},都有一个相应的 i_B 与 u_{BE} 之间的关系曲线。因此,可将 u_{CE} 作为参变量,从而得到有若干条(理论上为无穷条)曲线的 i_B 与 u_{BE} 之间的共射输入特性曲线族。

当三极管的输入电流 i_B 为常数时,输出电流 i_C 与输出电压 u_{CE} 之间的关系曲线称为三极管的共射输出特性曲线,即

$$i_C = f(u_{CE})|_{i_B=常数}$$

对于每一个给定的 i_B,都有一个相应的 i_C 与 u_{CE} 之间的关系曲线。因此,可将 i_B 作为参变量,从而得到有若干条(理论上为无穷条)曲线的 i_C 与 u_{CE} 之间的共射输出特性曲线族。

应用测试

测试要求:按测试程序要求完成所有测试内容,并撰写测试报告。

测试设备:模拟电路综合测试台 1 台,0~30 V 直流稳压电源 1 台,数字万用表 1 块,毫安表 1 只,微安表 1 只。

测试电路:如图 1-32 所示电路,图中 R_B=100 kΩ,R_C=1 kΩ,VT 为三极管 S9013。

模拟电子技术与应用

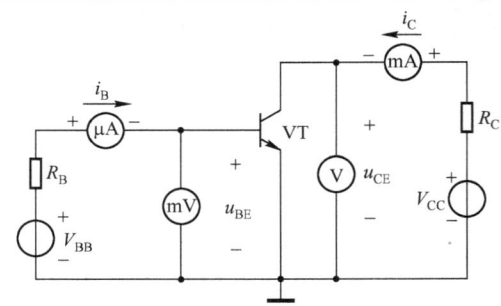

图 1-32 三极管共射输入特性曲线的测试电路

测试程序：
① 按图 1-32 接好电路，并在基极回路串联微安表，在集电极回路串联毫安表。
② 不接电源电压 V_{CC}，将三极管 c-e 间短路（相当于 $u_{CE}=0$）。
③ 接入并调节电源电压 V_{BB}，使 u_{BE} 或 i_B 为表 1-4 中所给的对应于 $u_{CE}=0$ 时的各数值，并测出此时相应的 i_B 或 u_{BE}，将结果填入表中。
④ 去掉三极管 c-e 间短路线，接入电源电压 $V_{CC}=20\ V$（此时可保证 $u_{CE}>1\ V$）。
⑤ 调节电源电压 V_{BB}，使 u_{BE} 或 i_B 为表 1-4 中所给的对应于 $u_{CE}>1\ V$ 时的各数值，并测出此时相应的 i_B 或 u_{BE} 的值，将结果填入表 1-4 中。
⑥ 根据测试结果，画出对应于每一个 u_{CE} 的三极管共射输入特性曲线。

表 1-4 共射输入特性的测试结果

	u_{BE}/V	0	0.2						
$u_{CE}=0$	$i_B/\mu A$			10	20	40	60	80	100
$u_{CE}>1\ V$	u_{BE}/V	0	0.5						
	$i_B/\mu A$			10	20	40	60	80	100

知识链接

三极管共射输入特性曲线，相关知识如下所述。

图 1-33 所示为某小功率 NPN 型硅三极管的共射输入特性曲线（以 $u_{CE}=0$ 和 $u_{CE}\geq 1\ V$ 两条曲线为例）。当 $u_{CE}=0$ 时，输入特性曲线与二极管的正向伏安特性相似。当 u_{CE} 增大时，曲线将向右移动，如图 1-33 中所示的 $u_{CE}\geq 1\ V$ 的特性曲线。

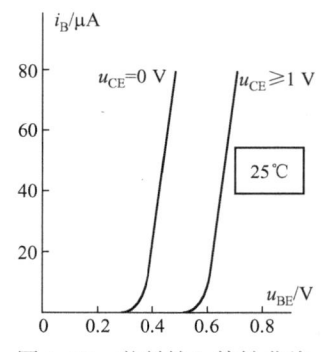

图 1-33 共射输入特性曲线

严格地说，u_{CE} 不同，所得到的输入特性曲线应有所不同，但实际上 $u_{CE}>1\text{ V}$ 以后的输入特性曲线与 $u_{CE}=1\text{ V}$ 的曲线非常接近，几乎重合。为使问题简化，在以后的讨论中，$u_{CE}\geqslant 1\text{ V}$ 的各条输入特性曲线均用 $u_{CE}=1\text{ V}$ 时的曲线来表示。

与二极管相似，三极管发射结电压 u_{BE} 也存在导通电压 U_{on}，即在输入特性曲线上 i_B 开始明显增长时的 u_{BE} 值。对于小功率硅管$|U_{on}|\approx 0.5\text{ V}$，锗管$|U_{on}|\approx 0.1\text{ V}$。此外，三极管正常工作时，小功率管的 i_B 一般为几十微安到几百微安，相应的 u_{BE} 变化不大，一般硅管的 $|U_{BE}|\approx 0.7\text{ V}$，锗管的$|U_{BE}|\approx 0.2\text{ V}$。

任务 1-2-3　三极管共射输出特性曲线的测试

应用测试

测试要求：按测试程序要求完成所有测试内容，并撰写测试报告。

测试设备：模拟电路综合测试台 1 台，0～30 V 直流稳压电源 1 台，数字万用表 1 块，毫安表 1 只，微安表 1 只。

测试电路：如图 1-34 所示电路，图中 $R_B=100\text{ k}\Omega$，$R_C=1\text{ k}\Omega$，VT 为三极管 S9013。

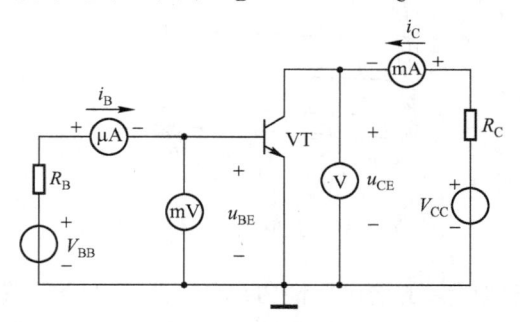

图 1-34　三极管共射输出特性曲线的测试电路

测试程序：

① 按图 1-34 接好电路，并在基极回路串联微安表，在集电极回路串联毫安表。

② 接入电源电压 $V_{BB}=0\text{ V}$，$V_{CC}=30\text{ V}$。

③ 调节电源电压 V_{BB}，使 i_B 为表 1-5 中所给的各数值；对应于每一个 i_B，调节电源电压 V_{CC} 使 U_{CE} 为表中所给的各数值，测出此时相应的 i_C 值，将结果填入表 1-5 中。

表 1-5　共射输出特性的测试结果

$i_B=80\text{ μA}$	u_{CE}/V	10	5	2	1	0.5	0.3	0.2	0.1	0
	i_C/mA									
$i_B=60\text{ μA}$	u_{CE}/V	10	5	2	1	0.5	0.3	0.2	0.1	0
	i_C/mA									
$i_B=40\text{ μA}$	u_{CE}/V	10	5	2	1	0.5	0.3	0.2	0.1	0
	i_C/mA									
$i_B=20\text{ μA}$	u_{CE}/V	10	5	2	1	0.5	0.3	0.2	0.1	0
	i_C/mA									
$i_B=0$	u_{CE}/V	10	5	2	1	0.5	0.3	0.2	0.1	0
	i_C/mA									

④ 根据测试结果，在同一个坐标系中画出对应于每一个 i_B 的三极管共射输出特性曲线。

知识链接

三极管共射输出特性曲线，相关知识如下所述。

如图 1-35 所示为某小功率 NPN 型硅三极管的共射输出特性曲线。可见，各条曲线的形状基本相同，曲线的起始部分很陡，u_{CE} 略有增加，i_C 增加很快，当 u_{CE} 超过某一数值（约 1 V）后，曲线变得比较平坦，几乎平行于横轴。

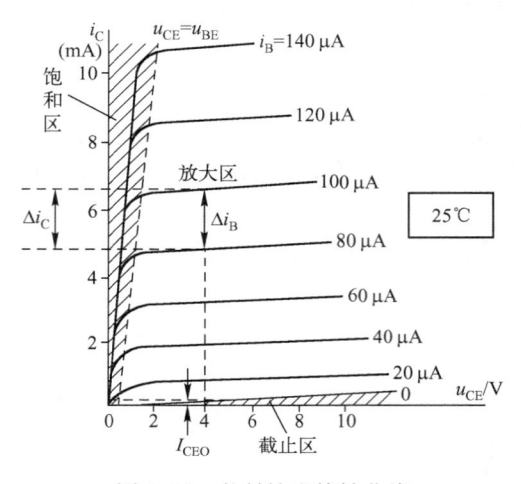

图 1-35　共射输出特性曲线

可将图 1-35 所示的三极管共射输出特性曲线分为以下 3 个区域。

1）截止区

图 1-35 所示曲线中，一般将 $i_B=0$（此时 $i_C=i_E=I_{CEO}$）所对应曲线以下的区域称为截止区。截止区满足发射结和集电结均反偏的条件，即 $u_{BE}<0$ 和 $u_{BC}<0$（对于 PNP 型三极管应为 $u_{BE}>0$ 和 $u_{BC}>0$）的条件。此时，三极管失去放大作用，呈高阻状态，e、b、c 极之间近似看成开路。

2）放大区

图 1-35 所示曲线中，$i_B>0$ 以上所有曲线的平坦部分称为放大区。放大区满足发射结正偏和集电结反偏的条件，即 $u_{BE}>0$ 和 $u_{BC}<0$（对于 PNP 型三极管应为 $u_{BE}<0$ 和 $u_{BC}>0$）的条件。

在放大区，i_C 与 u_{CE} 基本无关，且有 $i_C \approx \beta i_B$，i_C 随 i_B 的变化而变化，即 i_C 受控于 i_B（受控特性）；相邻曲线间的间隔大小反映出 β 的大小，即管子的电流放大能力。

3）饱和区

图 1-35 所示曲线中，u_{CE} 较小（小于 1 V 或更小）的部分，确切地说 $u_{CE}<u_{BE}$ 的所有曲线的陡峭变化部分称为饱和区。饱和区满足发射结和集电结均正偏的条件，即 $u_{BE}>0$ 和 $u_{BC}>0$（对于 PNP 型三极管应为 $u_{BE}<0$ 和 $u_{BC}<0$）的条件。

项目 1　晶体管基本电路的测试与应用设计

在饱和区，i_C 随 u_{CE} 变化而变化，却几乎不受 i_B 控制，即三极管失去放大作用，$i_C=\beta i_B$ 不再成立。三极管饱和时，各极之间电压很小，而电流却较大，呈现低阻状态，各极之间可近似看成短路。

$u_{CE}=u_{BE}$（即 $u_{BC}=0$，集电结零偏）时的状态称临界饱和，如图 1-35 中的虚线所示，该线称为临界饱和线。临界饱和线是饱和区和放大区的分界线。临界饱和时的 u_{CE} 称为饱和压降，用 $U_{CE,sat}$ 表示。$U_{CE,sat}$ 很小，小功率硅管的 $|U_{CE,sat}|\approx 0.3\,\text{V}$，小功率锗管的 $|U_{CE,sat}|\approx 0.1\,\text{V}$，大功率硅管的 $|U_{CE,sat}|>1\,\text{V}$。

在实际工作中，通常通过测量三极管各极之间的电压来判断它的工作状态是处于放大区、饱和区还是截止区。

【例 1-1】测得电路中几个三极管各极对地的电压如图 1-36 所示，试判断它们各工作在什么区（放大区、饱和区或截止区）。

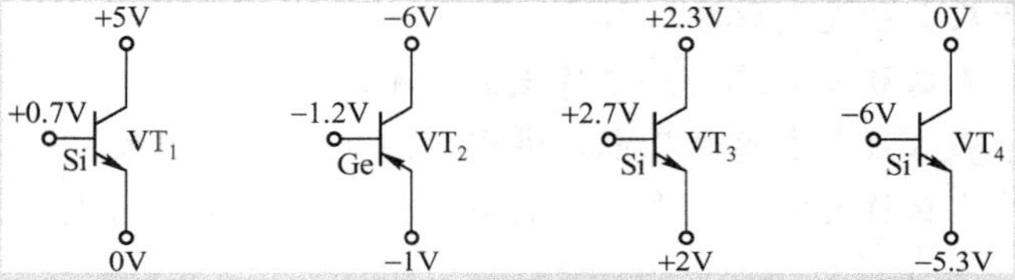

图 1-36　三极管各极对地的电压

解：VT_1 为 NPN 型三极管，由于 $u_{BE}=0.7\,\text{V}>0$，发射结为正偏；而 $u_{BC}=-4.3\,\text{V}<0$，集电结为反偏，因此 VT_1 工作在放大区。

VT_2 为 PNP 型三极管，由于 $u_{BE}=0.2\,\text{V}>0$，发射结为正偏；而 $u_{CB}=-4.8\,\text{V}>0$，集电结为反偏，因此 VT_2 工作在放大区。

VT_3 为 NPN 型三极管，由于 $u_{BE}=0.7\,\text{V}>0$，发射结为正偏；而 $u_{BC}=0.4\,\text{V}>0$，集电结也为正偏，因此 VT_3 工作在饱和区。

VT_4 为 NPN 型三极管，由于 $u_{BE}=-0.7\,\text{V}<0$，发射结为反偏；而 $u_{BC}=-6\,\text{V}<0$，集电结也为反偏，因此 VT_4 工作在截止区。

【例 1-2】若测得放大电路中三极管的三个引脚对地电位 U_1、U_2、U_3 分别为下述数值，试判断它们是硅管还是锗管，是 NPN 型还是 PNP 型？并确定 e、b、c 极。

（1）$U_1=2.5\,\text{V}$，$U_2=6\,\text{V}$，$U_3=1.8\,\text{V}$；

（2）$U_1=-6\,\text{V}$，$U_2=-3\,\text{V}$，$U_3=-2.8\,\text{V}$。

解：（1）由于 1 脚与 3 脚间的电位差 $|U_{13}|=|2.5-1.8|=0.7\,\text{V}$，而 1 脚、3 脚与另一引脚 $U_2=6\,\text{V}$ 的电位差较大，因此 1 脚与 3 脚间为发射结，2 脚则为 c 极，该管为硅管。又 $U_2>U_1>U_3$，因此该管为 NPN 型，且 1 脚为 b 极，3 脚为 e 极。

（2）由于 $|U_{23}|=0.2\,\text{V}$，而 2 脚、3 脚与另一引脚 $U_1=-6\,\text{V}$ 的电位差较大，因此 2 脚与 3 脚间为发射结，1 脚为 c 极，该管为锗管。又 $U_1<U_2<U_3$，因此该管为 PNP 型，且 2 脚为 b 极，3 脚为 e 极。

模块 1-3 放大电路工作状态的测试

学习目标

- 能正确测量放大电路的静态工作点和电压电流波形。
- 能判断并处理简单的电路故障。
- 能描述三极管基本放大电路的结构,并能说明各电路组成部分的作用。
- 能定性或定量分析基本放大器的直流与交流工作状态。
- 理解工作点稳定电路的构成和原理。

工作任务

- 三极管基本放大电路的装接。
- 三极管基本放大电路静态工作点的测量与结果记录。
- 三极管基本放大电路电压电流波形的测试与结果记录。
- 三极管基本放大电路失真情况的测试、结果记录与描述。

任务 1-3-1 共射放大电路放大作用的测试

应用测试

测试要求:按测试程序要求完成所有测试内容,并撰写测试报告。

测试设备:模拟电路综合测试台 1 台,0~30 V 直流稳压电源 1 台,数字万用表 1 块,毫安表 1 只,微安表 1 只。

测试电路:如图 1-37 所示电路,图中 R_B=100 kΩ,R_C=1 kΩ,VT 为三极管 S9013,C_1=C_2=33 μF。

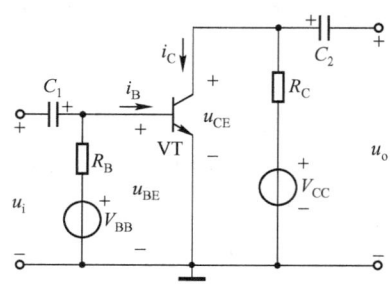

图 1-37 共射双电源放大电路

测试程序:

① 按图 1-37 接好电路,并在基极回路串联微安表,在集电极回路串联毫安表。

② 接入电源电压 V_{CC}=20 V。

③ 不接 u_i,以 u_{BE} 的变化量 Δu_{BE}(可通过改变 V_{BB} 而得到)代替输入电压的作用。

④ 接入并调节电源电压 V_{BB},使 i_B 为表 1-6 中所给的数值,并测出此时相应的 i_C、u_{BE} 和 u_o 值,求出相应的 Δi_B、Δi_C、$\Delta i_C/\Delta i_B$、Δu_{BE}、Δu_o 和 $\Delta u_o/\Delta u_{BE}$ 值。

项目1 晶体管基本电路的测试与应用设计

表1-6 共射电路放大作用的测试结果

$i_B/\mu A$	15	20	$\Delta i_B/\mu A$		$\Delta i_C/\Delta i_B$	
i_C/mA			$\Delta i_C/mA$			
u_{BE}/V			$\Delta u_{BE}/V$		$\Delta u_o/\Delta u_{BE}$	
u_o/V			$\Delta u_o/V$			

结论：共射电路 _____（有/没有）电流放大作用，_____（有/没有）电压放大作用，_____（有/没有）功率放大作用。

思维拓展

上述测试中，$\Delta u_o/\Delta u_{BE}$ 为负值，说明什么？

知识链接

电子线路最基本的作用是对信号进行放大。能将信号放大的电路称为放大电路或放大器，其作用是将微弱的电信号放大为功率或幅度足够大且与原来信号变化规律一致的信号，即进行不失真的放大。显然，放大的结果是交流信号能量的增加，而交流信号增加的能量是由直流电源的能量转化而来的。许多电子设备如收音机、电视机、手机、音响等都要用到放大器。

1. 共射双电源放大电路

1）电路组成

共射放大电路是放大器的一种基本电路形式，应用非常广泛。图1-37所示为共射双电源放大电路，其中 u_i 为电路的输入信号，它所在的回路称为输入回路；而放大后的 u_o 作为电路的输出信号，它所在的回路称为输出回路。显然，发射极是输入、输出回路的公共端（又称为地，GND，用"⊥"表示，但并不是真正的大地），所以称为共发射极电路，简称共射电路。

图1-37所示电路中，三极管VT为核心放大器件。V_{BB}、R_B、V_{CC}、R_C 组成直流偏置电路，确保三极管满足放大偏置。输入端和输出端分别接一个电容值较大的耦合电容 C_1 和 C_2（几微法至几十微法），起到"隔直通交"的作用，即对直流相当于开路，对交流相当于短路。通常 C_1 和 C_2 选用电容值较大的电解电容，它们有正、负极性，不可反接。输入交流电压 u_i 可通过电容 C_1 加到三极管发射结两端，另一方面由于电容 C_1 的隔直作用，直流回路中的电流不会流入交流回路，交、直流电路之间互不影响。根据叠加定理可知，三极管发射结两端电压 u_{BE} 为交、直流电压的叠加。在输出端，由于电容 C_2 的隔直作用，输出电压 u_o 为纯交流信号。

2）放大原理

由图1-37可以看出，由于 V_{BB} 与 u_i 的共同作用，输入回路的电压 $u_{BE} = U_{BE} + \Delta U_{BE}$，即发射结两端电压在直流 U_{BE} 的基础上产生了一个交流变化量 ΔU_{BE}，从而使基极电流 $i_B = I_B + \Delta I_B$，即在原来 I_B 基础上变化了 ΔI_B。相应地，集电极电流 $i_C = I_C + \Delta I_C$，发射极电流 $i_E = I_E +$

ΔI_E，分别在原来直流量的基础上变化了 ΔI_C 和 ΔI_E。

由于发射结正偏，电阻较小，因此输入电压的微小变化 ΔU_{BE} 就能引起基极电流的较大变化 ΔI_B；又 $\Delta I_C = \beta \Delta I_B$，故相应的集电极电流的变化 ΔI_C 很大。电路的输出电压 $\Delta U_o = \Delta I_C R_C$，当 R_C 阻值不很小时，输出电压 ΔU_o 的幅度要比输入电压 ΔU_{BE} 大得多。因此，该电路具有电压放大作用。

从能量的角度来看，输入电压 ΔU_{BE} 和电流 ΔI_B 均较小，输入的功率也较小，而输出的电流 ΔI_C 和电压 ΔU_o 均较大，输出的功率也较大。因此，共射电路具有电流放大、电压放大和功率放大的作用。而"放大"的本质实际上是指功率的放大或能量的放大。

2．共射恒流式偏置电路

1）电路组成

为简化图 1-37 所示的电路，一般选取 $V_{BB} = V_{CC}$，这样就得到图 1-38（a）所示的共射单电源放大电路。此外，因为 V_{CC} 一端总是与地相连，在画电路图时，可利用电位的概念，省略电源符号，只需标出另一端的电压数值和极性，这样就得到共射基本放大电路的习惯画法，如图 1-38（b）所示，通常称为恒流式偏置电路或固定偏流式电路。

（a）单电源放大电路　　　　　　　　（b）恒流式偏置电路

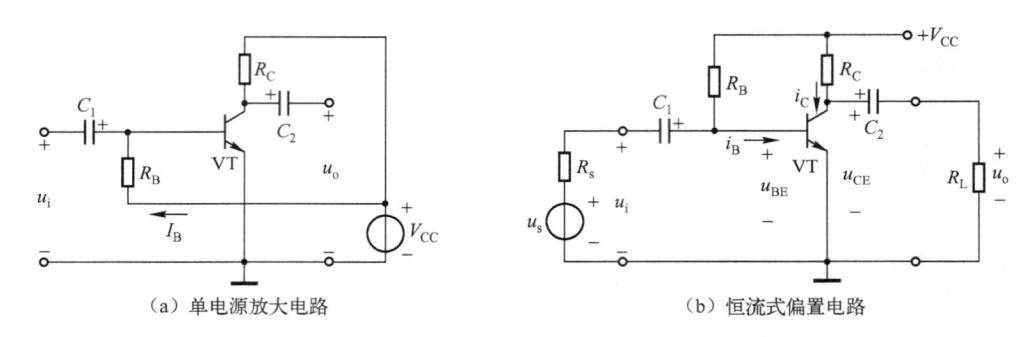

图 1-38　共射基本放大电路

由于这种电路利用电容实现信号源与输入端（呈电阻性）、集电极输出端与负载（呈电阻性）之间的耦合，因此又称为阻容耦合放大电路。

2）直流通路与交流通路

分析共射放大电路的工作原理可知，在电路正常工作时，直流量与交流量共存于放大电路中，前者是直流电源 V_{CC} 作用的结果，后者是输入交流电压 u_i 作用的结果。由于电容、电感等电抗元件的存在，使直流量与交流量所流经的通路不同。因此，为了分析方便，将放大电路分为直流通路与交流通路。

直流通路是直流电源作用所形成的电流通路。在直流电路中，电容因对直流量呈无穷大电抗而相当于开路，电感因电阻非常小可忽略不计而相当于短路，信号源电压为零（即 $u_s = 0$），但保留内阻 R_s。直流通路用于分析放大电路的静态参数。图 1-38 所示的共射基本放大电路的直流通路如图 1-39（a）所示。

交流通路是交流信号作用所形成的电流通路。在交流通路中，大容量电容（如耦合电容）因对交流信号容抗可忽略而相当于短路，直流电源为恒压源，因内阻为零也相当于短

路。交流通路用于分析放大电路的动态参数。图 1-38 所示的共射基本放大电路的交流通路如图 1-39（b）所示。

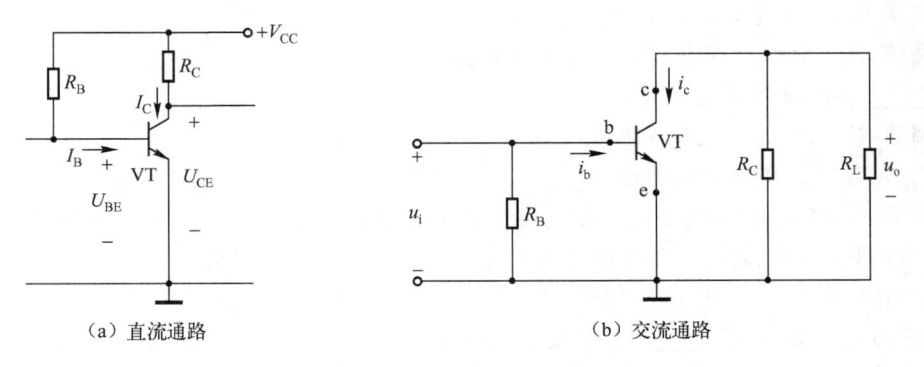

（a）直流通路　　　　　　　　　　　　　（b）交流通路

图 1-39　共射放大电路的直流通路与交流通路

3．符号使用规定

由于三极管放大电路中各极的电压和电流均为交、直流的叠加量，为防止混淆，有必要对电压和电流符号的使用规定做一个说明。

（1）直流分量：用大写变量和大写下标符号表示，如 I_B 表示基极的直流电流。
（2）交流分量：用小写变量和小写下标符号表示，如 i_b 表示基极的交流电流。
（3）总瞬时值：用小写变量和大写下标符号表示，如 $i_B=I_B+i_b$ 表示基极电流的总量，即直流分量与交流分量之和。
（4）交流有效值：用大写变量和小写下标符号表示，如 I_b 表示基极交流电流的有效值。

任务 1-3-2　放大电路静态工作点的测量

应用测试

测试要求：按测试程序要求完成所有测试内容，并撰写测试报告。
测试设备：模拟电路综合测试台 1 台，0～30 V 直流稳压电源 1 台，数字万用表 1 块。
测试电路：如图 1-40 所示电路，图中 R_B=51 kΩ，与 500 kΩ 电位器（RP）串联，R_C=1 kΩ，R_L=1 kΩ，VT 为 S9013，$C_1=C_2$=33 μF。

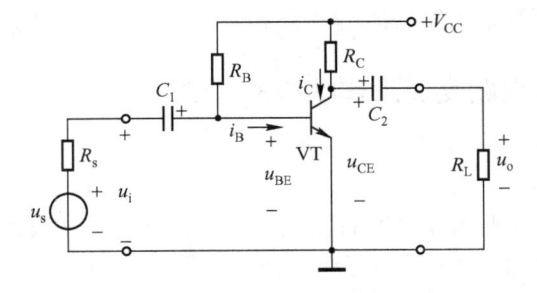

图 1-40　共射放大电路静态工作点的测量

测试程序：

① 不接 R_L，不接 u_i，接入 V_{CC} = +20 V，用万用表测量三极管静态工作点。

② 测量 U_{BE}，并记录：U_{BE} = _____ V。

③ 调节 R_B（RP），观察 U_{BE}、I_B 有无明显变化，并记录：U_{BE} _____（有/无）明显变化，I_B _____（有/无）明显变化。

④ 调节 R_B（RP），使 U_{CE}=10 V。

结论：此时，三极管的发射结 _____ 偏，集电结 _____ 偏，即工作在 _____ 区。

⑤ 调节 R_B（RP），观察 I_C 有无明显变化，并记录：I_C _____（有/无）明显变化。

推论：显然，在放大区，I_C 实际上主要受 _____（I_B/U_{CE}）控制。

结论：在放大区，调节 R_B（RP）时，U_{BE} _____（有/无）明显变化，I_B _____（有/无）明显变化，而 $I_C = \beta I_B$ 必然 _____（有/无）明显变化，因此，$U_{CE} = V_{CC} - I_C R_C$ 也会 _____（有/无）明显变化，即调节 R_B（RP） _____（不可以/可以）明显改变放大器的工作状态。

思维拓展

在上述测试中，若分别调节 R_C 和 V_{CC} 的大小，则放大器的工作状态又将如何变化？

知识链接

放大电路的静态工作点分析，相关知识如下所述。

在放大电路中，未加交流信号（u_i=0）时电路各处的电压、电流都是直流量，这时称电路的状态为直流状态或静止工作状态，简称静态。当输入交流信号后，电路中各处的电压和电流都是变动的，这时电路处于交流状态或动态工作状态，简称动态。

参见图 1-39（a），静态时 u_i=0，三极管的 I_B、I_C、U_{BE}、U_{CE} 称为放大电路的静态工作点，又称 Q 点。由于放大电路中 b-e 两端的导通压降 U_{BE} 基本不变（硅管约为 0.7 V，锗管约为 0.2 V），因此可得

$$I_B = \frac{V_{CC} - U_{BE}}{R_B} \tag{1-7a}$$

$$I_C = \beta I_B \tag{1-7b}$$

$$U_{CE} = V_{CC} - I_C R_C \tag{1-7c}$$

若 R_B 和 V_{CC} 不变，则 I_B 不变，故称为恒流式偏置电路或固定偏流式电路。显然，改变 R_B 可以明显改变 I_B、I_C 和 U_{CE} 值，即调节 R_B 可以明显改变放大器的工作点。当 U_{CE} 较大时，可以保证三极管的发射结正偏、集电结反偏，即工作在放大区。

任务 1-3-3 放大电路交流工作状态的测试

应用测试

测试要求：按测试程序要求完成所有测试内容，并撰写测试报告。

测试设备：模拟电路综合测试台 1 台，函数信号发生器 1 台，双踪示波器 1 台，低频毫伏表 1 台，0~30 V 直流稳压电源 1 台，数字万用表 1 块。

测试电路：如图 1-41 所示电路，图中 R_B=51 kΩ，与 500 kΩ 电位器（RP）串联，

项目1　晶体管基本电路的测试与应用设计

R_C=1 kΩ，R_L=1 kΩ，VT 为 S9013，C_1=C_2=33 μF。

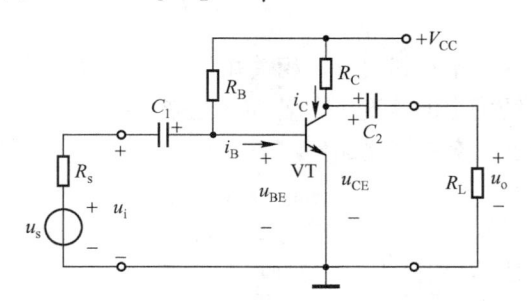

图 1-41　共射放大电路交流工作状态的测试

测试程序：

① 不接 R_L，不接 u_i，接入 V_{CC} = +20 V，用万用表测量三极管的静态工作点并记录。

② 调节 R_B（RP），使 U_{CE} = 10 V。

③ 保持步骤②，输入端接入 u_i（f_i =1 kHz，U_i=10 mV），用示波器 Y1 轴输入（DC 输入），同时观察 u_i、u_{BE} 波形并记录。

结论：u_i 与 u_{BE} 波形幅度大小 _____（基本相同/完全不同）。接入 u_i 后，由于 u_{BE} 中 _____（含有/不含有）直流分量，即 u_{BE} 为 _____（纯交流量/交直流叠加量），因此，有

u_{BE} = _____（U_{BE} + u_i 或 u_i）

i_B = _____（I_B + i_b 或 i_b）

$i_C = \beta i_B$ = _____

[$\beta(I_B + i_b) = \beta I_B + \beta i_b = I_C + i_c$ 或 $\beta i_b = i_c$]

④ 保持步骤③，用示波器 Y2 轴输入（DC 输入/"交替"显示），观察 u_{CE} 波形和幅度大小并记录。

结论：u_{CE} 中 _____（含有/不含有）直流分量，即 u_{CE} 为 _____（纯交流量/交直流叠加量），因此，u_{CE} = _____（$U_{CE}+u_{ce}$ 或 u_{ce}）。

⑤ 保持步骤④，用示波器 Y2 轴输入，观察 u_o 的波形和幅度大小并记录。

结论：由于电容 C_2 的隔直流作用，实际的输出电压 u_o 中 _____（含有/不含有）直流成分，即 u_o = _____（$U_{CE}+u_{ce}$ 或 u_{ce}）。输出电压的波形与输入电压波形 _____（基本相同/完全不同），输出电压的幅度 _____（远大于/远小于/基本等于）输入电压的幅度，即该电路 _____（实现了/没有实现）信号的不失真放大。

⑥ 保持步骤⑤，观察和比较 u_i 与 u_o 的相位关系，并记录：u_i 与 u_o 的相位关系为 _____（同相/反相）。

结论：u_i 与 u_o _____（同相/反相），即共射基本放大电路为 _____（同相/反相）放大电路。

思维拓展

放大电路中三极管各极的电压和电流应为纯直流、纯交流还是交直流叠加量？

35

模拟电子技术与应用

知识链接

放大电路中各点电压、电流及其波形,相关知识如下所述。

在放大电路工作点已经确定的情况下,若加入正弦信号 u_i,则三极管发射结两端电压为交直流叠加量,基极电流也为交直流叠加量,即

$$u_{BE} = U_{BE} + u_i$$

$$i_B = I_B + i_b$$

u_{BE} 和 i_B 的波形如图 1-42 所示,且

$$i_C = \beta i_B = \beta(I_B + i_b) = \beta I_B + \beta i_b = I_C + i_c$$

即 i_C 也为交直流叠加量,其波形如图 1-42 所示。显然,i_C 中的交流分量 i_c 已经被放大了。

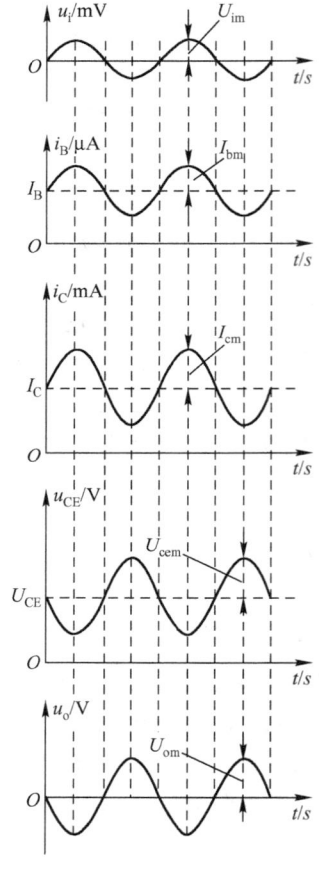

图 1-42 共射基本放大电路中的波形图

考虑到集电极电阻 R_C 的作用,可以得到(不接 R_L 时)

$$u_{CE} = V_{CC} - i_C R_C = V_{CC} - (I_C + i_c)R_C = (V_{CC} - I_C R_C) - i_c R_C = U_{CE} + u_{ce}$$

即 u_{CE} 同样为交直流叠加量,其波形如图 1-42 所示。显然,u_{CE} 中的交流分量 u_{ce} 已经被放大了。

考虑到耦合电容 C_2 的作用,可以得到 $u_o = u_{ce}$,即 $u_o = -i_c R_C$。

显然，u_o 为纯交流量，其波形如图 1-42 所示。该波形与输入电压波形反相，即共射放大电路为反相或倒相放大电路，从结果的形式上看，这是由于 $u_o=-i_cR_C$ 中的负号产生的。

任务 1-3-4　放大电路异常现象的测试

应用测试

测试要求：按测试程序要求完成所有测试内容，并撰写测试报告。

测试设备：模拟电路综合测试台 1 台，函数信号发生器 1 台，双踪示波器 1 台，低频毫伏表 1 台，0～30 V 直流稳压电源 1 台，数字万用表 1 块。

测试电路：如图 1-43 所示电路，图中 R_B=51 kΩ，与 500 kΩ 电位器（RP）串联，R_C=1 kΩ，R_L=1 kΩ，VT 为 S9013，C_1=C_2= 33 μF。

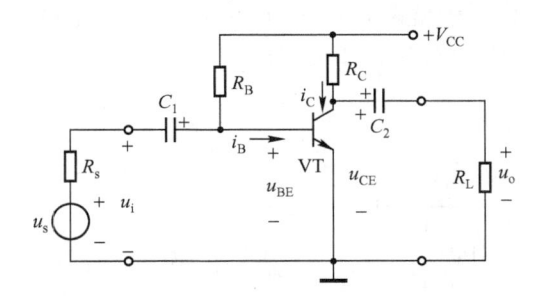

图 1-43　共射放大电路异常现象的测试

测试程序：

① 不接 R_L，不接 u_i，接入 V_{CC} = +20 V，调节 R_B（RP），使 U_{CE} = 10 V。

② 输入端接入 u_i（f_i=1 kHz，U_i=10 mV），用示波器观察输出电压波形并记录。

③ 保持步骤②，用短路线将 R_C 两端短接，用示波器观察有无电压输出并记录：_____。

结论：R_C =0 时，_____（有/无）交流电压输出，因为此时的交流输出被_____（开路/短路）。

④ 保持步骤③，去掉 R_C 两端的短路线，然后将 R_B 支路断开，用示波器观察有无电压输出并记录：_____。

结论：U_{BE}=0（I_B=0）时，_____（有/无）交流电压输出，因为此时三极管工作在（放大状态/非放大状态）。

思维拓展

在三极管放大电路的测试中，如何进行故障排查？

知识链接

放大电路的组成原则，相关知识如下所述。

通过上述测试和分析，可以得出如下结论。

（1）共射基本放大电路的放大过程可描述为：

$$u_i \longrightarrow i_b \xrightarrow{\text{(三极管工作在放大区)}} i_c \xrightarrow{\text{(R_C的作用和C_2的隔直作用)}} u_o$$

（2）放大电路的组成原则：正确的直流偏置；正确的交流通路；交直流相互兼容，互不影响；合适的元器件参数选择。

任务 1-3-5　静态工作点对输出波形影响的测试

应用测试

测试要求：按测试程序要求完成所有测试内容，并撰写测试报告。

测试设备：模拟电路综合测试台 1 台，函数信号发生器 1 台，双踪示波器 1 台，低频毫伏表 1 台，0～30 V 直流稳压电源 1 台，数字万用表 1 块。

测试电路：如图 1-44 所示电路，图中 R_B=51 kΩ，与 500 kΩ 电位器（RP）串联，R_C=1 kΩ，R_L=1 kΩ，VT 为 S9013，C_1=C_2=33 μF。

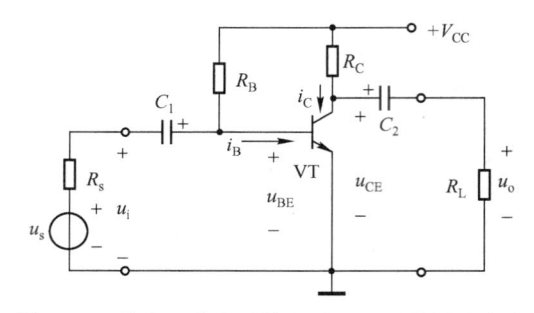

图 1-44　静态工作点对输出波形影响的测试电路

测试程序：

① 不接 u_i，接入 V_{CC} = +20 V，调节 R_B（RP），使 U_{CE} = 10 V。

② 保持步骤①，输入端接入 u_i（f_i=1 kHz，U_i =10 mV），用示波器同时观察此时输入、输出电压的波形，并记录输出电压波形有无明显失真 _____。

③ 保持步骤②，调节 u_i（U_i）大小，使输出电压最大且波形无明显失真。

④ 保持步骤③，调节 R_B（RP），增大 U_{CE}，即减小工作点电流 I_B 或 I_C，直到输出电压波形出现明显失真。此时输出波形的失真为 _____（顶部/底部）失真，而放大器的工作点 Q 更接近于 _____（饱和区/截止区）。

⑤ 保持步骤④，调节 R_B（RP），增大工作点电流 I_B 或 I_C，直到输出电压波形出现明显失真。此时输出波形的失真为 _____（顶部/底部）失真，而放大器的工作点 Q 更接近于（饱和区/截止区）。

思维拓展

若三极管放大电路的输出电压波形出现明显失真，如何调节电路参数以减小失真？

知识链接

静态工作点对输出波形的影响，相关知识如下所述。

项目 1　晶体管基本电路的测试与应用设计

在放大电路中，交流信号的放大是建立在三极管具有一个合适的直流工作点的基础上的，如果工作点 Q 选择不当，则三极管的动态工作点可能会进入饱和区或截止区，将产生严重的失真。因此，静态工作点的选择是十分重要的。

三极管的静态工作点（U_{BE}、I_B、U_{CE}、I_C）可在其输出特性曲线上用一坐标点表示，如图 1-45 中的 Q 点。图 1-45（a）中，工作点 Q 偏低，在输入信号电压 u_i 为正弦波的情况下，其负半周的一部分所对应的动态工作点进入截止区，i_b 的负半周被削去一部分，相应地，i_c 的负半周和 u_{ce} 的正半周也被削去了一部分，即产生了严重的失真。这种由于三极管在部分动态工作时间内进入截止区而引起的失真称为截止失真。由 NPN 型三极管组成的共射放大电路产生截止失真时，输出电压波形出现顶部失真。

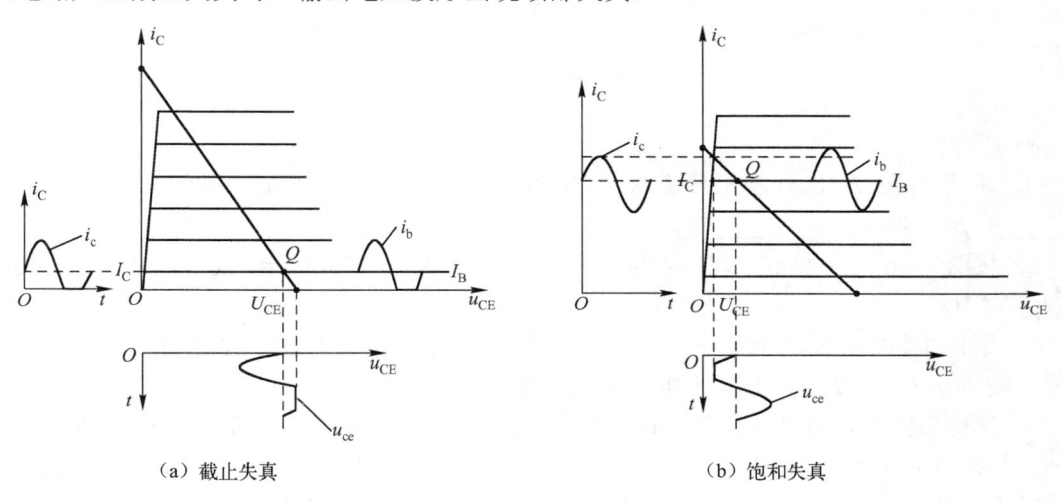

(a) 截止失真　　　　　　(b) 饱和失真

图 1-45　工作点选择不当引起的失真

图 1-45（b）中，工作点 Q 偏高，在输入信号电压 u_i 为正弦波的情况下，其正半周的一部分所对应的动态工作点进入饱和区，导致 i_c 的正半周和 u_{ce} 的负半周被削去了一部分，即产生了严重的失真。这种由于三极管在部分动态工作时间内进入饱和区而引起的失真称为饱和失真。由 NPN 型三极管组成的共射放大电路产生饱和失真时，输出电压波形出现底部失真。

当然，除了工作点选择不当会产生失真外，输入信号幅度过大也是产生失真的因素之一。当输入信号幅度较小时，为了降低电源的能量消耗，则可将 Q 点选得低一些。

任务 1-3-6　分压式偏置电路工作点稳定性的测试

应用测试

测试要求：按测试程序要求完成所有测试内容，并撰写测试报告。

测试设备：模拟电路综合测试台 1 台，函数信号发生器 1 台，双踪示波器 1 台，0～30 V 直流稳压电源 1 台，数字万用表 1 块。

测试电路：如图 1-46 所示电路，图 1-46（a）中 R_B=51 kΩ，与 500 kΩ 电位器（RP）串联，R_C=1 kΩ，R_L=1 kΩ，VT 为 S9018 或 S9013，C_1=C_2=33 μF；图 1-46（b）中 R_{B1}=33 kΩ，

模拟电子技术与应用

R_{B2}=10 kΩ，R_E=1 kΩ，C_E=100 μF，其余元件与图 1-46（a）相同。

（a）恒流式偏置电路　　　　　　　　（b）分压式偏置电路

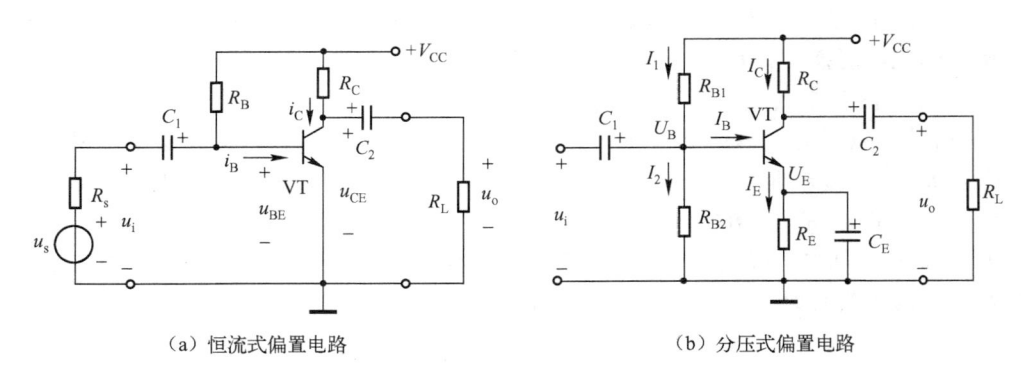

图 1-46　放大电路工作点稳定性的测试

测试程序：

① 用万用表 β 挡分别测量三极管 S9018 和 S9013 的 β 值，并记录 $β_1$（S9018）= _____，$β_2$（S9013）= _____。

② 按图 1-46（a）接好电路，不接 u_i 和 R_L，接入 S9018 和 V_{CC} = +20 V，调节 R_B（RP），使 U_{CE} = 5 V。

③ 保持步骤②，输入端接入 u_i（f_i =1 kHz），用示波器同时观察此时输入、输出电压的波形。调节 u_i（U_i）大小，使输出电压最大且波形无明显失真。

④ 保持步骤③，不接 u_i，将测试电路中的三极管 S9018 改为 S9013，测量此时 U_{CE} 的大小，并记录 U_{CE} = _____V。

结论：U_{CE} 值 _____（明显上升/明显下降/基本不变），也就是说，此时的 I_C 值 _____（明显下降/明显上升/基本不变）。这说明当三极管的 β 值发生变化时，恒流式偏置电路_____（能/不能）稳定工作点。

⑤ 保持步骤④，接入 u_i，观察此时输入、输出电压的波形，并记录：输入电压波形 ____（有/无）明显失真；输出电压波形 ____（有/无）明显失真。

⑥ 按图 1-46（b）接好电路，不接 u_i，接入 S9018 和 V_{CC} = +20 V，测量 U_{CE} 值，并记录 U_{CE} = _____V。

⑦ 保持步骤⑥，将测试电路中的三极管 S9018 改为 S9013，测量此时 U_{CE} 的大小，并记录 U_{CE} = _____V。

结论：U_{CE} 值 _____（明显上升/明显下降/基本不变），则此时的 I_C 值（明显下降/明显上升/基本不变），这说明分压式偏置电路_____（具有/不具有）稳定工作点的作用。

思维拓展

若放大电路的静态工作点不稳定，其性能将受到哪些方面的影响？

知识链接

分压式偏置电路，相关知识如下所述。

项目 1　晶体管基本电路的测试与应用设计

如前所述，放大电路应有合适的静态工作点，以保证具有良好的放大效果，并且不引起非线性失真。但由于某些原因，特别是温度变化引起的三极管参数（β、U_{BE}、I_{CBO} 等）的改变，使得放大电路的静态工作点不稳定，从而影响放大电路正常工作。

由上述测试可知，恒流式偏置电路并不能稳定静态工作点，而分压式偏置电路则能自动稳定工作点。分压式偏置电路又称射极偏置电路，如图 1-47 所示，它是目前应用最广泛的一种偏置电路。

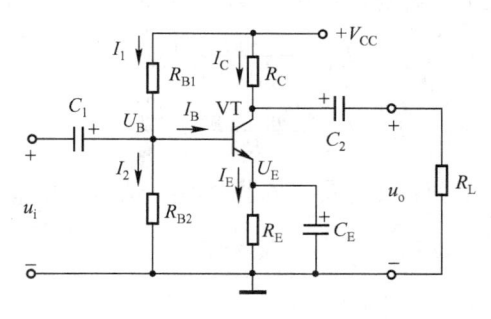

图 1-47　分压式偏置电路

1）工作点稳定的原理

如图 1-47 所示，分压式偏置电路与恒流式偏置电路的主要不同点在于三极管的发射极接入了电阻 R_E，同时还在三极管的基极接入了一个起辅助作用的电阻 R_{B2}。通常称 R_E 为发射极偏置电阻，R_{B1} 和 R_{B2} 为基极上偏置电阻和下偏置电阻，C_E 为旁路电容（大电容）。

图 1-47 中，发射极电阻 R_E 是问题的关键。由于 R_E 折合到基极回路的电阻为 $(1+\beta)R_E$，一般很大（R_E 并不大），而在该电路中，一般总是满足 $(1+\beta)R_E \gg R_{B1}$、R_{B2} 的条件，因此有

$$I_1 \gg I_B,\ I_2 \gg I_B,\ I_1 \approx I_2$$

即对基极偏置电路来说，可忽略 I_B 而将 R_{B1} 和 R_{B2} 看成是串联的。由于电阻的特性比较稳定，因此可得到稳定的基极电压，即 R_{B1} 和 R_{B2} 串联电路中 V_{CC} 在 R_{B2} 上的分压为

$$U_B \approx \frac{R_{B2} V_{CC}}{R_{B1} + R_{B2}}$$

而

$$I_C \approx I_E = \frac{U_B - U_{BE}}{R_E} \approx \frac{U_B}{R_E}\ (U_B \gg U_{BE}\ 时)$$

由上式可见，I_E 和 I_C 均为稳定的，则该电路的工作点是稳定的。

上述工作点稳定的结果还可以这样理解，若温度升高，三极管的 β 将增大，则 I_C 增大，I_E 也增大，发射极电位 $U_E = I_E R_E$ 也升高。由于 $U_{BE} = U_B - U_E$，且 U_B 基本不变，U_E 升高的结果是使 U_{BE} 减小，I_B 也减小，于是抑制了 I_C 的增大，其总的效果是使 I_C 基本不变。其稳定过程可表示为

温度 $T \uparrow \rightarrow I_C \uparrow \rightarrow I_E \uparrow \rightarrow U_E \uparrow \xrightarrow{U_B 不变} U_{BE} \downarrow \rightarrow I_B \downarrow$
$I_C \downarrow$

由此可见，温度升高引起的 I_C 增大将被电路本身造成的 I_C 减小所牵制。因此，分压式偏置电路可以自动稳定静态工作点，其稳定条件为 $(1+\beta)R_E \gg R_{B1}$，$(1+\beta)R_E \gg R_{B2}$ 和

$U_B \gg U_{BE}$。一般可选取

$$\beta R_E > 10(R_{B1}//R_{B2}) \tag{1-8a}$$

$$U_B = (5 \sim 10)U_{BE} \tag{1-8b}$$

式（1-8a）和式（1-8b）即为分压式偏置电路是否满足稳定条件的判断依据。

2）静态工作点分析

在满足稳定条件的情况下，容易求出图 1-47 所示的放大电路的静态工作点，即

$$U_B \approx \frac{R_{B2}}{R_{B1}+R_{B2}}V_{CC} \tag{1-9a}$$

$$I_C \approx I_E = \frac{U_B - U_{BE}}{R_E} \approx \frac{U_B}{R_E} \tag{1-9b}$$

$$U_{CE} = V_{CC} - I_C R_C - I_E R_E \approx V_{CC} - I_C(R_C + R_E) \tag{1-9c}$$

$$I_B = \frac{I_C}{\beta} \tag{1-9d}$$

模块 1-4　三极管放大器基本特性的测试

学习目标

- 能正确测量共射、共集和共基放大器的性能指标。
- 理解放大器各性能指标的物理意义。
- 能定性或定量分析三极管基本放大器的性能指标。
- 能描述共集和共基放大器的结构，并能说明各电路组成部分的作用。
- 能描述三极管三组态放大器的性能特点及应用。

工作任务

- 三极管三组态放大器的装接。
- 共发射极放大器各性能指标的测量、结果记录与描述。
- 共集电极放大器各性能指标的测量、结果记录与描述。
- 共基极放大器各性能指标的测量、结果记录与描述。

任务 1-4-1　共发射极放大器基本特性的测试

知识链接

放大电路的性能指标，相关知识如下所述。

为描述和鉴别放大器性能的优劣，规定了若干性能指标。这些指标主要有放大倍数（即增益）、输入电阻、输出电阻、频率特性等。对放大电路的分析，就是具体分析这些指标及影响这些指标的因素，从中得出改善方法。在实际应用中，主要根据这些指标来选择、设计合乎需要的放大电路。

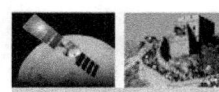

下面以图 1-48（a）所示的共射基本放大电路为例来分析放大电路的性能指标及其测试方法。为使讨论的内容具有一般性和普遍性，将放大电路用一有源双端口网络来模拟，如图 1-48（b）所示，其理由如后所述。图 1-48（b）中，作为一个交流信号的模拟网络，电路中的直流电源部分隐去未画。考虑到放大电路中可能含有电抗元件，各电压、电流均用复变量表示。

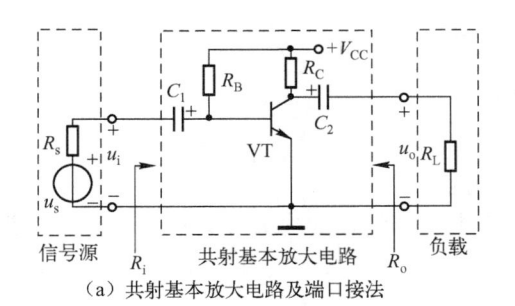

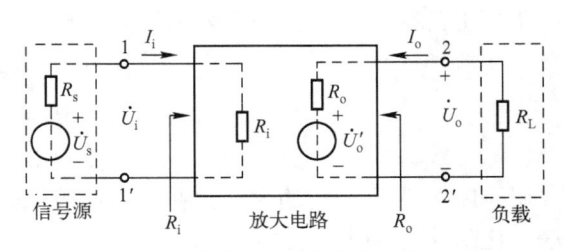

（a）共射基本放大电路及端口接法　　　　　（b）放大电路的有源双端口网络形式

图 1-48　放大电路及其有源双端口网络形式

1）放大倍数

放大倍数又称增益，是衡量放大器放大能力的指标，它定义为输出信号与输入信号的比值。由于信号有电压和电流两种形式，所以放大倍数（增益）也有电压放大倍数和电流放大倍数两种常用形式，有时还要用到功率放大倍数（或称为功率增益）。

（1）电压放大倍数

电压放大倍数定义为输出电压与输入电压之比

$$\dot{A}_u = \frac{\dot{U}_o}{\dot{U}_i} \tag{1-10a}$$

在不考虑放大电路中电抗因素的影响时，电压放大倍数可用实数来表示，并可写成交流瞬时值或幅值之比

$$A_u = \frac{u_o}{u_i} = \frac{U_o}{U_i} = \frac{U_{om}}{U_{im}} \tag{1-10b}$$

在后面的讨论中，若无特殊需要，均使用上述表达式。

在某些情况下还要用到源电压放大倍数 A_{us}。A_{us} 定义为输出电压与信号源电压之比

$$A_{us} = \frac{u_o}{u_s} = \frac{U_o}{U_s} = \frac{U_{om}}{U_{sm}} \tag{1-11}$$

一般信号源总是存在一定的内阻，所以放大器的实际输入电压 U_i 必然小于 U_s，A_{us} 亦小于 A_u。

（2）电流放大倍数

电流放大倍数定义为输出电流与输入电流之比

$$\dot{A}_i = \frac{\dot{I}_o}{\dot{I}_i} \tag{1-12a}$$

同样，在不考虑放大电路中电抗因素的影响时，电流放大倍数也可用实数来表示，并可写成交流瞬时值或幅值之比

$$A_i = \frac{i_o}{i_i} = \frac{I_o}{I_i} = \frac{I_{om}}{I_{im}} \tag{1-12b}$$

(3) 功率放大倍数

功率放大倍数 A_p 定义为输出功率 P_o 与输入功率 P_i 之比

$$A_p = \frac{P_o}{P_i} = \left|\frac{U_o I_o}{U_i I_i}\right| = \left|\frac{U_o}{U_i} \cdot \frac{I_o}{I_i}\right| = |A_u A_i| \tag{1-13}$$

工程上常用分贝（dB）来表示放大倍数的大小，常用的有

$$A_u（\text{dB}）= 20\lg|A_u|$$

$$A_i（\text{dB}）= 20\lg|A_i|$$

$$A_p（\text{dB}）= 10\lg A_p$$

用 dB 来表示增益的大小，在工程计算上会带来很多方便，如化大数为小数、化乘法为加法、化除法为减法等。

2）输入电阻

放大器对信号源所呈现的等效负载电阻用输入电阻 R_i 来表示。由图 1-48（b）可知，输入电阻 R_i 应为

$$R_i = \frac{u_i}{i_i} = \frac{U_i}{I_i} \tag{1-14}$$

根据图 1-48（b），显然有

$$u_i = \frac{R_i}{R_s + R_i} u_s \tag{1-15a}$$

由式（1-15a）可知，在 R_s 一定的条件下，R_i 越大，i_i 就越小（指幅值或有效值，下同），u_i 就越接近于 u_s，放大电路对信号源的影响越小（信号源提供的电流小）。由于大多数信号源都是电压源，因此一般都要求放大电路的输入电阻要大。当然，在少数信号源为电流源的情况下，则希望放大电路的输入电阻要小。

由式（1-15a）可得到源电压放大倍数

$$A_{us} = \frac{R_i}{R_s + R_i} A_u \tag{1-15b}$$

3）输出电阻

如图 1-48（b）所示，对于负载 R_L 来说，放大器的输出端口相当于一个信号源，这个等效信号源的内阻就是放大器的输出电阻 R_o。或者说，输出电阻 R_o 就是从输出端口向放大器看进去的等效电阻。

应当注意，R_o 并不等于 u_o 与 i_o 之比。实际上，$u_o = i_o R_L$，因此，u_o 与 i_o 的比值恰恰是负载电阻 R_L，而不是输出电阻 R_o。

由戴维南定理，可将输出电阻 R_o 定义为

$$R_o = \left.\frac{u_o}{i_o}\right|_{U_i=0, R_L \to \infty} = \left.\frac{U_o}{I_o}\right|_{U_i=0, R_L \to \infty} \tag{1-16}$$

R_o 越小，接上负载 R_L 后输出电压下降越小，说明放大电路带负载的能力强。因此，输出电

阻反映了放大电路带负载能力的强弱。

4）通频带

由于放大电路中不可避免地存在电抗元件（如耦合电容、旁路电容或结电容等），因此放大电路的电压增益通常只在一个有限的信号频率范围内保持基本不变，而当输入信号频率较低或较高时，其电压增益都会下降。图 1-49 所示为某放大电路电压增益与信号频率的关系曲线，称为幅频特性曲线。

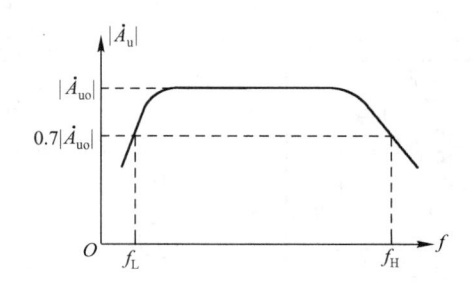

图 1-49 放大电路的幅频特性曲线

通常作为放大电路性能指标的电压增益指中频增益，如图 1-49 所示中的 $|\dot{A}_{uo}|$。当信号频率降低，使电压增益的数值下降为 $|\dot{A}_{uo}|$ 的 $1/\sqrt{2}$（约为 0.707）倍时所对应的频率称为下限截止频率 f_L；当信号频率升高，使电压增益的数值下降为 $|\dot{A}_{uo}|$ 的 $1/\sqrt{2}$ 倍时所对应的频率称为上限截止频率 f_H。

$f_L < f < f_H$ 的区域称为中频区，$f \leqslant f_L$ 的区域称为低频区，$f \geqslant f_H$ 的区域称为高频区。通常将中频区所覆盖的频率范围称为通频带或带宽，用 f_{bw} 表示，即

$$f_{bw} = f_H - f_L \tag{1-17}$$

通频带用于衡量放大电路对不同频率信号的放大能力。显然，通频带越宽，表明放大电路对信号频率的适应能力越强。当然，在实际应用中，通频带也不是越宽越好，能满足要求即可。

5）最大输出幅值

最大输出幅值是指放大电路不失真时的最大正弦输出信号的幅值。由于三极管具有非线性的特性，放大电路的输出波形总会或多或少地存在一定程度的失真，因此最大输出幅值一般是指不失真或无明显失真时放大电路的最大正弦输出信号的幅值，它包括最大输出电压幅值 $U_{o,max}$ 和最大输出电流幅值 $I_{o,max}$，常用的是最大输出电压幅值 $U_{o,max}$。

应用测试

测试要求：按测试程序要求完成所有测试内容，并撰写测试报告。

测试设备：模拟电路综合测试台 1 台，函数信号发生器 1 台，低频毫伏表 1 台，0～30 V 直流稳压电源 1 台，数字万用表 1 块。

测试电路：如图 1-50 所示电路，图中 $R_B = 51\ k\Omega$，与 500 kΩ 电位器（RP）串联，RP_1 为 5 kΩ 电位器，$R_C = 1\ k\Omega$，$R_L = 1\ k\Omega$，VT 为 S9013，$C_1 = C_2 = 33\ \mu F$。

模拟电子技术与应用

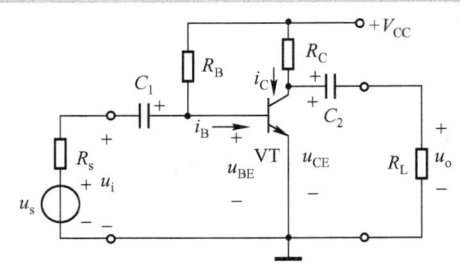

(a) 放大倍数的测量

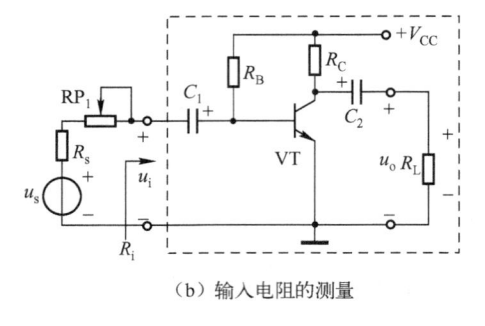

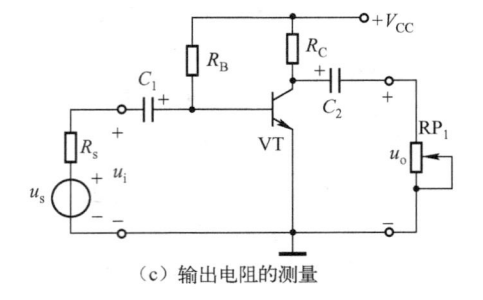

(b) 输入电阻的测量

(c) 输出电阻的测量

图 1-50 共射放大电路性能指标的测量

测试程序：

① 按图 1-50（a）接好电路，不接 u_i，接入 V_{CC}=+20 V，调节 R_B（RP），使 U_{CE} = 10 V。

② 保持步骤①，在输入端接入 u_i（f_i=1 kHz，U_i =10 mV）。

③ 保持步骤②，用低频毫伏表分别测量输入电压 U_i 和输出电压 U_o 的大小，并记录

U_i =____mV，U_o = ____mV，$A_u = \dfrac{U_o}{U_i} =$ ____。

④ 按图 1-50（b）接好电路，不接 u_i，用低频毫伏表测量信号源的开路输出电压 U_s 的大小，并使 U_s =20 mV。

⑤ 保持步骤④，在输入端接入 u_i，并调节 RP$_1$，使 U_i =0.5U_s。

⑥ 保持步骤⑤，断开 RP$_1$，用万用表测出 RP$_1$ 的阻值，求出 R_i，并记录 R_i =_____。

⑦ 按图 1-50（c）接好电路，接入 u_i（U_i =10 mV），断开 RP$_1$，用低频毫伏表测量放大电路的开路输出电压 U_o'，并记录 U_o'= ____。

⑧ 保持步骤⑦，接入电位器 RP$_1$。调节 RP$_1$，使 U_o =0.5U_o'。

⑨ 保持步骤⑧，断开 RP$_1$，用万用表测出 RP$_1$ 的阻值，求出 R_o，并记录 R_o = ____。

知识链接

小信号等效电路分析法，相关知识如下所述。

分析放大电路就是求解其静态工作点及各项动态性能指标，通常遵循"先静态，后动态"的原则。首先分析放大电路的直流工作状态，通过直流偏置（U_{BE}，I_B，I_C，U_{CE}）的数值判断三极管的工作状态，即是否工作在放大状态；然后分析并计算放大电路的交流性能指标（A_u，R_i，R_o 等），并分析影响这些指标的因素及改善方法。只有静态工作点合适，电路没有产生失真，动态分析才有意义。

项目 1 晶体管基本电路的测试与应用设计

下面介绍一种适合于放大电路交流指标分析和计算的简便方法,即小信号等效电路分析法。小信号等效电路分析法又称微变等效电路分析法,是指在输入低频小信号的条件下,将放大电路用一线性电路来等效(或替代),然后进行分析和计算的方法。具体来说,就是在小信号的条件下,将 Q 点附近变化范围很小的三极管的非线性特性曲线近似看成直线,即将具有非线性特性的三极管线性化,从而使分析和计算过程大大简化。

1)三极管的小信号等效电路

这里只讨论最常用的三极管共射小信号等效电路。如图 1-51(a)所示,在共射接法时,三极管的输入电流为 i_b,输入电压为 u_{be},输出电流为 i_c,输出电压为 u_{ce}。

三极管共射小信号等效电路如图 1-51(b)所示。当三极管工作在放大区时,在低频小信号作用下,其在静态工作点 Q 附近的输入特性曲线基本上是一条直线,则 Δi_B 与 Δu_{BE} 成正比,因而可以用一个等效电阻 r_{be} 来表示输入电压和输入电流之间的线性关系

$$r_{be} = \left. \frac{\Delta u_{BE}}{\Delta i_B} \right|_{u_{CE}=常数}$$

因此,三极管 b、e 之间用一个电阻 r_{be} 等效

$$r_{be} = r_{bb'} + (1+\beta)\frac{26(\mathrm{mV})}{I_E(\mathrm{mA})}\ (\Omega) = r_{bb'} + \frac{26(\mathrm{mV})}{I_B(\mathrm{mA})}\ (\Omega) \tag{1-18}$$

式中,I_E 为发射极偏置电流,I_B 为基极偏置电流。$r_{bb'}$ 称为基区体电阻,是一个与工作状态无关的常数,通常为几十至几百欧姆,可由手册查到。在对小信号放大电路进行计算时,若 $r_{bb'}$ 未知,则可取 $r_{bb'}=100\ \Omega$。

考虑到三极管的放大作用,$i_c=\beta i_b$,即有一个基极电流 i_b,就必有一个相应的集电极电流 βi_b 与之对应,因此,在三极管 c、e 之间用一个受控电流源 βi_b 等效,其参考方向与 i_b 有关,如图 1-51(b)所示。

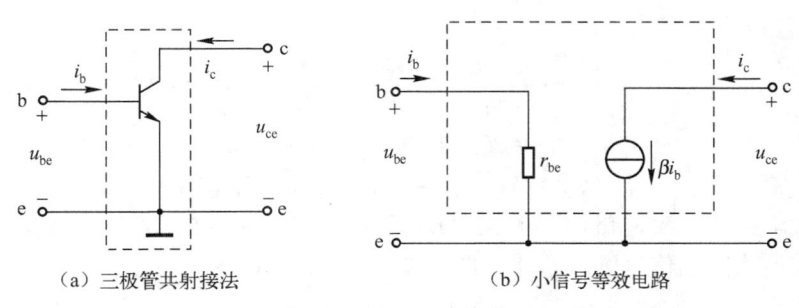

(a)三极管共射接法   (b)小信号等效电路

图 1-51 三极管的小信号等效电路

2)放大电路的小信号等效电路分析法

小信号等效电路分析法的主要步骤如下。

(1)求放大电路的 Q 点。必须指出的是,小信号等效电路分析法绝不能用来求放大电路的 Q 点,但求小信号等效电路的 r_{be} 时,却要先求得三极管的直流 I_B 或 I_E 值,因此可由直流通路直接进行计算而得到放大电路的 Q 点。

(2)画出放大电路的小信号等效电路。先画出放大电路的交流通路,再用三极管小信号等效电路来代替电路中的三极管(标明电压的极性和电流的方向),从而得到含外围电路的

47

整个放大电路的小信号等效电路。

（3）根据所得到的放大电路的小信号等效电路，用求解线性电路的方法求出放大电路的性能指标，如 A_u、R_i、R_o 等。

【例 1-3】 如图 1-52（a）所示的共射基本放大电路，设三极管的 $\beta = 40$，电路中各元件的参数值分别为 $V_{CC}=12\ V$，$R_B=300\ k\Omega$，$R_C=4\ k\Omega$，$R_L=4\ k\Omega$。试求该放大电路的 A_u、R_i 和 R_o。

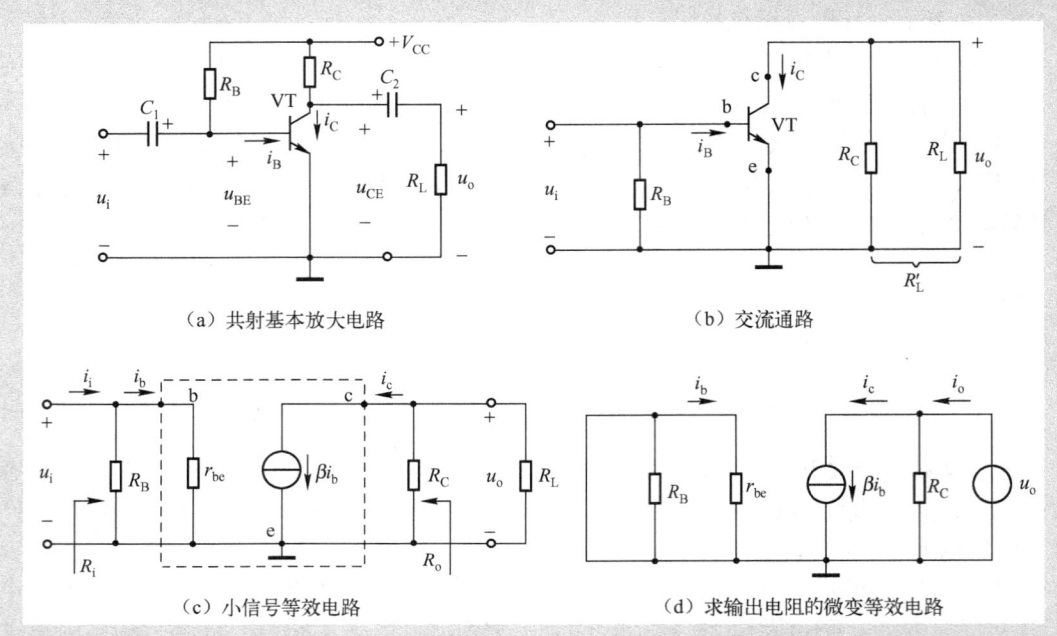

图 1-52 共射基本放大电路的微变等效电路分析法

解：① 确定 Q 点，有

$$I_B = \frac{V_{CC} - U_{BE}}{R_B} \approx \frac{V_{CC}}{R_B} = \frac{12}{300}\ mA = 40\ \mu A$$

$$I_C = \beta I_B = 40 \times 40\ \mu A = 1.6\ mA \approx I_E$$

$$U_{CE} = V_{CC} - I_C R_C = 12 - 1.6 \times 4 = 5.6\ (V)$$

② 该放大电路的交流通路如图 1-52（b）所示。图中 $R'_L = R_C // R_L = 2\ k\Omega$。

③ 该放大电路的小信号等效电路如图 1-52（c）所示，图中

$$r_{be} = r_{bb'} + \frac{26(mV)}{I_B(mA)} = 100 + \frac{26}{0.04} = 750\ (\Omega)$$

④ 求 A_u、R_i 和 R_o。由图 1-52（c）可得，$u_i = i_b r_{be}$，$u_o = -\beta i_b (R_C // R_L) = -\beta R'_L i_b$。故电压放大倍数为

$$A_u = \frac{u_o}{u_i} = \frac{\beta R'_L}{r_{be}} \tag{1-19}$$

该题中

$$A_u = \frac{u_o}{u_i} = -\frac{\beta R'_L}{r_{be}} = -\frac{40 \times 2}{0.75} \approx -107$$

又 $u_i=i_i(R_B /\!/ r_{be})$，故输入电阻为

$$R_i = \frac{u_i}{i_i} = R_B /\!/ r_{be} \qquad (1\text{-}20a)$$

考虑到 $R_B \gg r_{be}$，则

$$R_i \approx r_{be} \qquad (1\text{-}20b)$$

该题中

$$R_i \approx r_{be} = 750 \ \Omega$$

注意 式（1-20b）中 R_i 为放大电路的输入电阻，而 r_{be} 为三极管的共射输入电阻，二者的概念是不同的。

下面求输出电阻 R_o。根据 R_o 的定义，求输出电阻的微变等效电路如图 1-52（d）所示。由该图可以看出，由于 $u_s=0$，$i_b=0$，因此 $i_c=\beta i_b=0$，受控电流源相当于开路，于是 $u_o=i_c R_C$，输出电阻为

$$R_o = \frac{u_o}{i_o} = R_C \qquad (1\text{-}21)$$

该题中

$$R_o = R_C = 4 \ \text{k}\Omega$$

需要指出的是，以上计算在三极管始终工作于放大状态下才成立。实际分析过程中，在熟悉以上分析方法的基础上，可以略去具体分析步骤，直接引用结论进行近似计算。

任务 1-4-2　共集电极放大器基本特性的测试

应用测试

测试要求：按测试程序要求完成所有测试内容，并撰写测试报告。

测试设备：模拟电路综合测试台 1 台，函数信号发生器 1 台，双踪示波器 1 台，低频毫伏表 1 台，0～30 V 直流稳压电源 1 台，数字万用表 1 块。

测试电路：图 1-53 所示电路中，$R_B=51 \ \text{k}\Omega$，与 500 kΩ 电位器（RP）串联，$R_E=2 \ \text{k}\Omega$，$R_L=2 \ \text{k}\Omega$，VT 为 S9013，$C_1=C_2=33 \ \mu\text{F}$。

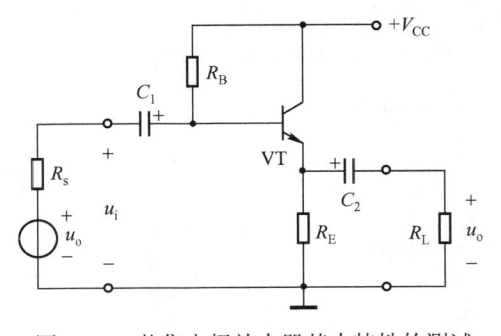

图 1-53　共集电极放大器基本特性的测试

测试程序：

① 不接 u_i，接入 $V_{CC}=+20 \ \text{V}$，调节 R_B，使 $U_{CE}=10 \ \text{V}$。

② 保持步骤①，输入端接入 u_i（f_i =1 kHz，U_i=1 V）和 R_L，用示波器同时观察此时输入、输出电压的波形。并记录：u_i 的波形 _____（有/无）明显失真；u_o 的波形 _____（有/无）明显失真。

结论：共集放大电路的不失真输入信号幅度比共射放大电路 _____（大得多/小得多），即共集放大电路的输入动态范围要比共射放大电路的 _____（大得多/小得多）。

③ 保持步骤②，测量并记录输入信号幅度 U_{im} = ____V，输出信号幅度 U_{om} = ____V，则 A_u = ____且 A_u _____（≫1/≈1/≪1）；输出信号（电压）与输入信号的相位关系为 _____（同相/反相）。

结论：共集放大电路为 _____（同相/反相）放大电路，且输出电压 _____（明显大于/基本等于/明显小于）输入电压。

④ 保持步骤③，不接 R_L，即增大等效负载电阻值，观察输出电压幅度有无明显增大，并记录其值。

结论：共集放大电路 _____（具有/不具有）稳定输出电压的能力。由此可推断出共集放大电路的输出电阻比共射放大电路的_____（大得多/小得多）。

⑤ 保持步骤④，接入 u_i 和 R_L，并在输入回路中串联 1 kΩ 电阻，观察输出电压幅度有无明显减小，并记录其值。

结论：共集放大电路的输入电阻比共射放大电路的_____（大得多/小得多）。

知识链接

共集电极放大电路，相关知识如下所述。

前面所讨论的放大电路均为共发射极放大电路，即电路中的三极管为共射极接法。实际上，放大电路中的三极管还有共集电极接法和共基极接法。通常把这 3 种接法称为 3 种基本组态，分别称为共射、共集和共基组态。共集和共基组态所对应的放大电路分别称为共集电极放大电路（简称共集电路）和共基极放大电路（简称共基电路）。

1）电路组成

图 1-54（a）所示为共集电极放大电路的电路图，其交流通路如图 1-54（b）所示。由交流通路可见，负载电阻 R_L 接在发射极上，因此该电路又称为射极输出器。另外，该电路的输出信号从发射极和集电极两端之间得到，而输入信号从基极和集电极两端之间加入，显然，集电极是输入和输出回路的公共端，因此称为共集电路。

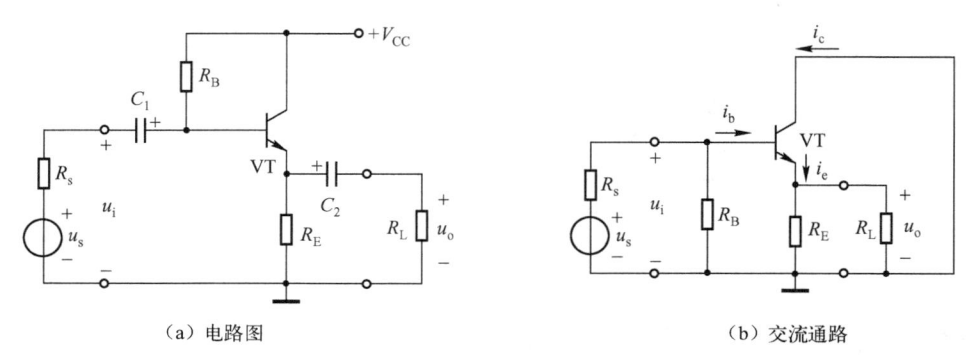

(a) 电路图　　　　　　　　　　　(b) 交流通路

图 1-54　共集电极电路（射极输出器）

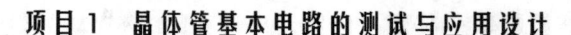

2）静态分析

如图 1-54（a）所示，在基极回路中根据基尔霍夫电压定律（KVL）可列如下电压方程

$$I_B R_B + U_{BE} + I_E R_E = V_{CC}$$

$$I_B = \frac{V_{CC} - U_{BE}}{R_B + (1+\beta)R_E}$$

实际上，R_E 折合到基极回路后的电阻为 $(1+\beta)R_E$，且与 R_B 串联，由此即可得上式。此外还可得到

$$I_C = \beta I_B$$
$$U_{CE} = V_{CC} - I_E R_E \approx V_{CC} - I_C R_E$$

3）动态分析

图 1-55（a）所示为射极输出器的微变等效电路，设 $R_L' = R_E /\!/ R_L$。

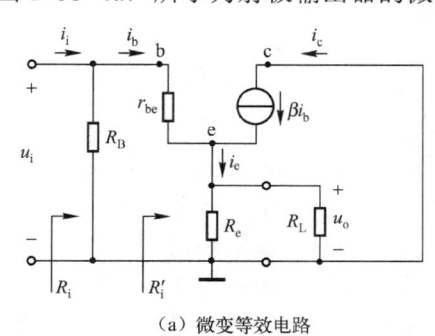

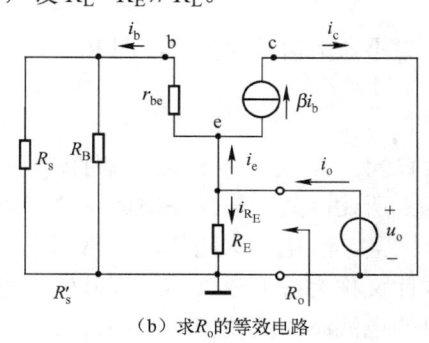

（a）微变等效电路

（b）求 R_o 的等效电路

图 1-55 射极输出器的微变等效电路

（1）电压放大倍数 A_u

由图 1-55（a）所示的输入回路可得

$$u_i = i_b r_{be} + i_e R_L' = [r_{be} + (1+\beta)R_L']i_b$$

而

$$u_o = i_e R_L' = (1+\beta)R_L' i_b$$

综合上述两式可得电压放大倍数

$$A_u = \frac{u_o}{u_i} = \frac{(1+\beta)R_L'}{r_{be} + (1+\beta)R_L'} \approx \frac{\beta R_L'}{r_{be} + \beta R_L'} < 1 \quad (1-22)$$

实际上，R_L' 折合到基极回路后的电阻为 $(1+\beta)R_L'$，且与 r_{be} 串联，由分压公式即可得式（1-22）。一般 $\beta R_L' \gg r_{be}$，因此有 $A_u \approx 1$，即射极输出器的电压放大倍数略小于 1。

由于 $A_u \approx 1$，即射极输出器的电压放大倍数接近于 1，且输出电压与输入电压同相，因此射极输出器通常又称为射极跟随器或电压跟随器。

应当指出的是，射极输出器虽然没有电压放大作用，但仍具有较强的电流放大能力和功率放大能力。

（2）输入电阻 R_i

可以通过输入电阻的定义来求 R_i，这里介绍一种简便的求法。

参见图 1-55（a），R_L' 折合到基极回路后的电阻为 $(1+\beta)R_L'$，该电阻与 r_{be} 串联后再与 R_B 并联，因此输入电阻 R_i 为

$$R_i = R_B /\!/ [r_{be} + (1+\beta)R_L'] \quad (1-23)$$

由于 $\beta \gg 1$，且 $(1+\beta)R_L' \approx \beta R_L' \gg r_{be}$，因此

$$R_i \approx R_B // \beta R_L'$$

由式（1-23）可见，射极输出器的输入电阻相对较大，比共射基本放大电路的输入电阻要大得多。

（3）输出电阻 R_o

可以通过输出电阻的定义来求 R_o，这里介绍一种简便的求法。

图 1-55（b）所示电路为求 R_o 的等效电路，设 $R_s' = R_s // R_B$，R_s' 与 r_{be} 串联后折合到发射极回路的电阻为 $(r_{be}+R_s')/(1+\beta)$，而该电阻又与 R_E 并联，因此输出电阻 R_o 为

$$R_o = \frac{r_{be}+R_s'}{1+\beta} // R_E \tag{1-24a}$$

通常 $R_E \gg (r_{be}+R_s')/(1+\beta)$，则

$$R_o \approx \frac{r_{be}+R_s'}{1+\beta} \tag{1-24b}$$

如果不考虑信号源内阻，即 $R_s=0$，$R_s'=0$，则有

$$R_o \approx \frac{r_{be}}{1+\beta} \tag{1-24c}$$

由式（1-24c）可见，射极输出器的输出电阻相对较小，一般为几欧姆到几十欧姆。

综上所述，共集放大电路的主要特点是：电压放大倍数接近于 1；输入电阻大；输出电阻小。因其具有电压跟随作用，常用来缓冲负载对信号源的影响或隔离前后级之间的相互影响，因此又称为缓冲放大器；因其输入电阻大，常作为多级放大器的输入级，以减小从信号源索取的电流；因其输出电阻小，常作为多级放大器的输出级，以增强带负载能力。因此，尽管共集放大电路没有电压放大作用，仍然得到了广泛的应用。

任务 1-4-3　共基极放大器基本特性的测试

应用测试

测试要求：按测试程序要求完成所有测试内容，并撰写测试报告。

测试设备：模拟电路综合测试台 1 台，函数信号发生器 1 台，双踪示波器 1 台，低频毫伏表 1 台，0～30 V 直流稳压电源 1 台，数字万用表 1 块。

测试电路：图 1-56 所示电路中，$R_{B1}=33\text{ k}\Omega$，$R_{B2}=10\text{ k}\Omega$，$R_E=1\text{ k}\Omega$，$R_C=1\text{ k}\Omega$，$R_L=1\text{ k}\Omega$，VT 为 S9013，$C_1=C_2=33\text{ μF}$，$C_b=100\text{ μF}$。

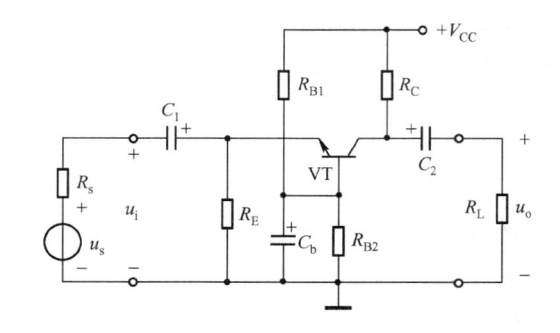

图 1-56　共基极放大电路

项目1　晶体管基本电路的测试与应用设计

测试程序：

① 不接 u_i，接入 V_{CC} = +20 V，测量并记录 U_{CE} = _____V。

② 保持步骤①，u_i 不接入电路，由低频信号发生器输出 f = 1 kHz，U_s = 50 mV（低频信号发生器输出开路即不接入电路时用低频毫伏表测量）的电压信号待用。

③ 保持步骤②，输入端接入 u_i，用低频毫伏表测量 u_i 的实际幅度 U_i，并记录 U_i = _____ mV。

结论：共基放大电路的实际输入电压信号幅度_____（基本等于/明显小于）信号源电压信号幅度，即共基放大电路的输入电阻 R_i _____（远大于/接近于/远小于）信号源内阻 R_s（50 Ω），因此可以得知，相对于共射放大电路，共基放大电路的输入电阻 R_i _____（很小/很大）。

④ 保持步骤③，用低频毫伏表测量 u_o 的输出幅度 U_o，求出 A_u，并记录 U_o = _____ V，A_u = _____。

结论：共基放大电路的 A_u _____（远大于/远小于/接近于）共射放大电路，但在信号源电压幅度 U_s 相同的情况下，共基放大电路的实际输出电压幅度比共射放大电路要 _____（大得多/小得多）。

⑤ 保持步骤④，用示波器同时观察输入、输出信号的波形，并记录：输出信号（电压）与输入信号的相位关系为 _____（同相/反相）。

结论：共基放大电路为 _____（同相/反相）放大电路。

知识链接

共基极放大电路，相关知识如下所述。

1）电路组成

图 1-57（a）所示为共基极放大电路，其直流通路和交流通路分别如图 1-57（b）和图 1-57（c）所示。该电路的输出信号从集电极和基极两端之间得到，而输入信号从发射极和基极两端之间加入，显然，基极是输入和输出回路的公共端，因此称为共基电路。

2）静态分析

由图 1-57（b）可见，共基放大电路的直流通路与分压式偏置电路的直流通路完全相同，这里不再分析，下面主要讨论其交流指标。

3）动态分析

图 1-57（a）所示共基电路的小信号等效电路如图 1-57（d）所示，设 $R_L' = R_C // R_L$，由等效电路可知

$$u_i = -i_b r_{be}$$
$$u_o = -i_c R_L' = -\beta R_L' i_b$$
$$A_u = \frac{u_o}{u_i} = \frac{\beta R_L'}{r_{be}} \tag{1-25}$$

显然，共基电路的电压增益在数值上与共射基本放大电路相同，但没有负号，说明其输出电压 u_o 与输入电压 u_i 同相，即共基电路为同相放大电路。

模拟电子技术与应用

如图 1-57（d）所示，r_{be} 接在基极回路中，其折合到发射极回路后的电阻为 $r_{be}/(1+\beta)$，而该电阻又与 R_E 并联，因此输入电阻 R_i 为

$$R_i = R_E // \frac{r_{be}}{1+\beta} \approx \frac{r_{be}}{1+\beta} \qquad (1-26)$$

式（1-26）表明，共基电路的输入电阻相对较低，一般只有几欧姆到几十欧姆。

由图 1-57（d）不难看出，共基电路的输出电阻

$$R_o = R_C \qquad (1-27)$$

显然，它与共射电路的输出电阻相同。

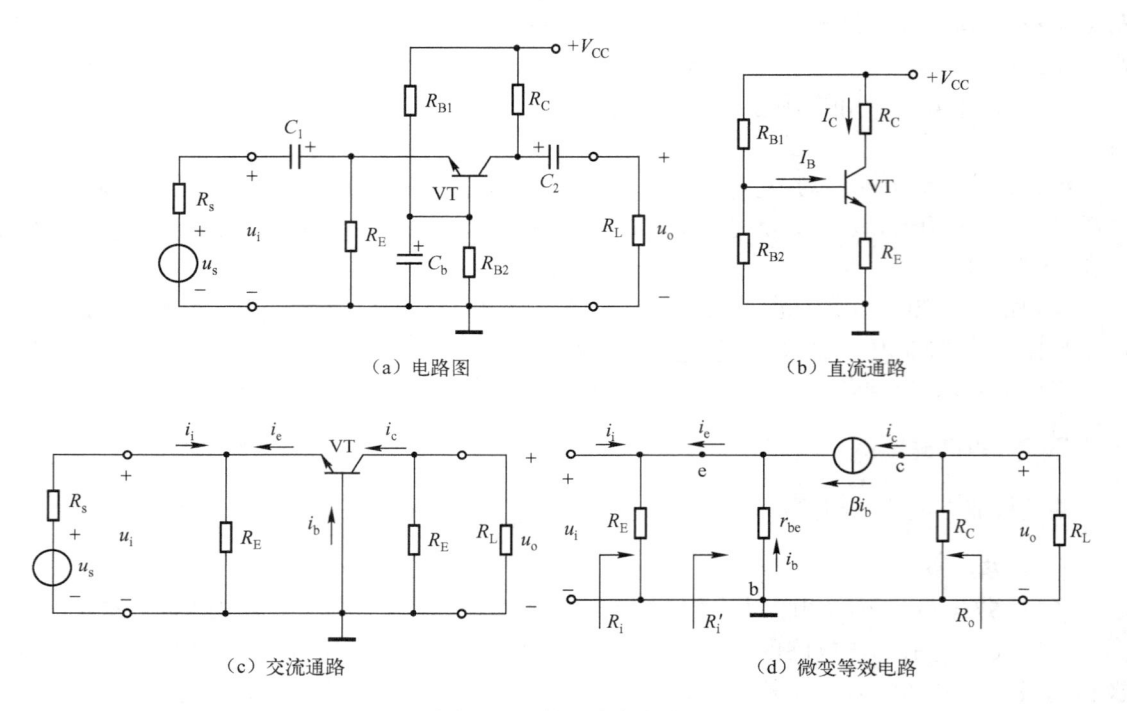

（a）电路图　　　　　　（b）直流通路

（c）交流通路　　　　　　（d）微变等效电路

图 1-57　共基放大电路

注意　对等效负载 R_L' 而言，共基电路的电流增益为 $A_i = i_c/i_e$，输入电流为 i_e，输出电流为 i_c，A_i 小于 1，所以没有电流放大作用。另一方面，A_i 接近于+1，且与 R_L' 基本无关，从这个意义上讲，共基电路又称为电流跟随器。

共基电路的应用场合较少，多用于高频和宽频带放大电路。

知识链接

1. 三极管的主要参数

三极管的参数是用来表征其性能优劣和适用范围的特征数据，是在实际电路设计、制作、维修等过程中合理选用三极管的基本依据。通常可以通过手册或专业网站查出某一特定型号三极管的参数，不过，由于晶体管参数具有较大的离散性，查出的数据通常是一定条件下的典型值，这一点需要注意。

项目1　晶体管基本电路的测试与应用设计

1）电流放大系数

β 和 α 是表征三极管电流放大能力的参数，一般 β 在几十到几百之间，α 在 0.95～0.999 之间。

2）极间反向电流

这是表征三极管工作稳定性的参数。由于极间反向电流受温度影响较大，故其值太大将使管子不能稳定工作。

（1）集电极－基极反向饱和电流 I_{CBO}

I_{CBO} 表示三极管发射极开路，c、b 间加上一定反向电压时的反向电流，实际上它和单个 PN 结的反向电流是一样的。在一定的温度下，I_{CBO} 基本上是个常数，所以称为反向饱和电流。I_{CBO} 的值很小，常温下，小功率硅管的 I_{CBO} 小于 1 μA，小功率锗管的 I_{CBO} 小于 10 μA。实际使用中，应尽量选用 I_{CBO} 小的管子。

（2）集电极－发射极间穿透电流 I_{CEO}

I_{CEO} 表示基极开路，c、e 间加一定电压使集电结反偏时的集电极电流。由于 I_{CEO} 从集电区穿过基区流至发射区，所以又称为穿透电流。

$$I_{CEO} = (1+\overline{\beta})I_{CBO} \tag{1-28a}$$

可见，I_{CEO} 比 I_{CBO} 大得多，容易测量。实际使用中，应尽量选用 I_{CEO} 小的管子。

由于 I_{CBO} 的值很小，所以在讨论三极管的各极电流关系时将其忽略。若考虑 I_{CBO}，则

$$I_C = \overline{\beta}I_B + (1+\overline{\beta})I_{CBO} = \overline{\beta}I_B + I_{CEO} \tag{1-28b}$$

3）极限参数

极限参数是指为使三极管安全工作对它的电流、电压和功率损耗的限制，即正常使用时不宜超过的限度。

（1）最大集电极电流 I_{CM}

I_C 在相当大的范围内三极管的参数 β 值基本不变；但当 I_C 的数值大到一定程度时，β 值将减小。I_{CM} 是指 β 值的变化不超过允许值时集电极允许的最大电流。当电流超过 I_{CM} 时，三极管的性能将显著下降，甚至可能烧坏管子。

（2）最大集电极功耗 P_{CM}

P_{CM} 表示集电结上允许的损耗功率的最大值，超过此值将导致管子性能变差或烧坏。由于三极管功率损耗的绝大部分为集电结上的功率损耗，而功率损耗转化为热能会使三极管的温度升高，所以功率放大电路中的功率三极管通常都需要加散热装置。

（3）反向击穿电压

三极管有两个 PN 结，如果反向电压超过一定值，就会发生击穿。三极管的击穿电压不仅与管子本身的特性有关，还取决于外部电路的接法，通常应注意下列几种反向击穿电压。

① $U_{BR,EBO}$：指集电极开路时射－基极间的反向击穿电压，这是发射结所允许的最高反向电压，其数值较小。

② $U_{BR,CBO}$：指发射极开路时集－基极间的反向击穿电压，这是集电结所允许的最高反向电压，其数值较大。

③ $U_{BR,CEO}$：指基极开路时集－射极间的反向击穿电压，一般在几十伏以上，该参数较常用。

在设计三极管电路时，应根据工作条件选择管子的型号。为防止三极管在使用中损坏，必须使它工作在如图 1-58 所示的安全工作区内。常用半导体三极管参数表见附录F。

模拟电子技术与应用

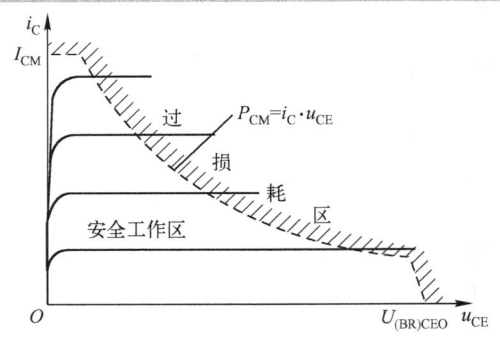

图 1-58 三极管安全工作区

4）频率参数

三极管的频率参数用来描述管子对不同频率信号的放大能力，它表征了管子在高频时的特性。常用的频率参数有共射截止频率 f_β 和特征频率 f_T。

（1）共射截止频率 f_β

在高频电路中，由于三极管极间电容的分流作用，使得电流放大系数 β 随频率的升高而下降。图 1-59 所示为三极管的 β 随 f 变化的曲线，称为频率响应曲线。

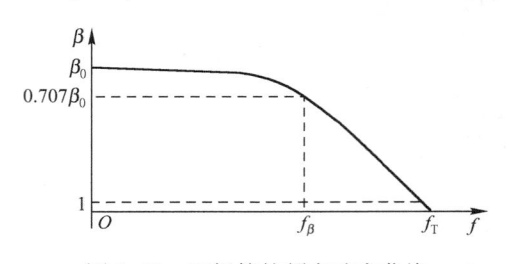

图 1-59 三极管的频率响应曲线

设低频时三极管的电流放大系数为 β_0，频率升高使得 β 下降到 $0.707\beta_0$ 时的频率称为共射截止频率，用 f_β 表示。f_β 实际上是三极管电流不失真放大的上限截止频率。

（2）特征频率 f_T

当工作频率 $f>f_\beta$ 后，β 迅速下降，频率一直升高使得 β 下降为 1 时的频率称为特征频率，用 f_T 表示。f_T 是三极管应用时的极限频率。若 $f>f_T$，则 $\beta<1$，三极管失去电流放大能力。因此，若工作频率较高，应选用 f_T 较大的三极管。

可证明，$f_T \approx \beta f_\beta$。

2．三极管的选择

无论是电路设计，还是电子设备维修，都会面临一个如何选择三极管的问题。根据上面的介绍可知，选择三极管必须注意以下两点。

（1）设计电路时，根据电路对三极管的要求查阅半导体器件手册，从而确定选用的三极管型号。选用的三极管极限参数 I_{CM}、P_{CM}、$U_{BR,CEO}$（及 $U_{BR,EBO}$、$U_{BR,CBO}$）和 f_T 应分别大于三极管实际工作时的最大集电极电流、最大集电极功耗、最大反向工作电压和最高工作频率，其中 f_T 一般应至少大于实际最高工作频率的 10 倍。要求导通电压低时选锗管，要求反向电流小时选硅管，要求击穿电压高时选硅管，要求工作频率高时选点接触型高频管，要求工作环境温度高时选硅管。

（2）在修理电子设备时，如果发现三极管损坏，要用同型号的管子来替换。如果找不到同型号的管子，可改用其他型号三极管来代替，替代管子的极限参数 I_{CM}、P_{CM}、$U_{BR, CEO}$（及 $U_{BR, EBO}$、$U_{BR, CBO}$）和 f_T 应不低于原管，电流放大系数 β 应与原管接近，且替代管子的材料类型（硅管或锗管）一般应与原管相同。

模块 1-5　场效应管基本特性的测试

学习目标

- 能正确测量各类场效应管的放大特性、输出与转移特性、记录结果并进行特性描述。
- 能正确测量场效应管放大电路的基本特性。
- 理解各类场效应管及其基本特性：结构与符号、放大特性、转移特性等。
- 能描述场效应管基本放大器的结构，并能说明各电路元器件的作用。
- 能定性或定量分析场效应管基本放大器的各项性能指标。

工作任务

- 场效应管基本放大电路的装接。
- 结型场效应管基本特性的测试、结果记录与描述。
- 绝缘栅型场效应管基本特性的仿真测试、结果记录与描述。
- 场效应管基本放大器的特性测试、结果记录与描述。

任务 1-5-1　结型场效应管基本特性的测试

器件认知

1. 场效应管

场效应管（FET）是一种仍具有 PN 结但工作机理与三极管完全不同的半导体器件。它利用输入回路的电场效应来控制输出回路的电流大小，故以此命名。这种器件不仅具有体积小、重量轻、耗电少、寿命长等特点，而且其输入阻抗高（$10^7 \sim 10^{12}\,\Omega$）、噪声低、热稳定性好、抗辐射能力强、制造工艺简单，因而广泛应用于各种电子电路，尤其是功率放大、射频放大及集成电路中。

由于场效应管几乎仅靠半导体中的多数载流子导电，故又称单极型晶体管。根据结构的不同，场效应管可分为结型场效应管（JFET）和绝缘栅型场效应管（MOSFET）两类；按导电类型（电子型或空穴型）的不同又可分为 N 沟道场效应管和 P 沟道场效应管两类。场效应管器件的外形与封装基本类同于三极管。

2. 结型场效应管

N 沟道结型场效应管结构示意图如图 1-60（a）所示。它是在一块 N 型半导体材料的两侧分别扩散出高浓度的 P 型区（用 P⁺表示），并形成两个 PN 结而构成的半导体器件。两个 P⁺型区外侧连接在一起，作为一个电极，称为栅极 G。在 N 型半导体材料的两端各引出一个电极，分别称为源极 S 和漏极 D。G、S、D 三个电极的作用分别类似于三极管的 B、E、C。两个 PN 结中间的 N 型区域称为导电沟道，因此这种结构的管子称为 N 沟道结型场效应管。

图 1-60（b）所示为 N 沟道结型场效应管的电路符号，其中箭头的方向表示 PN 结正偏的方向即由 P 指向 N，因此从符号上可直接看出 D、S 之间是 N 沟道，同时箭头位置在水平方向上与 S 极对齐，因此也可从符号上直接读出 G、S、D 极。

（a）N沟道结型场效应管结构示意图　（b）N沟道结型场效应管的电路符号　（c）P沟道结型场效应管的电路符号

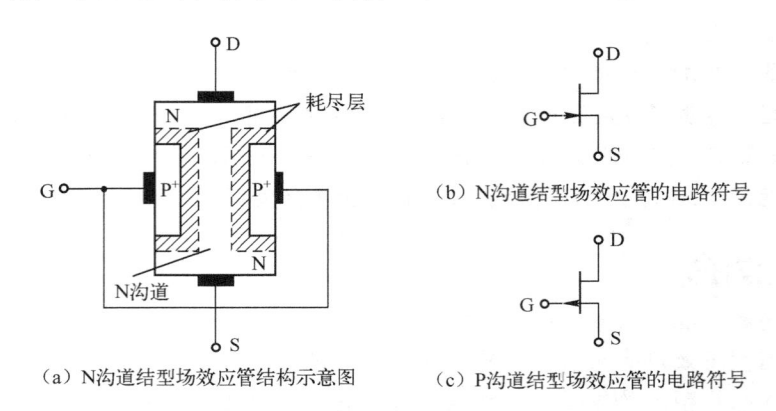

图 1-60　结型场效应管的结构与电路符号

按照类似的方法，在一块 P 型半导体材料两侧分别扩散出高浓度的 N 型区（用 N⁺表示），并引出相应的 G、S、D 极，就可以得到 P 沟道结型场效应管，其电路符号如图 1-60（c）所示（其箭头的方向与 N 沟道管相反）。场效应管的命名方法参见附录 D。

应用测试

测试要求：按测试程序要求完成所有测试内容，并撰写测试报告。

测试设备：模拟电路综合测试台 1 台，0～30 V 直流稳压电源 1 台，数字万用表 1 块，毫安表 1 只，微安表 1 只。

测试电路：图 1-61 所示电路中，R_G=1 kΩ，R_D=1 kΩ，VT 为结型场效应管 3DJ6。

测试程序：

① 按图 1-61 接好电路（暂不接电源电压 V_{GG} 和 V_{DD}），并在栅极回路串联微安电流表，在漏极回路串联毫安电流表。

② 保持步骤①，接入电源电压 V_{DD}=20 V。

③ 保持步骤②，接入电源电压 V_{GG} 并使 V_{GG}=0 V（即 u_{GS}=0，此时必有 i_G=0），观察 JFET 中有无漏极电流，并记录 i_D = _____ mA。u_{GS}=0 时的 i_D 称为饱和漏电流 I_{DSS}，则该管的 I_{DSS} = _____ mA。

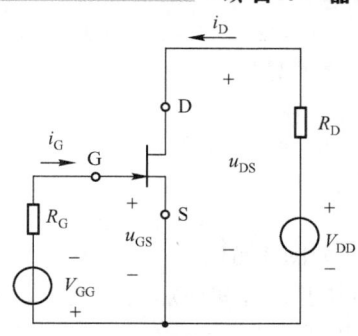

项目 1 晶体管基本电路的测试与应用设计

图 1-61 N 沟道结型场效应管的测试电路

④ 保持步骤③，逐渐增大电源电压 V_{GG}，即使 $|u_{GS}|$ 逐渐增大，观察 i_D 的变化，并记录 i_D 刚好为 0 时的 i_G 和 u_{GS} 值，i_G = _____ μA，u_{GS} = _____ V。

使 i_D 刚好为 0 时的 u_{GS} 值称为夹断电压 $U_{GS,off}$，在该测试中 $U_{GS,off}$ = _____ V。当 u_{GS} < $U_{GS,off}$ 时，i_D = _____（仍为 0/将变化）。

结论：当 $|u_{GS}|$ 较大时，i_G 值 _____（很小/不是很小/很大），这说明 JFET 的输入阻抗 _____（很大/不是很大/很小）。

⑤ 保持步骤④，调节 V_{DD} 使得 u_{DS} = 10 V；调节 V_{GG}，使 u_{GS} 按表 1-7 中所给定的数值（空格中的数据自定）变化，测出相应的 i_D 值，并填入表中。

表 1-7 JFET 转移特性的测量结果

u_{DS} =10 V	u_{GS}（V）	0	−0.3	−0.6	−0.9	−1.2		$U_{GS,off}$
	i_D（mA）	I_{DSS}						

⑥ 由测试结果绘出 JFET 的 $i_D = f(u_{GS})|_{u_{DS}=10V(常数)}$ 的关系曲线（即转移特性曲线）。

⑦ 保持步骤⑤，调节 V_{GG}，使 u_{GS} 为表 1-8 中所给定的数值；对于每一个 u_{GS}，调节 V_{DD}，使 u_{DS} 按表 1-8 中所给定的数值变化，测出相应的 i_D 值，并填入表中。

表 1-8 JFET 输出特性的测量结果

u_{GS} =0 V	u_{DS}（V）	15	10	$|U_{GS,off}|$	1.0	0.7	0.4	0
	i_D（mA）							
u_{GS} =−0.3 V	u_{DS}（V）	15	10	$|U_{GS,off}|$ −0.3	0.7	0.5	0.3	0
	i_D（mA）							
u_{GS} =−0.6 V	u_{DS}（V）	15	10	$|U_{GS,off}|$ −0.6	0.4	0.3	0.2	0
	i_D（mA）							
u_{GS} =−0.9 V	u_{DS}（V）	15	10	$|U_{GS,off}|$ −0.9	0.3	0.2	0.1	0
	i_D（mA）							
u_{GS} =−1.2 V	u_{DS}（V）	15	10	$|U_{GS,off}|$ −1.2				0
	i_D（mA）							

⑧ 根据测试结果绘出 JFET 的 $i_D = f(u_{DS})|_{u_{GS}=常数}$ 的关系曲线（即输出特性曲线）。

结论：JFET 的 _____（输入电流/输入电压）对输出电流有明显的控制作用，即场效应管为 _____（电流/电压）控制型器件。

知识链接

1. JFET 的偏置

N 沟道 JFET 的直流偏置电路如图 1-61 所示（P 沟道 JFET 的直流电源极性与之相反）。N 沟道 JFET 正常工作时，栅极与源极之间应加负电压，即 $u_{GS}<0$，使栅极与沟道间的 PN 结任何一处都处于反偏状态，因此栅极电流 $i_G≈0$，场效应管可呈现高达 $10^7Ω$ 以上的输入电阻。漏极与源极之间应加正电压，即 $u_{DS}>0$，使 N 沟道中的多数载流子（电子）在电场的作用下由源极向漏极运动，形成漏极电流 i_D。

2. JFET 的工作原理

下面以 N 沟道 JFET 为例，讨论 JFET 的工作原理。N 沟道 JFET 正常工作时，偏置电压为 $u_{GS}<0$，$u_{DS}>0$。分析 JFET 的工作原理，主要是讨论 u_{GS} 对 i_D 的控制作用及 u_{DS} 对 i_D 的影响。

1) u_{GS} 对 i_D 的控制作用

为讨论方便，首先假设 $u_{DS}=0$。当 u_{GS} 由 0 向负值增大时，耗尽层因反向偏置加大而变宽，导电沟道变窄，沟道电阻增大，反之亦然，如图 1-62（a）所示。

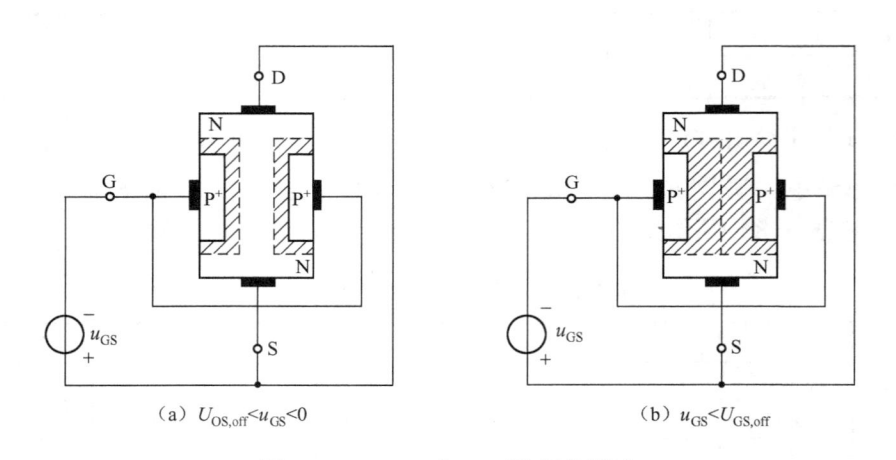

(a) $U_{GS,off}<u_{GS}<0$　　　(b) $u_{GS}<U_{GS,off}$

图 1-62 $u_{DS}=0$ 时 u_{GS} 对沟道的影响

当 $|u_{GS}|$ 进一步增大到某一数值时，两侧的耗尽层相遇，导电沟道被完全夹断，宽度为零，如图 1-62（b）所示。此时漏、源极间的电阻将趋于无穷大，无论 u_{DS} 大小如何，均有 $i_D=0$。两侧耗尽层刚好相遇时的栅、源电压称为夹断电压，用 $U_{GS,off}$ 表示。显然，N 沟道 JFET 的 $U_{GS,off}<0$。

由以上讨论可知，通过改变 u_{GS} 可以有效地控制沟道电阻的大小，从而控制漏、源极间的导电性能和漏极电流 i_D 的大小（在外加一定的正向电压 u_{DS} 的情况下）。

2）u_{DS}对i_D的影响

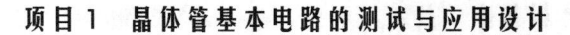

为讨论方便，假设$u_{GS}=0$，此时导电沟道最宽，沟道电阻最小，在一定的u_{DS}作用下，i_D也最大。

显然，当$u_{DS}=0$时，$i_D=0$。随着u_{DS}的逐渐增大，i_D将随之线性增大。同时，当i_D流过沟道时，将沿沟道产生电压降，使沟道内各点的电位不再相等，则沟道内各点处PN结的反向电压也不相等，沿沟道从源极到漏极逐渐增加。在源端的PN结反向电压为0（最小），在漏端的PN结反向电压为u_{DS}（最大），这使得耗尽层从源端到漏端逐渐加宽，形成源端较宽、漏端较窄的楔形沟道，并使沟道电阻有所增大，减缓i_D的增大速度，如图1-63（a）所示。

随着u_{DS}的进一步增大，漏端的沟道变得更加狭窄。当u_{DS}增大到$|U_{GS,off}|$（即$u_{GD}=U_{GS,off}$）时，漏端的耗尽层在A点相遇，如图1-63（b）所示，这种现象称为预夹断（点夹断，区别于$u_{GS}=U_{GS,off}$时的全夹断），此时的i_D称为饱和漏电流，用I_{DSS}表示。I_{DSS}下标中的第2个S表示栅、源极间短路。

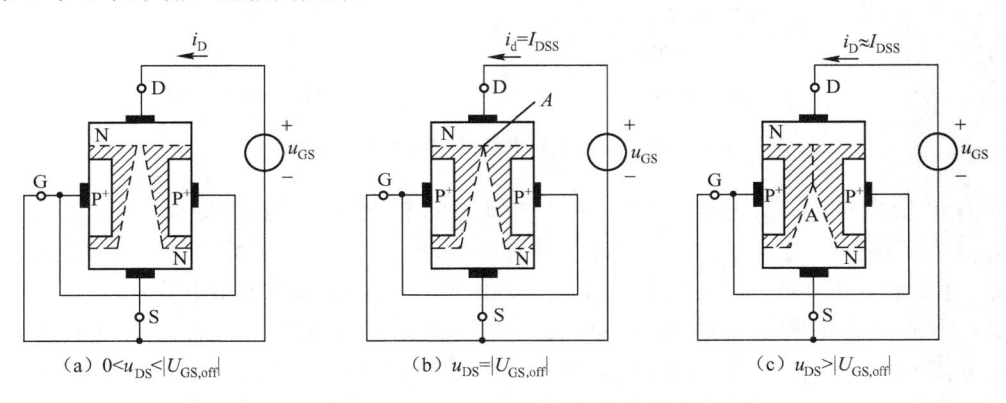

图1-63 $u_{GS}=0$时u_{DS}对沟道的影响

(a) $0<u_{DS}<|U_{GS,off}|$ (b) $u_{DS}=|U_{GS,off}|$ (c) $u_{DS}>|U_{GS,off}|$

当u_{DS}继续增大时，夹断长度将有所增加，A点向源极方向延伸，形成夹断区，如图1-63（c）所示。需要指出的是，夹断区的形成并不意味着i_D将下降甚至为零，因为若i_D下降为零，夹断区也将不复存在。实际上，出现预夹断以后，u_{DS}超过$|U_{GS,off}|$的那部分电压将落在夹断区上，使夹断区的电场很强，仍能将电子拉过夹断区（即为耗尽层）并形成漏极电流i_D。在未被夹断的沟道上，沟道内电场基本上不随u_{DS}的变化而变化，所以i_D基本不随u_{DS}的增大而上升，大致保持I_{DSS}的值，管子呈现恒流（饱和）特性。

综上所述，可得JFET的如下基本特点。

（1）JFET的PN结应为反向偏置，即$u_{GS}<0$，因此其$i_G\approx 0$，输入电阻很高。

（2）预夹断前，i_D与u_{DS}呈线性关系；预夹断后，i_D趋于饱和（不受u_{DS}控制）。

（3）JFET是电压控制电流的器件，i_D受u_{GS}控制（当u_{DS}较大时）。

3．JFET的特性曲线

1）输出特性曲线

场效应管的输出特性是指当栅、源电压u_{GS}为某一定值时，漏极电流i_D与漏、源电压u_{DS}之间的关系，即

$$i_D = f(u_{DS})\big|_{u_{GS}=常数}$$

图 1-64（a）所示为某 N 沟道 JFET 的输出特性曲线。其中，场效应管的工作状态可分为 3 个区域，现分别加以讨论。

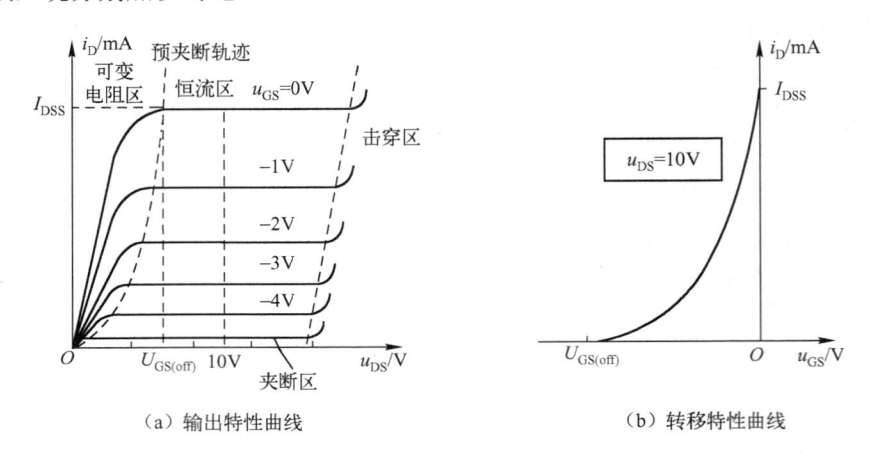

（a）输出特性曲线　　　　　　　　（b）转移特性曲线

图 1-64　N 沟道结型场效应管的特性曲线

（1）可变电阻区：即图 1-64（a）中预夹断轨迹左边的区域（$u_{GS} > U_{GS,off}$，$u_{DS} < u_{GS} - U_{GS,off}$）。该区域的 u_{DS} 较小，管子工作在预夹断前的状态。工作在这一区域的场效应管可看成一个受栅、源电压 u_{GS} 控制的可变电阻，因此该区域被称为可变电阻区。

（2）恒流区或饱和区：即图 1-64（a）中预夹断轨迹右边但尚未击穿的区域（$u_{GS} > U_{GS,off}$，$u_{DS} > u_{GS} - U_{GS,off}$）。该区域 u_{DS} 较大，管子工作在预夹断后的状态，其工作原理前已述及。在场效应管的放大电路中，管子就工作在这一区域，因此该区域又被称为线性放大区。

（3）夹断区：即图 1-64（a）中靠近横轴的区域（$u_{GS} \leq U_{GS,off}$，即 $|u_{GS}| \geq |U_{GS,off}|$）。该区域中沟道被全部夹断，$i_D \approx 0$。场效应管的夹断区相当于三极管的截止区。

此外，随着 u_{DS} 的不断增大，场效应管中的 PN 结将因反向电压过大而击穿，i_D 急剧增加，管子处于击穿状态。由于击穿时管子不能正常工作且容易烧毁，因此场效应管不允许工作在击穿状态。

【例 1-4】　电路中 3 个 N 沟道 JFET 的 $U_{GS,off}=-3.5\,V$，若测得直流电压 U_{GS}、U_{DS} 分别为下列各组数值，试判断它们各自的工作区域。

① $U_{GS}=-2\,V$，$U_{DS}=4\,V$。
② $U_{GS}=-2\,V$，$U_{DS}=1\,V$。
③ $U_{GS}=-4\,V$，$U_{DS}=3\,V$。

解：① 由于 $U_{GS} > U_{GS,off}$，又 $U_{GD}=U_{GS}-U_{DS}=-2-4=-6\,V$，即 $U_{GD} < U_{GS,off}$，故漏极出现夹断区，管子工作在恒流区。

② 由于 $U_{GS} > U_{GS,off}$，又 $U_{GD}=U_{GS}-U_{DS}=-2-1=-3\,V$，即 $U_{GD} > U_{GS,off}$，故管子工作在可变电阻区。

③ 由于 $U_{GS} < U_{GS,off}$，故管子工作在夹断区。

2）转移特性曲线

由于场效应管是电压控制型器件，不同于电流控制型器件三极管，其输入电流（i_G）几乎为零，因此讨论场效应管的输入特性是没有意义的。

场效应管的转移特性是指当漏、源电压 u_{DS} 为某一定值时，漏极电流 i_D 与栅、源电压 u_{GS} 的关系，即

$$i_D = f(u_{GS})\big|_{u_{DS}=常数}$$

可见，转移特性与输出特性都反映 i_D 与 u_{GS}、u_{DS} 的关系，只不过自变量与参变量对换而已。因此，可以直接由输出特性转换而得到转移特性。

与图 1-64（a）所示输出特性曲线相对应的转移特性曲线如图 1-64（b）所示。理论上，每改变一次 u_{DS} 值，就可以得到一条转移特性曲线。但是当 u_{DS} 较大时，管子工作在恒流区，此时的 i_D 几乎不随 u_{DS} 变化，各条转移特性曲线几乎重合，因此可用图 1-64（b）所示的一条曲线来代表恒流区的所有转移特性曲线，从而使分析得以简化。该曲线直观地反映了 u_{GS} 对 i_D 的控制作用。

若 $U_{GS,off} \leqslant u_{GS} \leqslant 0$，恒流区的转移特性可近似表示为

$$i_D = I_{DSS}\left(1 - \frac{u_{GS}}{U_{GS,off}}\right)^2 \tag{1-29}$$

由式（1-29）可知，只要给出 I_{DSS} 和 $U_{GS,off}$ 值，就可以得到转移特性曲线中任意一点的值。

4．FET 的微变等效电路

与三极管一样，若场效应管工作在线性放大区，即输出特性中的恒流区，且输入信号很小，则场效应管也可用微变电路来等效分析。图 1-65（a）所示为场效应管的共源组态，其微变等效电路如图 1-65（b）所示。

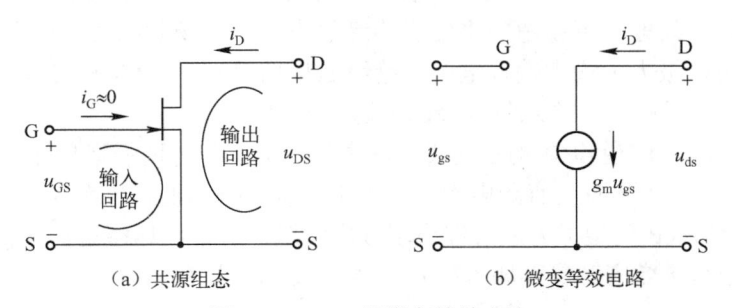

（a）共源组态　　　　　　（b）微变等效电路

图 1-65　FET 的微变等效电路

对于输入回路，由于场效应管的栅极电流 $i_G \approx 0$，其输入电阻很大，因此可近似认为栅、源极间开路。对于输出回路，由于场效应管工作在恒流区，其输出电流 i_D 主要由 u_{GS} 决定，即有一个输入电压 u_{GS} 就必有一个相应的输出电流 i_D，因此可用一个受电压控制的电流源表示 u_{GS} 对 i_D 的控制作用。

为了能定量描述场效应管的放大能力，即 u_{GS} 对 i_D 的控制能力，引入了参数 g_m，其定义为：u_{DS} 一定时漏极电流的微变量 Δi_D 和引起这个变化的栅、源电压的微变量 Δu_{GS} 之比，即

$$g_m = \frac{\Delta i_D}{\Delta u_{GS}}\bigg|_{u_{DS}=\text{常数}} \tag{1-30}$$

式中，g_m 称为低频跨导，简称跨导（或互导），其值一般在 0.1～20 ms 范围内。场效应管的 g_m 值除了取决于管子自身的参数外，还与其静态工作点有关。显然，g_m 越大，场效应管的放大能力越强，但一般远小于三极管。

当 $\Delta u_{GS} \to 0$ 时，$g_m = \dfrac{di_D}{du_{GS}}\bigg|_{u_{DS}=\text{常数}}$，于是，由式（1-29）可得

$$g_m = -\frac{2I_{DSS}}{U_{GS,off}}\left(1-\frac{u_{GS}}{U_{GS,off}}\right) \quad （若 U_{GS,off} \leq u_{GS} \leq 0） \tag{1-31a}$$

或

$$g_m = -\frac{2}{U_{GS,off}}\sqrt{I_{DSS}i_D} \quad （若 U_{GS,off} \leq u_{GS} \leq 0） \tag{1-31b}$$

由式（1-31b）可以看出，工作点电流（$i_D=I_D$）越大，g_m 越大。

任务 1-5-2　增强型绝缘栅型场效应管基本特性的测试

器件认知

1. 绝缘栅型场效应管

结型场效应管栅、源极间的输入电阻虽然可达 $10^6 \sim 10^9\ \Omega$，但这个电阻从本质上说是 PN 结的反向电阻，而 PN 结反向电流的存在和温度对它的影响，都使其输入电阻的进一步增大受到限制。针对这一问题，可以考虑将栅极绝缘起来，但电场效应对导电沟道的基本作用依然保持，这样就可以极大地增大输入电阻。绝缘栅型场效应管（MOSFET，简称 MOS 管）就是根据这种设想制成的，其输入阻抗最高可达 $10^{15}\ \Omega$。

MOS 管也分为 N 沟道和 P 沟道两类，其中每一类又分为增强型和耗尽型两种。所谓增强型是指 $u_{GS}=0$ 时管子本身没有导电沟道，无论 u_{DS} 大小如何，均有 $i_D=0$，只有当 $u_{GS}>0$（N 沟道）或 $u_{GS}<0$（P 沟道）时才可能出现导电沟道；所谓耗尽型是指 $u_{GS}=0$ 时管子本身存在导电沟道（结型场效应管属于耗尽型），只要 $u_{DS}\neq 0$，就有 $i_D\neq 0$。

2. 增强型绝缘栅型场效应管

N 沟道增强型 MOS 管的结构示意图如图 1-66（a）所示。它是在一块低掺杂的 P 型硅衬底上扩散两个高掺杂的 N^+ 区，并引出两个电极，分别作为源极 S 和漏极 D；在 P 型硅表面生成一层很薄的二氧化硅绝缘层，在绝缘层上覆盖一层铝并引出电极，作为栅极 G；管子的衬底也引出一个电极 B。显然，栅极与源极、漏极均为绝缘的。

N 沟道增强型 MOS 管的电路符号如图 1-66（b）所示，其中的箭头方向表示由 P（衬底）指向 N（沟道）。P 沟道增强型 MOS 管的电路符号如图 1-66（c）所示，其箭头方向与

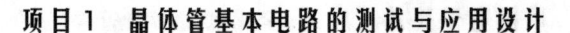

N 沟道 MOS 管相反。

由图 1-66（a）可以看出，当栅、源极间短路（即 $u_{GS}=0$）时，源区（N$^+$型）、衬底（P型）和漏区（N$^+$型）形成了两个背向串联的 PN 结。不管 u_{DS} 的极性如何，其中总有一个 PN 结是反偏的，所以漏、源极之间没有形成导电沟道，$i_D \approx 0$。实际上，增强型 MOS 管只有在一定的 u_{GS} 作用下才能形成导电沟道并可控制沟道的宽窄变化。

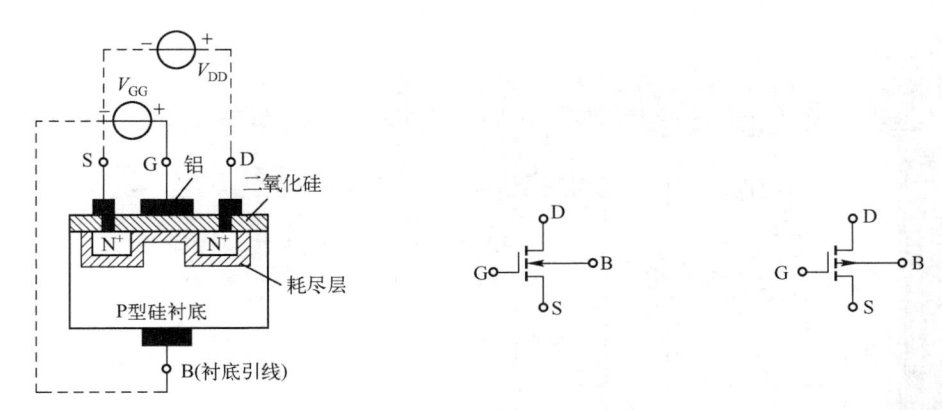

（a）N沟道增强型MOS管结构示意图　（b）N沟道增强型MOS管的电路符号　（c）P沟道增强型MOS管的电路符号

图 1-66　N 沟道增强型 MOS 管的结构及电路符号

应用测试

测试要求：按测试程序要求完成所有测试内容，并撰写测试报告。

测试设备：计算机 1 台，Multisim 2001 或其他同类软件 1 套。

测试电路：如图 1-67 所示。

测试程序：

① 按图 1-67（a）画仿真电路，在漏极回路中串联 1 mΩ（0.001 Ω）的取样电阻。

② 单击窗口中的菜单命令 Simulate→Analyses→DC Sweep，打开 DC Sweep Analysis 子窗口，设置节点 3 为输出节点，参照图 1-67（a）设置合适的分析参数（Analysis Parameters），最后单击该窗口中的 Simulate 可得扫描分析结果。

③ 图 1-67（a）所示为增强型 MOS 管 2N7002 转移特性的扫描分析结果，其中横坐标表示栅极电压的变化，纵坐标表示 1 mΩ电阻上电压的变化，即漏极电流的变化。将纵坐标电压的变化转换为电流的变化（1 μV 电压对应于 1 mA 电流），即可得到 2N7002 实际的转移特性。

结论：使 i_D 刚好为 0 时的 u_{GS} 值称为开启电压 $U_{GS,th}$。由图 1-67（a）可以大致读出，该仿真电路中 MOS 管的 $U_{GS,th}= +$_____V；$u_{GS}=2U_{GS,th}$ 时的 i_D 值记为 I_{DO}，由图 1-67（a）可以大致读出，该仿真电路中 MOS 管的 $I_{DO}=$ _____mA。

④ 根据仿真结果，画出增强型 MOS 管的转移特性曲线。

⑤ 单击窗口中的菜单命令 Simulate→Analyses→DC Sweep，打开 DC Sweep Analysis 子窗口，设置节点 3 为输出节点，参照图 1-67（b）设置合适的分析参数（Analysis Parameters，U_{DS}

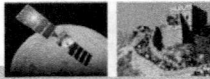

作为第 1 变量，U_{GS} 作为第 2 变量），最后单击该子窗口中的 Simulate 可得扫描分析结果。

⑥ 图 1-67（b）所示为增强型 MOS 管 2N7002 输出特性的扫描分析结果，其中横坐标表示漏极电压的变化，纵坐标表示 1 mΩ 电阻上电压的变化，即漏极电流的变化。将纵坐标电压的变化转换为电流的变化（1 μV 电压对应于 1 mA 电流），即可得到 2N7002 实际的输出特性，其中相邻两条曲线间的 $\Delta U_{GS}=0.5$ V。

⑦ 根据仿真结果，画出增强型 MOS 管的输出特性曲线。

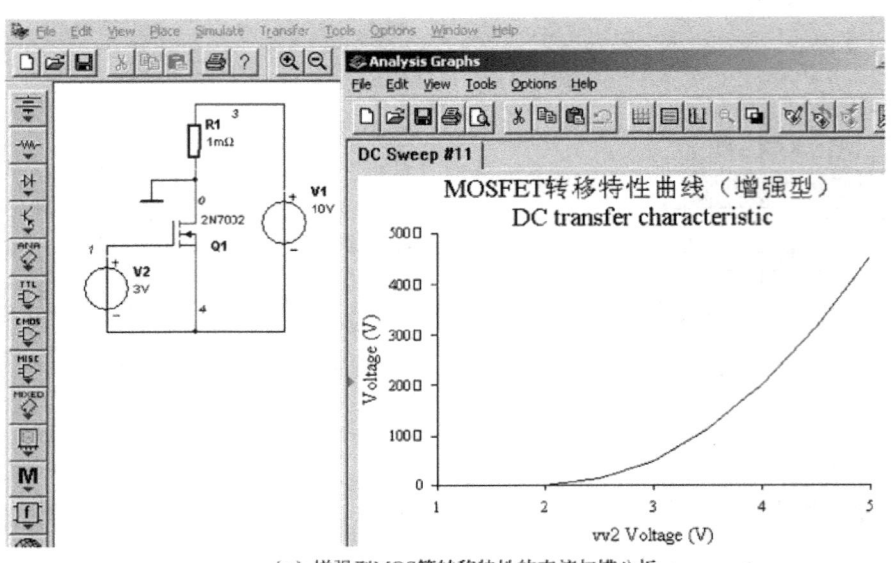

（a）增强型 MOS 管转移特性的直流扫描分析

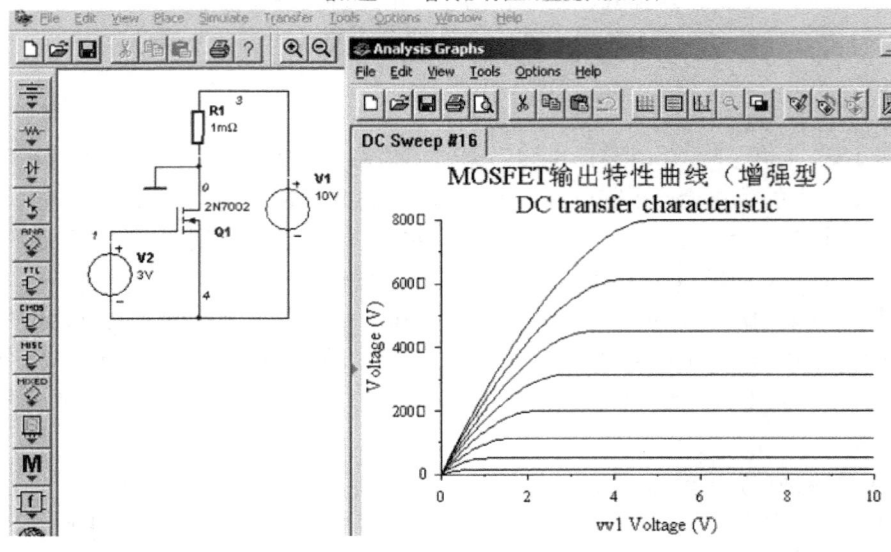

（b）增强型 MOS 管输出特性的直流扫描分析

图 1-67 增强型 MOS 管基本特性的测试

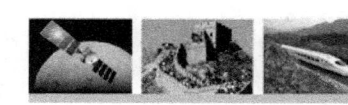

知识链接

1. 增强型 MOS 管的偏置

N 沟道增强型 MOS 管的偏置电压极性如图 1-66（a）所示（衬底和源极通常相连），栅、源极之间加正电压（为了形成导电沟道），即 $u_{GS}>0$；为了使 P 型硅衬底和漏极 N$^+$ 区之间的 PN 结处于反偏状态，漏、源极之间也应加正电压，即 $u_{DS}>0$。

2. 增强型 MOS 管的工作原理

为了讨论方便，首先假设 $u_{DS}=0$，即漏极与源极短接，如图 1-68（a）所示。当栅、源极间加上一定的 u_{GS}（>0）时，栅极（铝层）和衬底之间形成了类似于以二氧化硅为介质的平板电容器，在正的 u_{GS} 作用下，介质中产生了一个垂直于半导体表面、由栅极指向衬底的电场，这个电场是排斥空穴而吸引电子的。因此，P 型衬底靠近栅极的多子空穴被排斥向衬底内运动，在其表面留下带负电的受主离子，形成耗尽层，并与原 PN 结相连；同时，这个电场将 P 型衬底中的少子电子吸引到衬底表面。

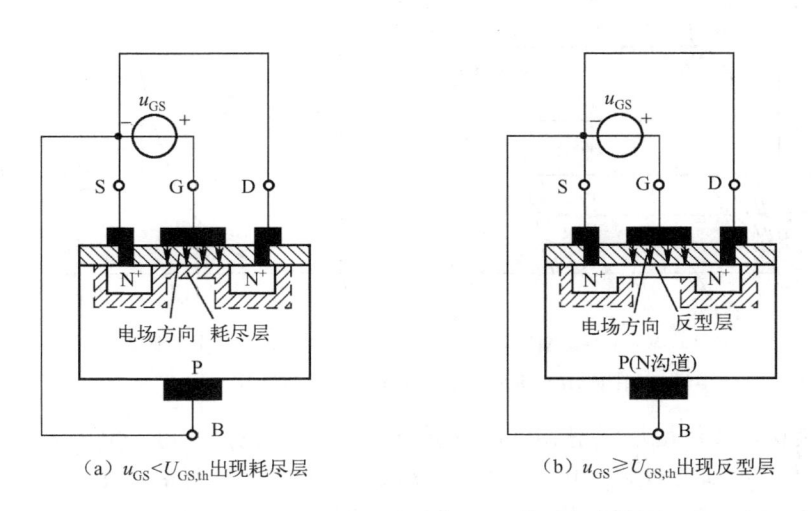

(a) $u_{GS}<U_{GS,th}$ 出现耗尽层

(b) $u_{GS} \geqslant U_{GS,th}$ 出现反型层

图 1-68 $u_{DS}=0$ 时 N 沟道增强型 MOS 管导电沟道的形成

随着 u_{GS} 的增大，耗尽层加宽，被吸引到衬底表面的电子增多。当 u_{GS} 增大到一个临界值时，足够大的电场吸引较多的电子到表面层，这些电子就在耗尽层和绝缘层之间形成一个 N 型薄层，它和 P 型衬底的导电类型相反，故称为反型层。反型层与两侧的 N$^+$ 区相连，构成了漏、源极之间的 N 型导电沟道，如图 1-68（b）所示。使导电沟道（反型层）开始形成的栅、源电压称为开启电压 $U_{GS,th}$。显然，如果 u_{GS} 进一步增大，反型层即 N 沟道将加宽，即可以用 u_{GS} 来控制导电沟道的宽窄。

导电沟道形成后（即 $u_{GS}>U_{GS,th}$），在漏、源极间加正电压，即 $u_{DS}>0$，则将产生电流 i_D。u_{DS} 对沟道和 i_D 的影响与 JFET 相似，如图 1-69 所示，这里不再赘述。

模拟电子技术与应用

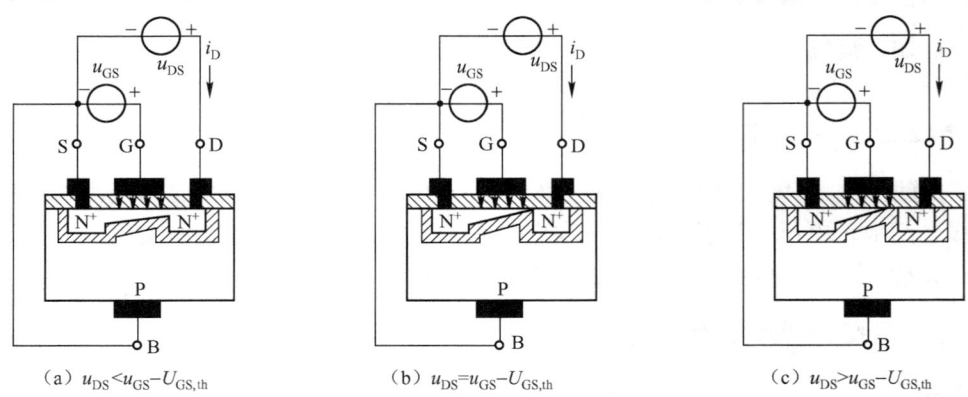

(a) $u_{DS}<u_{GS}-U_{GS,th}$　　(b) $u_{DS}=u_{GS}-U_{GS,th}$　　(c) $u_{DS}>u_{GS}-U_{GS,th}$

图 1-69　$u_{GS} \geq U_{GS,th}$ 时 u_{DS} 对 N 沟道的影响

3. 增强型 MOS 管的特性曲线

N 沟道增强型 MOS 管的输出特性曲线和转移特性曲线分别如图 1-70（a）和图 1-70（b）所示。

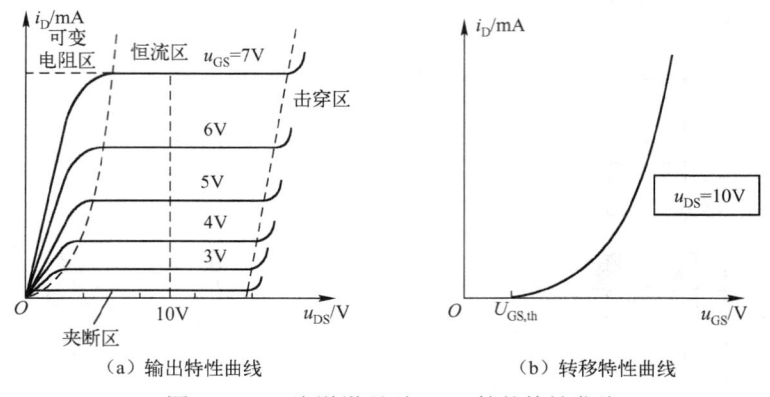

（a）输出特性曲线　　（b）转移特性曲线

图 1-70　N 沟道增强型 MOS 管的特性曲线

与 JFET 类似，N 沟道增强型 MOS 管的输出特性曲线也分为可变电阻区、恒流区和夹断区，其恒流区需满足 $u_{GS} \geq U_{GS,th}$ 和 $u_{DS} \geq u_{GS} - U_{GS,th}$ 的条件。由于 $u_{GS} \geq U_{GS,th}$ 时沟道才形成，即有 i_D 产生，因此转移特性曲线从 $U_{GS,th}$ 开始，而当 $u_{GS} < U_{GS,th}$ 时 $i_D=0$。

在恒流区内，N 沟道增强型 MOS 管的 i_D 可近似表示为

$$i_D = I_{DO}\left(\frac{u_{GS}}{U_{GS,th}} - 1\right)^2 \quad （若 u_{GS} > U_{GS,th}） \tag{1-32}$$

式中，I_{DO} 是 $u_{GS} = 2U_{GS,th}$ 时的 i_D 值。

任务 1-5-3　耗尽型绝缘栅型场效应管基本特性的测试

器件认知

N 沟道耗尽型 MOS 管结构示意图如图 1-71（a）所示。它与 N 沟道增强型 MOS 管的结

构基本相同，不过在制造时，在两个 N⁺区之间的 P 型衬底表面掺入少量的 5 价元素，预先形成局部的低掺杂的 N 区（N 沟道）。其电路符号如图 1-71（b）所示，图 1-71（c）为 P 沟道耗尽型 MOS 管的电路符号。

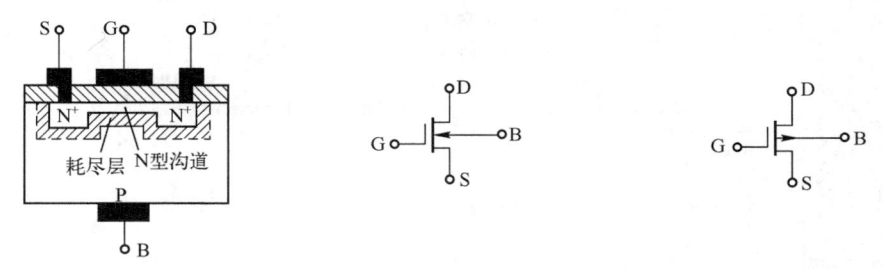

（a）N沟道耗尽型MOS管结构示意图　（b）N沟道耗尽型MOS管的电路符号　（c）P沟道耗尽型MOS管的电路符号

图 1-71　耗尽型 MOS 管的结构与电路符号

应用测试

测试要求：按测试程序要求完成所有测试内容，并撰写测试报告。

测试设备：计算机 1 台，Multisim 2001 或其他同类软件 1 套。

测试电路：如图 1-72 所示。

测试程序：

① 按图 1-72（a）画仿真电路，在漏极回路中串联 1 mΩ（0.001Ω）的取样电阻。

② 单击窗口中的菜单命令 Simulate→Analyses→DC Sweep，打开 DC Sweep Analysis 子窗口，设置节点 3 为输出节点，参照图 1-72（a）设置合适的分析参数（Analysis Parameters），最后单击该子窗口中的 Simulate，可得扫描分析结果。

③ 图 1-72（a）所示为耗尽型 MOS 管 BSP149 转移特性的扫描分析结果，其中横坐标表示栅极电压的变化，纵坐标表示 1 mΩ电阻上电压的变化，即漏极电流的变化。将纵坐标电压的变化转换为电流的变化（1 μV 电压对应于 1 mA 电流，1 mV 电压对应于 1 A 电流），即可得到 BSP149 实际的转移特性。

结论：使 i_D 刚好为 0 时的 u_{GS} 值称为夹断电压 $U_{GS,off}$。由图 1-72（a）可以大致读出，该仿真电路中 MOS 管的 $U_{GS,off}$ =-_____V；u_{GS}=0 时的 i_D 值称为饱和漏电流 I_{DSS}，由图 1-72（a）可以大致读出，该仿真电路中 MOS 管的 I_{DSS} =_____mA。

④ 根据仿真结果，画出耗尽型 MOS 管的转移特性曲线。

⑤ 单击窗口中的菜单命令 Simulate→Analyses→DC Sweep，打开 DC Sweep Analysis 子窗口，设置节点 3 为输出节点，参照图 1-72（b）设置合适的分析参数（Analysis Parameters，U_{DS} 作为第 1 变量，U_{GS} 作为第 2 变量），最后单击该子窗口中的 Simulate，可得扫描分析结果。

⑥ 图 1-72（b）所示为耗尽型 MOS 管 BSP149 输出特性的扫描分析结果，其中横坐标表示漏极电压的变化，纵坐标表示 1 mΩ电阻上电压的变化，即漏极电流的变化。将纵坐标电压的变化转换为电流的变化（1 μV 电压对应于 1 mA 电流，1 mV 电压对应于 1 A 电流），即可得到 BSP149 实际的输出特性，其中相邻两条曲线间的 ΔU_{GS} = 0.4 V。

⑦ 根据仿真结果，画出耗尽型 MOSFET 的输出特性曲线。

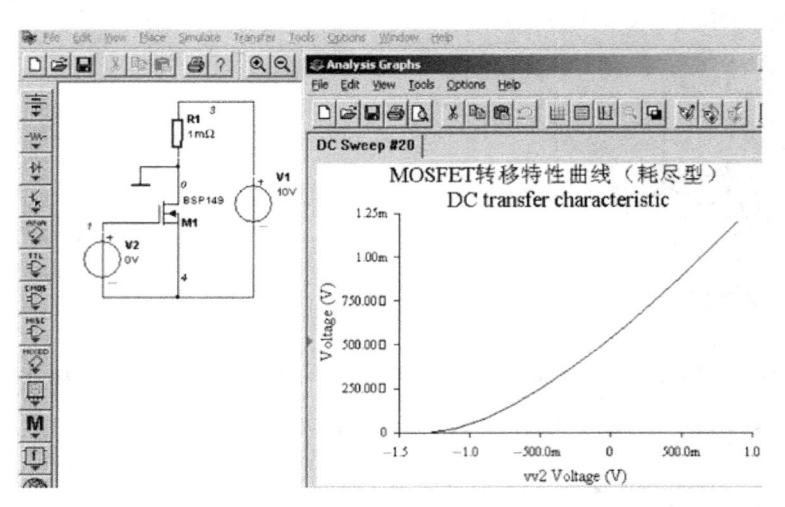

(a) 耗尽型MOS管转移特性的直流扫描分析

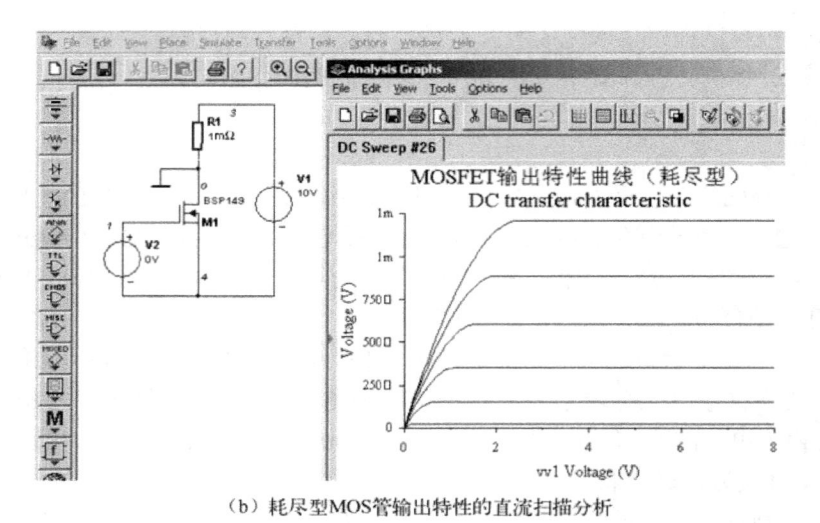

(b) 耗尽型MOS管输出特性的直流扫描分析

图 1-72　耗尽型 MOS 管基本特性的测试

知识链接

1. 耗尽型 MOS 管的偏置

N 沟道耗尽型 MOS 管正常工作时，漏、源极之间的偏置电压为正，即 $u_{DS}>0$，而栅、源极之间的偏置电压 u_{GS} 可正可负。

2. 耗尽型 MOS 管的工作原理

如图 1-71（a）所示，N 沟道耗尽型 MOS 管中存在局部低掺杂的 N 区，即使 $u_{GS}=0$，P

型衬底的表面层已含有一定数量的电子，即已经形成导电沟道（反型层）。此时，若在漏、源极之间加正电压 u_{DS}，就有 i_D 产生。

当 u_{DS} 为某一固定值时，如果 $u_{GS}>0$，则 P 型衬底表面层的电子增多，沟道变宽，i_D 增大；反之，如果 $u_{GS}<0$，则 P 型衬底表面层的电子减少，沟道变窄，i_D 减小。当 u_{GS} 减小到某一临界值时，反型层消失，漏、源极之间失去导电沟道，$i_D=0$，这时的栅、源电压 u_{GS} 称为夹断电压 $U_{GS,off}$。可见，在一定范围内，无论栅、源电压为正还是为负，都能控制 i_D 的大小，而且基本上无栅极电流，这是耗尽型 MOS 管的一个重要特点。

3. 耗尽型 MOS 管的特性曲线

N 沟道耗尽型 MOS 管的特性曲线如图 1-73 所示，其输出特性曲线也可分为可变电阻区、恒流区和夹断区，其中恒流区需满足 $u_{GS}>U_{GS,off}$ 和 $u_{DS}>u_{GS}-U_{GS,off}$ 的条件。由恒流区的转移特性曲线可知，$u_{GS}=0$ 时，$i_D=I_{DSS}$ 较大；随着 u_{GS} 的减小，i_D 也减小，当 $u_{GS}=U_{GS,off}$ 时，$i_D≈0$；当 $u_{GS}>0$ 时，$i_D>I_{DSS}$。恒流区的转移特性也可近似地用式（1-29）表示。

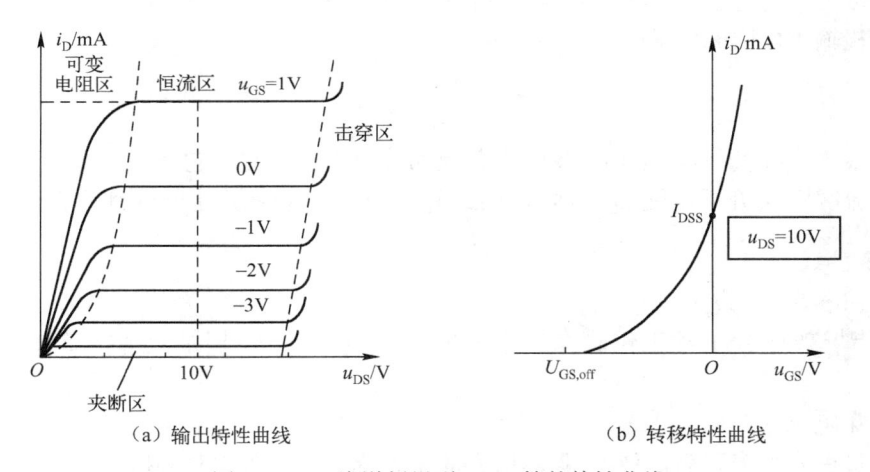

（a）输出特性曲线　　（b）转移特性曲线

图 1-73　N 沟道耗尽型 MOS 管的特性曲线

知识链接

1．场效应管的主要参数

1）直流参数

（1）开启电压 $U_{GS,th}$

$U_{GS,th}$ 是指在 u_{DS} 为一常量时（如 10 V），使 i_D 大于零所需的最小 u_{GS} 值。手册中给出的是在 I_D 为规定的微小电流（如 5 μA）时的 u_{GS}。$U_{GS,th}$ 是增强型 MOSFET 的参数。

（2）夹断电压 $U_{GS,off}$

与 $U_{GS,th}$ 相类似，$U_{GS,off}$ 是在 u_{DS} 为常量情况下 i_D 为规定的微小电流（如 5 μA）时的 u_{GS}，它是 JFET 和耗尽型 MOSFET 的参数。

(3) 饱和漏电流 I_{DSS}

在 $u_{GS}=0$ 的条件下，$|u_{DS}| \geq |U_{GS,off}|$ 时的漏极电流称为饱和漏电流 I_{DSS}。通常，令 $u_{DS}=10$ V、$u_{GS}=0$ V，测出的 i_D 就是 I_{DSS}。此定义适用于 JFET 和耗尽型 MOSFET。对于增强型 MOSFET 来说，对应的参数是 I_{DO}（$u_{GS}=2U_{GS,th}$，$|u_{DS}| \geq |U_{GS,th}|$ 条件下所测出的 I_D）。

(4) 直流输入电阻 R_{GS}

在栅、源极之间加一定电压时，该电压与它产生的栅极电流的比值即为 R_{GS}，它是栅、源极之间的直流电阻。一般 JFET 的 $R_{GS}>10$ MΩ，MOSFET 的 $R_{GS}>10^3$ MΩ。

2) 交流参数

(1) 低频跨导（互导）g_m

g_m 的概念及其意义前已述及，这里不再重复。需要指出的是，手册上给出的 g_m 值是在给定的参考测试条件下得到的，而实际的工作条件往往与之有一定的差别，这一点务必注意。

(2) 输出电阻 r_{ds}

在 u_{GS} 为某一固定值时，漏、源电压的微变量 Δu_{DS} 和它所引起的漏极电流的微变量 Δi_D 之比，称为漏极输出电阻 r_{ds}，即

$$r_{ds} = \frac{\Delta u_{DS}}{\Delta i_D}\bigg|_{u_{GS}=常数} \tag{1-33}$$

r_{ds} 表明了 u_{DS} 对 i_D 的影响，是输出特性上某点切线斜率的倒数，它是漏、源极之间的交流电阻。由于恒流区中 i_D 几乎不随 u_{DS} 变化，因此 r_{ds} 很大，一般在几十千欧到几百千欧之间。

3) 极限参数

(1) 最大漏极电流 I_{DM}

I_{DM} 是指场效应管正常工作时漏极电流的上限值。若 i_D 超过此值，管子将因过热而烧坏。

(2) 击穿电压

场效应管进入恒流区后，使 i_D 骤然增大的 u_{DS} 称为漏、源击穿电压 $U_{BR,DS}$，u_{DS} 超过此值会使管子损坏。对于 JFET，使栅极与沟道间的 PN 结反向击穿的 u_{GS} 称为栅、源击穿电压 $U_{BR,GS}$；对于 MOSFET，使绝缘层击穿的 u_{GS} 称为栅、源击穿电压 $U_{BR,GS}$。

(3) 最大耗散功率 P_{DM}

场效应管的耗散功率等于 u_{DS} 与 i_D 的乘积，即 $P_D=u_{DS}i_D$，它将转化为热能使管子温度升高。为了使管子的温度不要升得太高，就要限制它的耗散功率不得超过最大允许的耗散功率 P_{DM}，即 $P_D<P_{DM}$。因此，P_{DM} 受管子最高工作温度的限制。

除上述参数外，场效应管还有噪声系数（很小）、高频参数、极间电容等其他参数。常用场效应管的参数参见附录 G。

2．各种场效应管的比较

以上主要讨论了 N 沟道场效应管的工作原理及特性，这些分析也基本适用于 P 沟道场效应管。但是，由于后者导电沟道中的载流子是空穴，故各电极的电源极性都要改变。各种场效应管的电路接法如图 1-74 所示。可见，N 沟道管的 $u_{DS}>0$，P 沟道管的 $u_{DS}<0$。

项目 1 晶体管基本电路的测试与应用设计

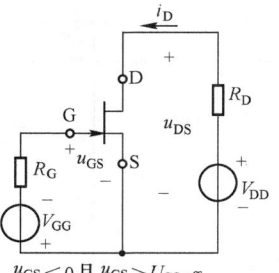

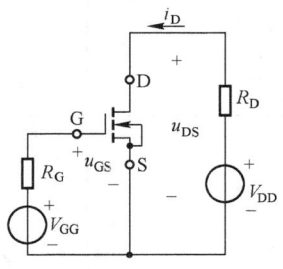

(a) N沟道结型管
$u_{GS}<0$ 且 $u_{GS}>U_{GS,off}$
$u_{DS}>0$ 且 $u_{DS}>u_{GS}-U_{GS,off}$

(b) P沟道结型管
$u_{GS}>0$ 且 $u_{GS}<U_{GS,off}$
$u_{DS}<0$ 且 $u_{DS}<u_{GS}-U_{GS,off}$

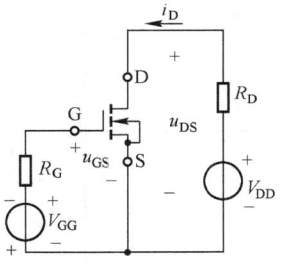

(c) N沟道增强型MOS管
$u_{GS}>0$ 且 $u_{GS}>U_{GS,th}$
$u_{DS}>0$ 且 $u_{DS}>u_{GS}-U_{GS,th}$

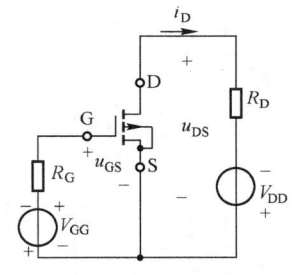

(d) P沟道增强型MOS管
$u_{GS}<0$ 且 $u_{GS}<U_{GS,th}$
$u_{DS}<0$ 且 $u_{DS}<u_{GS}-U_{GS,th}$

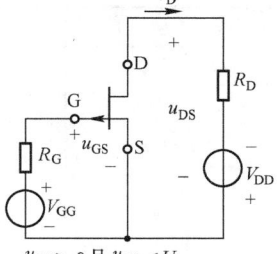

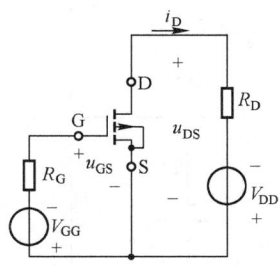

(e) N沟道耗尽型MOS管
$u_{GS}>0$ 或 $u_{GS}<0$ 且 $u_{GS}>U_{GS,off}$
$u_{DS}>0$ 且 $u_{DS}>u_{GS}-U_{GS,off}$

(f) P沟道耗尽型MOS管
$u_{GS}<0$ 或 $u_{GS}>0$ 且 $u_{GS}<U_{GS,off}$
$u_{DS}<0$ 且 $u_{DS}<u_{GS}-U_{GS,off}$

图 1-74 各类 FET 的电路接法及恒流区偏置条件

表 1-9 为各种场效应管的符号及其特性曲线。

表 1-9 场效应管的符号及特性曲线

分 类		符 号	转移特性曲线	输出特性曲线
结型场效应管	N沟道	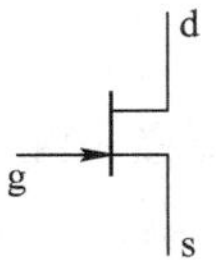 (d, g, s 引脚符号)	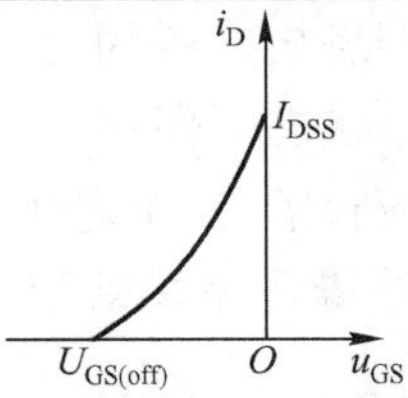 i_D 随 u_{GS} 变化曲线,I_{DSS},$U_{GS(off)}$	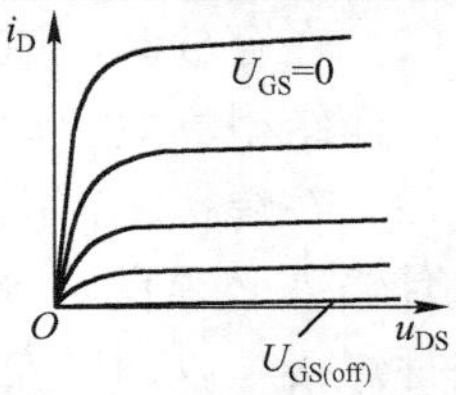 i_D 随 u_{DS} 变化曲线,$U_{GS}=0$,$U_{GS(off)}$

续表

分类		符号	转移特性曲线	输出特性曲线
结型场效应管	P沟道		转移特性曲线，标有 $U_{GS(off)}$、I_{DSS}、u_{GS}、i_D	输出特性曲线，标有 $U_{GS(off)}$、$U_{GS}=0$、u_{DS}、i_D
绝缘栅型场效应管	N沟道	增强型	转移特性曲线，标有 $U_{GS(th)}$、u_{GS}、i_D	输出特性曲线，标有 $U_{GS(th)}$、u_{DS}、i_D
		耗尽型	转移特性曲线，标有 $U_{GS(off)}$、u_{GS}、i_D	输出特性曲线，标有 $U_{GS}=0$、u_{DS}、i_D
	P沟道	增强型	转移特性曲线，标有 $U_{GS(th)}$、u_{GS}、i_D	输出特性曲线，标有 $U_{GS(th)}$、u_{DS}、i_D
		耗尽型	转移特性曲线，标有 $U_{GS(off)}$、u_{GS}、i_D	输出特性曲线，标有 $U_{GS(off)}$、$U_{GS}=0$、u_{DS}、i_D

3．使用场效应管的注意事项

由于场效应管的输入电阻很高（尤其是 MOS 管），当栅极悬空时，栅极上感应出的电荷很难泄放。而且，栅、源极间和栅、漏极间的电容很小，约为几皮法，少量的电荷就可以产生较高的电压，很容易击穿绝缘层而损坏管子。因此，场效应管在实际使用时应注意下列几点。

（1）场效应管的栅极不能悬空。通常可以在栅、源极之间接一个电阻或稳压管，以保持栅、源极间有通路，降低栅极电压，防止击穿。

（2）在存放时，应将绝缘栅型场效应管的 3 个电极相互短接，以免受外电场作用而损坏管子，而结型场效应管可以在开路状态下保存。

（3）在焊接时，应先将场效应管的 3 个电极短路，按照源极→漏极→栅极的先后顺序焊接，且烙铁必须良好接地。焊接绝缘栅型场效应管时，最好在烙铁加热后切断电源，利用余热进行焊接，以确保安全。

（4）结型场效应管可以用万用表定性检查管子的质量，但绝缘栅型场效应管不行。用测试仪检查绝缘栅型场效应管时，必须在它接入测试仪后才能去掉各电极的短路保护；测试完成后，也应先短路后取下。

（5）安装调试时务必使用接地良好的电源和测试仪表。

任务 1-5-4　共源放大电路基本特性的测试

应用测试

测试要求：按测试程序要求完成所有测试内容，并撰写测试报告。

测试设备：模拟电路综合测试台 1 台，双踪示波器 1 台，函数信号发生器 1 台，低频毫伏表 1 台，0～30 V 直流稳压电源 1 台，数字万用表 1 块。

测试电路：图 1-75 所示电路中，R_{G1}=51 kΩ，与 500 kΩ电位器（RP）串联，R_{G2}=20 kΩ，R_{G3}=1 MΩ，R_D=1 kΩ，R_S=1 kΩ，R_L=1 kΩ，VT 为 3DJ6，C_1=C_2=33 μF，C=100 μF。

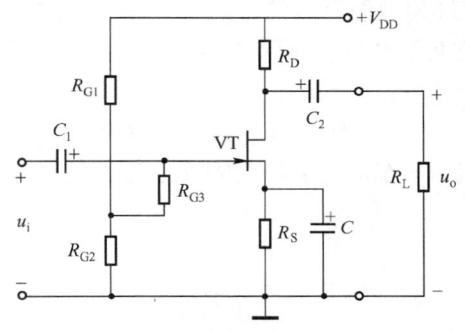

图 1-75　共源放大电路

测试程序：

① 不接 u_i，接入 V_{CC} = +20 V，调节 R_{G1}（RP），使 U_{DS} = 10 V，此时有 I_D=____mA。

② 保持步骤①，用万用表分别测量场效应管的 G 点对地电压 U_G 和 S 点对地电压 U_S，并记录 U_G= ____V，U_S= ____V，U_{GS}= U_G-U_S = ____V。

结论：在结型场效应管构成的放大电路中，场效应管栅、源极之间的偏置为_____（正偏/反偏）。

③ 保持步骤②，输入端接入 u_i（f_i=1 kHz，U_i =10 mV）。

④ 保持步骤③，用低频毫伏表分别测量输入电压 U_i 和输出电压 U_o 的大小，并记录 U_i= ____mV，U_o = ____mV，$A_u = \dfrac{U_o}{U_i} =$ ____。

结论：在电路参数基本相同的情况下，场效应管的放大能力_____（明显强于/接近于/明显弱于）三极管的放大能力。

⑤ 保持步骤④，用示波器同时观察输入、输出电压的波形，并记录。

结论：场效应管构成的共源放大电路为_____（同相/反相）放大器。

思维拓展

为什么结型场效应管的 U_{GS} 不能用万用表直接测量，而要由（U_G-U_S）计算得到？

知识链接

和三极管一样，场效应管也具有放大作用，因此在有些场合可以取代三极管组成放大电路。场效应管放大电路也存在 3 种组态，即共源、共漏和共栅组态，分别对应于三极管放大电路的共射、共集和共基组态。

1. 场效应管放大电路的静态分析

与三极管放大电路一样，场效应管放大电路也需要有合适的静态工作点，以保证管子工作在恒流区。不过，由于场效应管是电压控制型器件，栅极电流为零，因此只需要合适的栅极电压。下面以 N 沟道 JFET 为例，介绍两种常用的偏置电路及其静态工作点计算。

1）自偏压电路

典型的自偏压电路如图 1-76 所示。由于 N 沟道 JFET 的栅源电压不能为正，因此由正电源 V_{DD} 引入栅极偏置是行不通的。当然，可以考虑再引入一组负电源，但电路复杂且成本高。因此采用自偏压电路是最为简便有效的方法。静态工作时，JFET 中有漏极电流 I_D，当 I_D 流过源极电阻 R_S 时，在它两端产生电压降 $U_S=I_D R_S$。由于栅极电流 $I_G \approx 0$，栅极电阻 R_G 上的电压降 $U_G \approx 0$，因此有

$$U_{GS} = U_G - U_S = -I_D R_S \tag{1-34}$$

可见，栅、源极之间的直流偏压 U_{GS} 是由场效应管自身的电流 I_D 流过 R_S 而产生的，故称为自偏压电路。

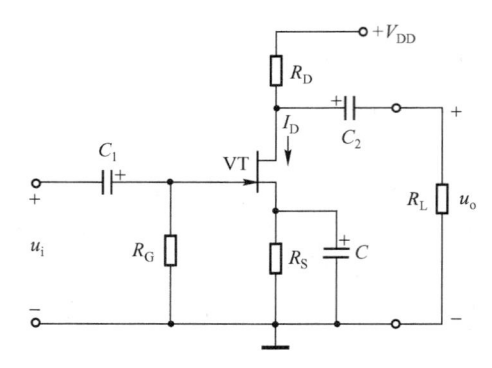

图 1-76 FET 放大器的自偏压电路

由式（1-29）可知，静态时 I_D 的表达式为

$$I_D = I_{DSS}\left(1 - \frac{U_{GS}}{U_{GS,off}}\right)^2 \tag{1-35}$$

式（1-34）和式（1-35）可构成二元二次方程组，联立求解可得到两组根，即有两组 I_D 和 U_{GS} 值，可根据管子工作在恒流区的条件，舍弃无用根，保留合理的 I_D 和 U_{GS} 值。

由图 1-76 所示电路还可求得

$$U_{DS} = V_{DD} - I_D(R_D + R_S) \tag{1-36}$$

需要指出的是，自偏压电路不适用于增强型场效应管放大器，因为增强型场效应管在栅、源电压 $U_{GS}=0$ 时漏极电流 $I_D=0$，且 U_{GS} 必须达到开启电压 $U_{GS,th}$ 时才有漏极电流。

项目1 晶体管基本电路的测试与应用设计

2）分压式自偏压电路

分压式自偏压电路如图 1-77 所示，该电路在自偏压电路的基础上增加了栅极分压电阻 R_{G1} 和 R_{G2}。

漏极电源 V_{DD} 经 R_{G1}、R_{G2} 分压后通过栅极电阻 R_{G3} 提供栅极电压 U_G（R_{G3} 上电压降为 0）为

$$U_G = \frac{R_{G2}V_{DD}}{R_{G1}+R_{G2}} \tag{1-37}$$

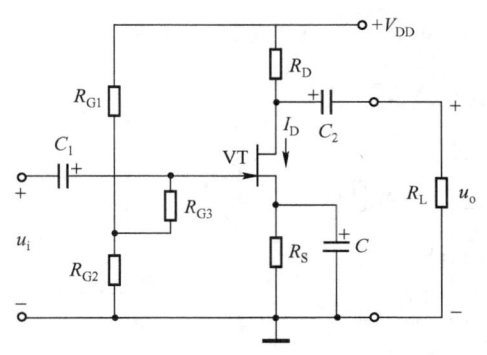

图 1-77 FET 放大器的分压式自偏压电路

而源极电压 $U_S=I_DR_S$，因此，静态时栅源电压为

$$U_{GS}=U_G-U_S=\frac{R_{G2}V_{DD}}{R_{G1}+R_{G2}}-I_DR_S \tag{1-38}$$

联立式（1-35）和式（1-38）可解出 I_D 和 U_{GS} 的值（舍去一组无用根）。

显然，分压式自偏压电路除了适用于耗尽型场效应管外，还适用于增强型场效应管（当分压 $|U_G|$ 值较大，自偏压 $|U_S|$ 值较小时）。

2．场效应管放大电路的动态分析

1）共源放大电路

共源放大电路的电路图如图 1-78（a）所示，其微变等效电路如图 1-78（b）所示。

设 $R'_L=R_D /\!/ R_L$，由图 1-78（b）所示电路可得

$$i_d=g_m u_{gs}=g_m u_i$$
$$u_o=-i_d R'_L=-g_m R'_L u_i$$

则电压放大倍数为

$$A_u=\frac{u_o}{u_i}=-g_m R'_L \tag{1-39a}$$

输入电阻为

$$R_i=R_{G3}+(R_{G1} /\!/ R_{G2}) \tag{1-39b}$$

输出电阻为

$$R_o \approx R_D \tag{1-39c}$$

若源极电阻 R_S 两端不并联旁路电容 C，则共源放大电路的微变等效电路如图 1-78（c）所示，可得

$$i_d=g_m u_{gs}$$

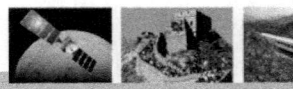

$$u_i = u_{gs} + i_d R_S = u_{gs} + g_m R_S u_{gs} = (1 + g_m R_S) u_{gs}$$
$$u_o = -i_d R'_L = -g_m R'_L u_{gs}$$

则电压放大倍数为

$$A_u = \frac{u_o}{u_i} = -\frac{g_m R'_L}{1 + g_m R_S} \qquad (1-40)$$

显然，此时电压放大倍数变小了。

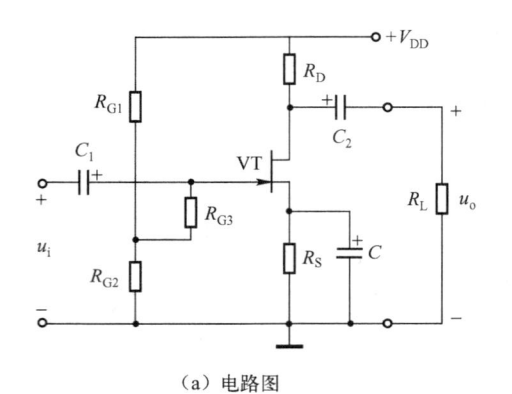

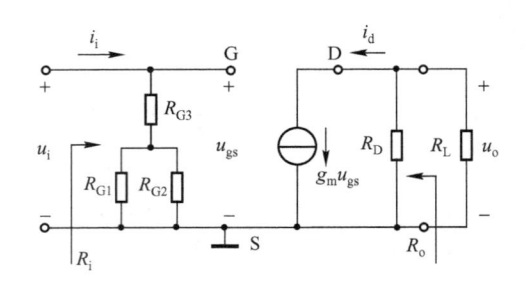

（a）电路图

（b）微变等效电路

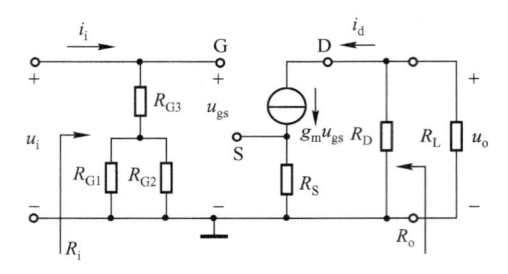

（c）不接C时的微变等效电路

图 1-78 共源放大电路

【例 1-5】 电路如图 1-78（a）所示，其中 $R_{G1} = 100\text{ k}\Omega$，$R_{G2} = 20\text{ k}\Omega$，$R_{G3} = 1\text{ M}\Omega$，$R_D = 10\text{ k}\Omega$，$R_S = 2\text{ k}\Omega$，$R_L = 10\text{ k}\Omega$，$V_{DD} = 18\text{ V}$，场效应管的 $I_{DSS} = 5\text{ mA}$，$U_{GS,off} = -4\text{ V}$。求电路的 A_u、R_i 和 R_o。

解：将有关参数代入式（1-35）和式（1-38），可得

$$\begin{cases} U_{GS} = 3 - 2I_D \\ I_D = 5(1 + 0.25 U_{GS})^2 \end{cases}$$

解上述二元二次方程组，可得 $U_{GS} \approx -1.4\text{ V}$ 和 $U_{GS} = -8.2\text{ V}$（小于 $U_{GS,off} = -4\text{ V}$ 的一组舍去），取 $U_{GS} = -1.4\text{ V}$，则可求得跨导为

$$g_m = -\frac{2 I_{DSS}}{U_{GS,off}} \left(1 - \frac{U_{GS}}{U_{GS,off}}\right) = -\frac{2 \times 5}{-4}\left(1 - \frac{-1.4}{-4}\right) \text{ ms} \approx 1.6 \text{ ms}$$

$$A_u = \frac{u_o}{u_i} = -g_m R'_L = -1.6 \times (10 // 10) = -8.0$$

$$R_i = R_{G3} + R_{G1}//R_{G2} = 1 + (0.1//0.02) \approx 1 \text{ M}\Omega$$
$$R_o \approx R_D = 10 \text{ k}\Omega$$

可见，场效应管共源放大电路的性能与三极管共射放大电路相似，但共源电路的输入电阻远大于共射电路，而它的电压放大能力不及共射电路。

2）共漏放大电路

共漏放大电路的电路图如图 1-79（a）所示，其微变等效电路如图 1-79（b）所示。共漏放大电路与射极输出器相似，具有输入电阻高、输出电阻低和电压放大倍数略小于 1 的特点。由于该电路是从源极输出的，所以又称为源极输出器。

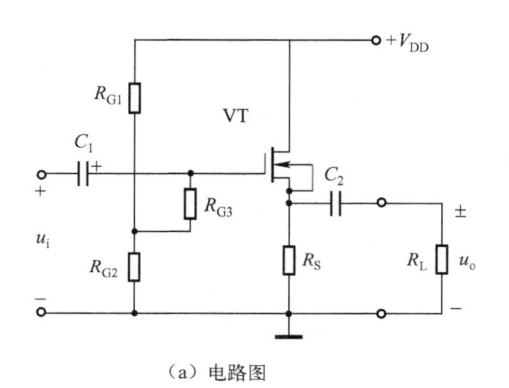

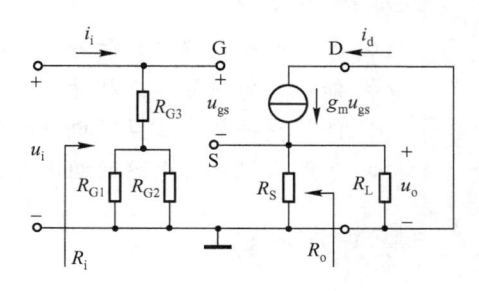

（a）电路图

（b）微变等效电路

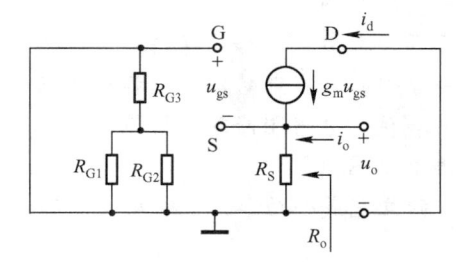

（c）求输出电阻的微变等效电路

图 1-79 共漏放大电路

设 $R'_L = R_S // R_L$，由图 1-79（b）可得

$$u_o = i_d R'_L = g_m R'_L u_{gs}$$
$$u_i = u_{gs} + u_o = (1 + g_m R'_L) u_{gs}$$

则电压放大倍数为

$$A_u = \frac{u_o}{u_i} = \frac{g_m R'_L}{1 + g_m R'_L} \tag{1-41a}$$

显然，$A_u < 1$，但当 $g_m R'_L \gg 1$ 时，$A_u \approx 1$。

输入电阻为

$$R_i = R_{G3} + R_{G1} // R_{G2} \tag{1-41b}$$

图 1-79（c）为共漏放大器求输出电阻的微变等效电路，根据放大电路输出电阻的求

模拟电子技术与应用

法，可得

$$R_o = \frac{1}{g_m + \frac{1}{R_S}} = \frac{1}{g_m} // R_S \tag{1-41c}$$

场效应管共漏放大电路的性能与三极管共集放大电路相似，但共漏电路的输入电阻远大于共集电路，而它的输出电阻也比共集电路大，电压跟随作用比共集电路差。

综上所述，场效应管放大电路的突出特点是输入电阻高，因此特别适用于对微弱信号进行处理的放大电路的输入级。

实训 1　小功率三极管放大器的设计

学习目标

- ◇ 掌握电子电路设计的一般流程。
- ◇ 能独立完成简单三极管放大电路的设计。
- ◇ 能排查并解决常见的电路故障。
- ◇ 了解多级放大电路的组成与性能。

工作任务

- ◇ 电路整体组成结构设计。
- ◇ 初选电路，画出电路草图。
- ◇ 计算电路中各元器件参数，根据计算结果进行元器件选型。
- ◇ 查阅电子元器件手册，并在电路设计过程中正确选用相关元器件。
- ◇ 进行电路装接、调试、电路图修改和故障处理。
- ◇ 绘制最终的标准电路图。
- ◇ 通过上述步骤，独立完成小功率三极管放大器的设计。

知识链接

1．多级放大电路

1）多级放大电路的组成

对于实际应用的放大电路，通常要将微弱的（毫伏或微伏级）电信号放大为足够大的输出电压和电流以驱动负载工作。而由单个晶体管构成的单级放大器（又称基本放大器）的放大倍数一般仅为几十倍至一百多倍，输出电压和功率不大。因此，实用电路中常常将多个基本放大电路合理连接构成多级放大电路，以满足放大倍数和其他方面性能的要求。

图 1-80 所示为多级放大电路的组成框图。其输入级要求具有较大的输入电阻，以减小电路对信号源的影响，一般采用共集放大电路或场效应管放大电路；中间级要求具有足够的电压放大倍数，一般采用若干级共射放大电路；推动级输出一定幅度的信号以驱动功率放大电路工作；功率级则输出一定的功率，从而驱动负载工作。

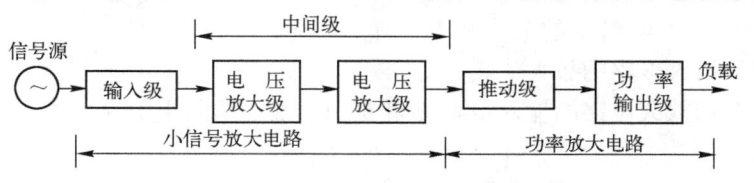

项目 1　晶体管基本电路的测试与应用设计

图 1-80　多级放大电路的组成框图

2）多级放大电路的级间耦合方式

多级放大电路中级与级之间的连接称为级间耦合。常用的级间耦合方式有阻容耦合、直接耦合、变压器耦合和光电耦合。其中，前两种方式应用较多。

（1）阻容耦合

将放大电路的前级输出端通过电容连接到后级输入端，称为阻容耦合，图 1-81 所示为两级阻容耦合放大电路。

在阻容耦合电路中，耦合电容起隔直通交的作用，因此各级的静态工作点彼此独立，互不影响。此外，只要耦合电容的容量足够大，前级信号就能在一定频率范围内几乎无衰减地传输到下一级。因此，阻容耦合方式在分立元件电路中得到了广泛的应用。但是，阻容耦合电路的低频特性较差，它不适用于传送缓慢变化的信号甚至直流信号，而且由于在集成电路中制造大容量电容很困难，所以集成电路中不采用这种耦合方式。

（2）直接耦合

将前一级的输出端直接连接到后一级的输入端，称为直接耦合，图 1-82 所示为两级直接耦合放大电路。

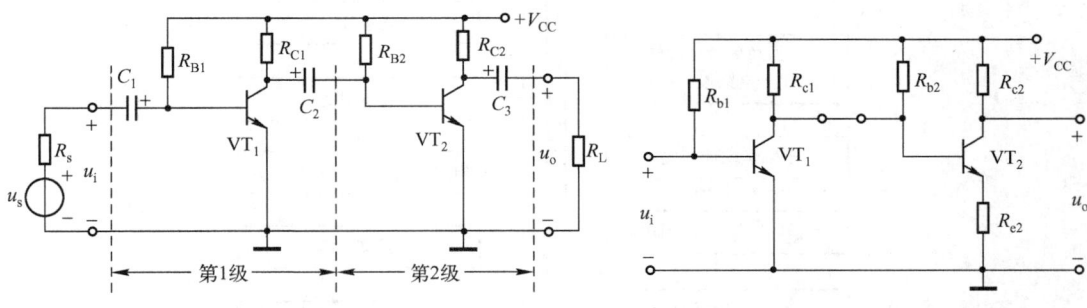

图 1-81　两级阻容耦合放大电路　　　　　图 1-82　两级直接耦合放大电路

直接耦合电路中没有隔直电容，前后级电路直接相连，各级的静态工作点互相影响，因此必须设置合适的静态工作点。此外，直接耦合电路的频率特性较好，它不仅能放大交流信号，还能放大直流或缓慢变化的信号，且便于集成，因此在集成电路中获得了广泛的应用。

3）多级放大电路的动态分析

在图 1-81 所示的两级放大电路中，设第 1 级和第 2 级电路的电压增益分别为 A_{u1} 和 A_{u2}，显然，整个放大电路总的放大倍数应为两个单级电路放大倍数的乘积，即

$$A_u = \frac{u_o}{u_i} = \frac{u_{o1}}{u_{i1}} \frac{u_{o2}}{u_{i2}} = A_{u1} A_{u2}$$

这一结果也可推广到 n 级（多级）放大电路，即

$$A_u = A_{u1} A_{u2} \cdots A_{un} \tag{1-42a}$$

式中，A_u 为 n 级放大电路总的放大倍数，A_{u1}、A_{u2}、$\cdots$、A_{un} 分别对应于第 1 级、第 2 级、$\cdots\cdots$、第 n 级放大电路的放大倍数。

不难理解，多级放大电路的输入电阻 R_i 就是第 1 级的输入电阻 R_{i1}，即

$$R_i = R_{i1} \tag{1-42b}$$

多级放大电路的输出电阻 R_o 就是最后一级（第 n 级）的输出电阻 R_{on}，即

$$R_o = R_{on} \tag{1-42c}$$

2．电子电路设计的一般流程

电子产品设计一般包括电子电路设计、电气设计、印制电路板（PCB）设计、结构设计、外形设计等。其中电子电路设计是电子产品设计的核心内容。

电子电路设计的一般流程如图 1-82 所示（箭头向下为成功流程，向左或向右为失败流程）。当然，对于初学者来说，实际所要求的设计程序将大大简化。

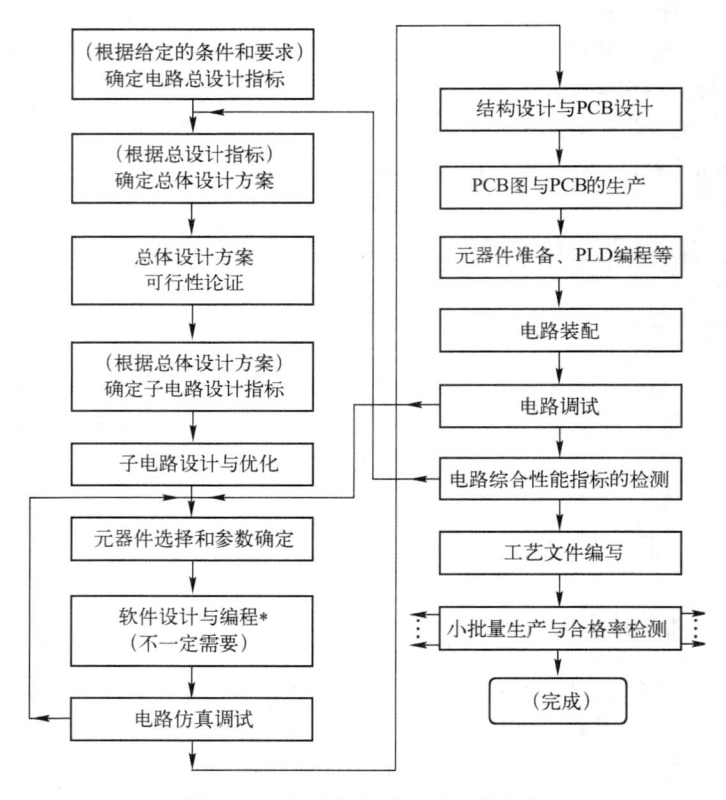

图 1-83 电子电路设计的一般流程

设计案例

1．设计指标

（1）源电压增益 $A_{us} \geqslant 40$ dB（100 倍）。

（2）信号源开路输出幅度 U_s（有效值）$\leqslant 10$ mV，频率 $f = 300 \sim 15\,000$ Hz。

（3）信号源内阻 R_s=10 kΩ。

（4）负载阻抗 R_L=30 Ω。

（5）输出信号失真度 THD≤8%。

2．任务要求

完成原理图设计、元器件参数计算、元器件选型、电路装接与调试、电路性能检测、设计文档编写（项目设计报告格式见附录 B，标准电路图纸格式见附录 C）

3．设计内容（示例）

1）电路组成结构设计

小功率三极管放大器的一般组成结构框图如图 1-84 所示。

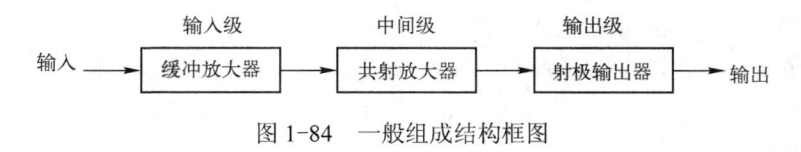

图 1-84　一般组成结构框图

输入级采用共集电极放大器作为缓冲放大器，一方面缓冲共射放大器输入电阻对信号源产生影响，从而降低放大器对信号源的要求，有利于信号源的工作稳定性并减小了失真的可能性；另一方面将放大器与信号源相互隔离，提高了放大器的工作稳定性。

中间级采用共射放大器，主要是为了获得较高的增益。

输出级仍采用共集电极放大器，一方面进行阻抗变换，将低负载阻抗（30 Ω）变为高阻抗，维持共射放大器的高增益并减小失真；另一方面可以获得一定的驱动电流和功率。

2）电路原理图设计

小功率三极管放大器电路原理图如图 1-85 所示。

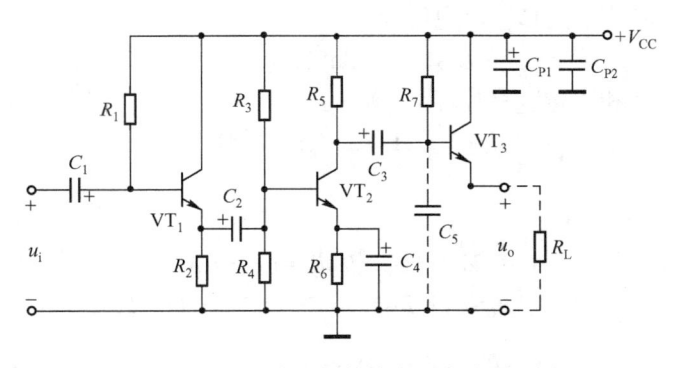

图 1-85　小功率三极管放大器电路原理图

第一级未采用分压式偏置电路（仍有一定的稳定性），目的是提高输入电阻。

第三级将负载直接接入发射极回路中，容易获得较大的驱动电流并提高放大器的效率，有利于三极管的安全工作。电容 C_5 的作用是消除射极输出器的高频寄生振荡，一般在几十到几百皮法左右（可通过调试确定）。

C_{P1} 一般为大容量电解电容，作用是"去耦合"，就是使交流信号以最短路径接地，否则电源内阻及引线等可能会使放大器各级及电源之间相互耦合而形成干扰，造成放大器不正常工作。因为电解电容 C_{P1} 存在一定的寄生电感，高频滤波特性不好，因此并联了一个高频小电容 C_{P2}（如瓷片电容等）。

3）计算电路中各元器件的参数
（1）计算最后一级射极输出器的电路参数
根据指标要求，输出电压幅度为

$$U_{om} \geqslant A_{us} \times U_{sm} = 100 \times \sqrt{2} \times 10 \text{ mV} \approx 1.41 \text{ V}$$

即负载上的交流电流幅度为

$$I_{om} \geqslant 1410 \text{ mV}/30 \text{ }\Omega \approx 47 \text{ mA}$$

因此选择 VT_3 的直流偏置电流 $I_{C3} = 1.2 I_{om} \approx 56 \text{ mA}$。

若选 $\beta_3 = 150$，则 $I_{B3} = 56 \text{ mA}/150 \approx 0.37 \text{ mA}$。

若选 $V_{CC} = 6 \text{ V}$（不宜过小，否则 U_{CE} 和 R_7 太小，过大也无必要），则

$$R_7 = (V_{CC} - U_{BE} - U_E)/I_{B3} = (6 - 0.7 - 0.056 \times 30)/0.37 \text{ (k}\Omega) \approx 9.8 \text{ (k}\Omega)$$

实际取 $R_7 = 10 \text{ k}\Omega$。

（2）计算第二级共射放大器的电路参数

由于第一级和第三级放大器的电压放大倍数小于1，因此要求 $A_{u2} > 100$。取 $A_{u2} = 120$。

若选 $\beta_2 = 100$，暂定 $r_{be2} = 1 \text{ k}\Omega$，则

$$A_{u2} = \frac{\beta_2 R'_{L2}}{r_{be2}} = 120, \quad R'_{L2} = \frac{120 r_{be2}}{\beta_2} = 1.2 \text{ k}\Omega$$

$$R_5 = \frac{1}{\dfrac{1}{R'_{L2}} - \dfrac{1}{R_7} - \dfrac{1}{\beta_3 R_L}} \approx 1.96 \text{k}\Omega$$

实际取 $R_5 = 2 \text{ k}\Omega$。

而放大器最大可能的不失真输出电压为

$$U_{o2,max} \approx \min[U_{CE2}, I_{C2} R'_{L2}]$$

因此要求 $U_{CE2} \geqslant 1.41 \text{ V}$ 和 $I_{C2} R'_{L2} \geqslant 1.41 \text{ V}$，则

$$I_{C2} \geqslant 1.41/1.2 \text{ （mA）} = 1.18 \text{ mA}$$

实际取 $I_{C2} = 1.5 \text{ mA}$。

取 $U_{CE2} = 2 \text{V}$，则

$$U_{E2} = V_{CC} - U_{CE2} - I_{C2} R_5 = 6 - 2 - 1.5 \times 2 = 1 \text{ V}$$

$$R_6 = U_{E2}/I_{C2} = 1/1.5 \text{ （k}\Omega） \approx 667 \text{ }\Omega$$

实际取 $R_6 = 680 \text{ }\Omega$。

取 $R_4 = 0.1(\beta_2 R_6) = 6.8 \text{ k}\Omega$，实际取 $R_4 = 6.8 \text{ k}\Omega$。

接下来求 R_3 值。由于 $U_{B2} = U_{BE2} + U_{E2} = 1.7 \text{ V}$，因此

$$R_3 \approx \frac{V_{CC} - U_{B2}}{U_{B2}} R_4 = \frac{6 - 1.7}{1.7} \times 6.8 \text{ k}\Omega \approx 17.2 \text{ k}\Omega$$

实际取 $R_3 = 18 \text{ k}\Omega$。

（3）计算第一级射极跟随器的电路参数

第一级放大器因输入和输出信号均很小，因此参数选择可相对独立，主要考虑输入阻抗要高。

选 β_1=100，取 I_{C1}=1 mA，U_{E1}=2 V，则 R_2=2 kΩ。因此

$$R_1 \approx \frac{V_{CC} - U_{BE1} - U_{E1}}{I_{C1}/\beta} = \frac{6-0.7-2}{1/100} \text{ kΩ} = 330 \text{ kΩ}$$

实际取 R_1=330 kΩ。

4）元器件选型

选 V_{CC}=6 V。

选 VT_1、VT_2、VT_3 均为 S9013（β=150 左右）。

选 C_1= C_2= C_3=100 μF。选型：CD11-16-100 μF。

C_4 需大一些，可选 C_4=470 μF。选型：CD11-16-470 μF。

选 C_{P1}=470 μF。选型：CD11-16-470 μF。选 C_{P2}=0.01 μF。

各电阻均选金属膜电阻，误差±1%。阻值同上面计算值。

5）电路装接与调试

略。

注意 由于调试时使用的是标准信号源（内阻 50 Ω），因此应在放大器输入端串联 10 kΩ 电阻，代替实际信号源的内阻。

6）电路性能检测

略。

7）设计文档编写

略。

应用设计

1．设计指标

（1）源电压增益 A_{us}≥30 dB（约 30 倍）。

（2）信号源开路输出幅度 U_s（有效值）≤10 mV，频率 f=300～15 000 Hz。

（3）信号源内阻 R_s=20 kΩ。

（4）负载阻抗 R_L=30 Ω。

（5）输出信号失真度 THD≤8%。

2．任务要求

完成原理图设计、元器件参数计算、元器件选型、电路装接与调试、电路性能检测、设计文档编写。

思维拓展

为什么设计指标的要求中常使用"≥"或"≤"而不是"="？使用"≥"或"≤"时

对指标要求的区别是什么？

知识梳理与总结

1. 二极管具有单向导电性，即正向导通、反向截止。

2. 稳压二极管是利用二极管的反向击穿特性制成的一种特殊二极管，主要用于稳压电路。根据制造工艺和实际需要，稳压二极管的击穿电压一般较低，约为几伏至几十伏。

3. 变容二极管是利用二极管的结电容而制成的一种特殊二极管，主要用于电调谐等电路。变容二极管的电容量一般较小，约为几皮法至几十皮法。

4. 光电二极管和发光二极管是分别利用二极管的光敏特性和发光特性制成的两种特殊二极管，主要用于光电转换电路与电光转换电路。

5. 放大状态下三极管三个引脚之间的电流关系为

$$I_C \approx \alpha I_E \approx \beta I_B, \quad I_E \approx (1+\beta) I_B, \quad I_E = I_B + I_C$$

6. 放大电路的组成核心是三极管，须为三极管提供合适的放大偏置，即发射结正偏、集电结反偏；放大的对象是信号，因此要为交流信号提供合适的通路，并对信号进行正常放大和传送；同时应考虑交直流共存，相互兼容。

7. 放大的本质是能量的转换，即将直流电源的能量转换为交流输出信号的能量，而 BJT 只是一种能量转换的器件。

8. 共射恒流式偏置电路直流工作点及交流性能指标的计算

$$I_B = \frac{V_{CC} - U_{BE}}{R_B}, \quad I_C = \beta I_B, \quad U_{CE} = V_{CC} - I_C R_C$$

$$A_u = -\frac{\beta R'_L}{r_{be}}, \quad R_i = R_B // r_{be} \approx r_{be}, \quad R_o = R_C$$

$$A_{us} = \frac{R_i}{R_i + R_s} A_u, \quad U_{o,\max} = \min[U_{CE} - U_{CE,sat}, \quad I_C R'_L]$$

9. 分压式偏置电路可以稳定放大电路的静态工作点，其直流工作点的计算

$$U_B \approx \frac{R_{B2}}{R_{B1} + R_{B2}} V_{CC}, \quad I_C \approx I_E = \frac{U_B - U_{BE}}{R_E} \approx \frac{U_B}{R_E},$$

$$U_{CE} = V_{CC} - I_C R_C - I_E R_E \approx V_{CC} - I_C (R_C + R_E), \quad I_B = \frac{I_C}{\beta}$$

10. 共集放大电路又称射极输出器、电压跟随器，其电压增益接近于（略小于）1，输入电阻很大，而输出电阻很小。

11. BJT 是电流控制电压的双极型器件，而 FET 是电压控制电流的单极型器件；FET 的输入阻抗较高，而 BJT 的放大能力较强。

12. 在 FET 放大电路中，U_{DS} 的极性取决于 FET 的沟道性质，N 沟道时为正，P 沟道时为负；JFET 的 U_{GS} 与 U_{DS} 极性相反，增强型 MOSFET 的 U_{GS} 与 U_{DS} 极性相同，耗尽型 MOSFET 的 U_{GS} 可正、可负、可为零。

项目1 晶体管基本电路的测试与应用设计

思考与练习题 1

1. 二极管的单向导电性在什么外部条件下才能显示出来？

2. 如何用万用表的欧姆挡来辨别一只二极管的阴、阳两极？（提示：模拟万用表的黑表笔接表内直流电源的正端，而红表笔接负端。）

3. 比较硅、锗两种二极管的性能。在工程实践中，为什么硅二极管应用得较为普遍？

4. 用万用表的 $R\times10$，$R\times100$，$R\times1000$ 三个欧姆挡测量某二极管的正向电阻，共测得三个数值 $4\,\text{k}\Omega$、$85\,\Omega$、$680\,\Omega$。试判断它们各是哪一挡测出的。

5. 有 A 和 B 两个小功率二极管，它们的反向饱和电流分别为 $0.5\,\mu\text{A}$ 和 $0.01\,\mu\text{A}$，在外加相同的正向电压时电流分别为 $20\,\text{mA}$ 和 $8\,\text{mA}$。哪一个管子的综合性能较好？

6. 要使 BJT 具有放大作用，发射极和集电极的偏置电路应如何连接？

7. 一只 NPN 型 BJT，具有 e、b、c 三个电极，能否将 e、c 两电极交换使用？为什么？

8. 如何用模拟万用表的欧姆挡判别一只 BJT 的三个电极 e、b、c？

9. 放大电路为什么要设置合适的 Q 点？在图 1-86 所示电路中，设 $R_\text{B}=300\,\text{k}\Omega$，$R_\text{C}=4\,\text{k}\Omega$，$V_\text{CC}=12\,\text{V}$。如果使 $I_\text{B}=0\,\mu\text{A}$ 或 $80\,\mu\text{A}$，问电路能否正常工作？

10. 当测量图 1-87 中的集电极电压 U_CE 时，发现它的值与 $V_\text{CC}=12\,\text{V}$ 接近，问管子处于什么工作状态？试分析其原因，并排除故障使其正常工作。

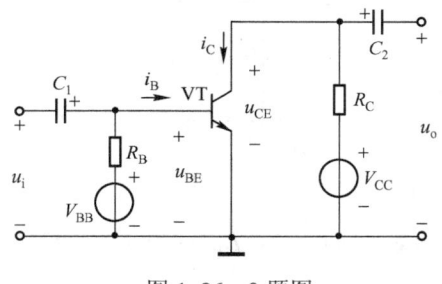

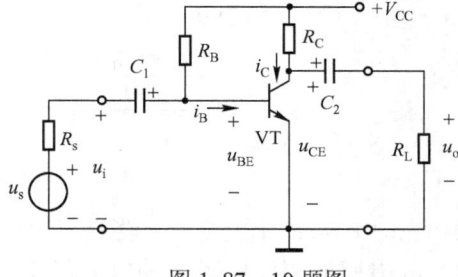

图 1-86　9 题图　　　　　图 1-87　10 题图

11. 在简化的 BJT 小信号模型中，两个参数 r_be 和 β 怎样求得？若用万用表的欧姆挡测量 BJT 的 b、e 间电阻，是否为 r_be？

12. 在电子设备中，如果某只 BJT 已失效，需要加以更换。由于半导体器件特性的离散性，新换上的管子的参数（如 β）可能偏高，Q 点与更换前不同，将向上移动。试问所讨论的稳定工作点的方法能否解决此问题？

13. 既然共集电极放大电路的电压增益小于 1（接近 1），那么它在电路中能起什么作用？

14. 共射、共集和共基表示 BJT 的三种电路接法，而反相电压放大器、电压跟随器和电流跟随器则相应地表达了输出量与输入量之间的大小与相位关系，如何从物理概念上来理解？

15. 为什么 JFET 的输入电阻比 BJT 高得多，而 MOSFET 的输入电阻比 JEFT 高得多？

16. JEFT 与耗尽型 MOSFET 同属耗尽型，为什么 JEFT 的 U_GS 只能有一种极性，而耗尽型 MOSFET 的 U_GS 可以有两种极性？

17. P 沟道 FET 对电源极性的要求如何？画出由这种类型管子组成的共源放大电路。

18. 二极管电路如图 1-88 所示，试判断图中的二极管是导通还是截止，并求出 AO 两端电压 U_{AO}（设二极管是理想的）。

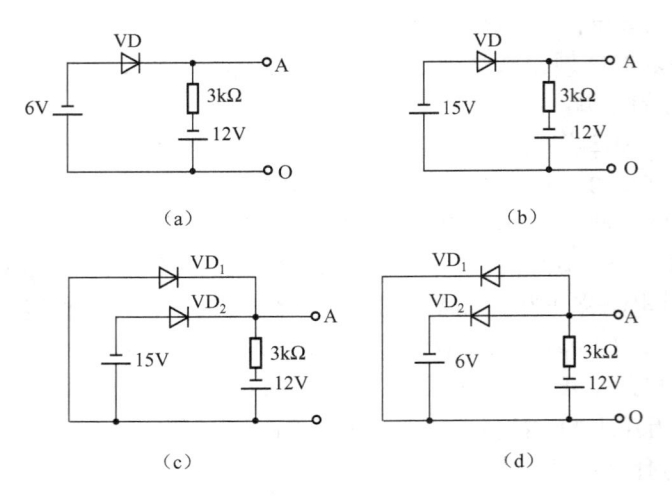

图 1-88 18 题图

19. 在图 1-88 所示电路中，设二极管为理想的，且 $u_I=5\sin\omega t$ (V)。试画出 u_O 的波形。

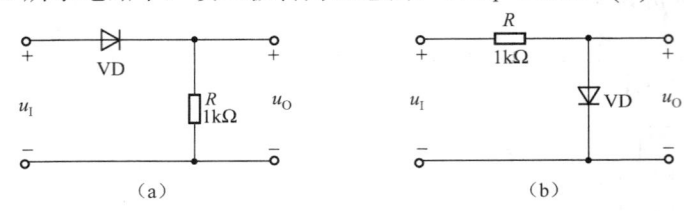

图 1-89 19 题图

20. 在图 1-90 所示电路中，设 $U_I=15$ V，稳压管的 $I_{Zmax}=20$ mA，$I_{Zmin}=5$ mA，$U_Z=7$ V。求：

（1）R_L 开路时限流电阻 R 的取值范围；

（2）接入负载的最小值 R_{Lmin}（设 $R=800$ Ω）。

21. 测得某放大电路中 BJT 的三个电极 A、B、C 的对地电位分别为 $V_A=-9$ V、$V_B=-6$ V、$V_C=-6.2$ V，试分析 A、B、C 对应的引脚，并说明此 BJT 是 NPN 管还是 PNP 管。

22. 测得某放大电路中 BJT 两个电极的电流如图 1-91 所示。

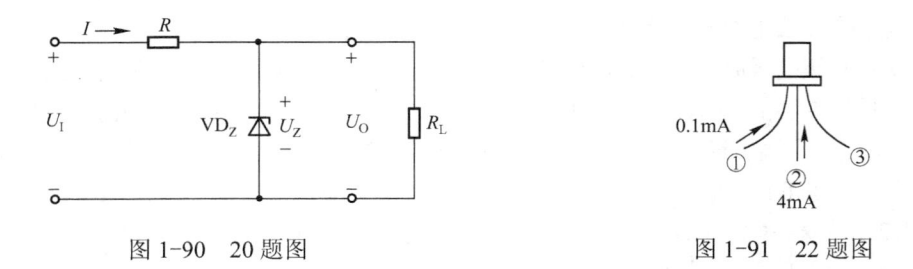

图 1-90 20 题图   图 1-91 22 题图

（1）求另一个电极的电流，并在图中标出实际方向。

（2）标出 e、b、c 极，并判断该管是 NPN 管还是 PNP 管。

（3）估算其 $\overline{\beta}$ 和 $\overline{\alpha}$ 值。

23．试分析图 1-92 所示各电路对正弦交流信号有无放大作用，并简述理由。（设各电容的容抗可忽略）。

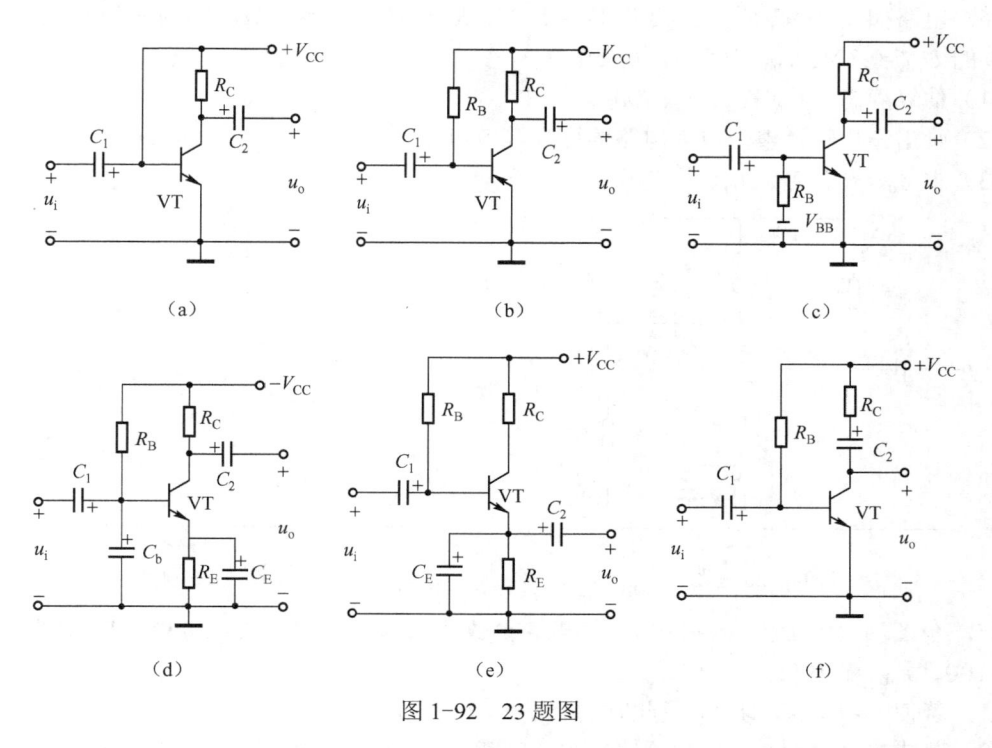

图 1-92　23 题图

24．测得电路中几个三极管的各极对地电压如图 1-93 所示，其中某些管子已损坏，对于已损坏的管子，判断损坏情况，其他管子则判断它们分别工作在放大、饱和及截止状态中的哪个状态？

图 1-93　24 题图

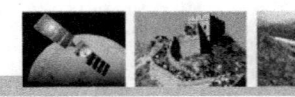

25．画出图 1-94 所示电路的直流通路和交流通路。若输入信号是正弦波，试分析其中的 i_B、u_L、u_{CE}、i_E、i_R 和 u_o 哪些是直流量？哪些是纯粹的交流量？哪些是直流量上叠加交流量？设电路中各电容可视为交流短路，各电感可视为交流开路。

26．电路如图 1-95 所示，其中 V_{CC}=12 V，R_s=1 kΩ，R_C=4 kΩ，R_B=560 kΩ，R_L=4 kΩ，三极管的 U_{BE}=0.7 V，$r_{bb'}$=100 Ω，β=50。

（1）估算静态工作点 I_B、I_C、U_{CE}。

（2）画出三极管及整个放大电路的微变等效电路。

（3）求 A_u、R_i、R_o、A_{us}。

图 1-94　25 题图　　　　　　　图 1-95　26 题图

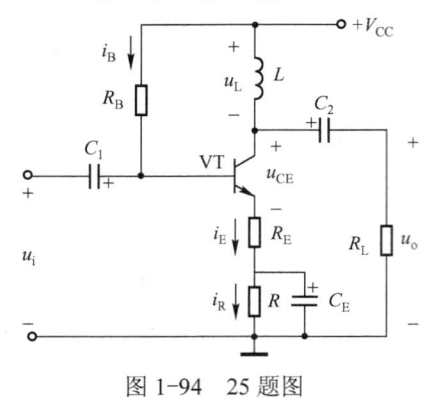

27．在图 1-95 所示电路中，若电路参数为 V_{CC}=24 V，R_C=2 kΩ，R_L 开路，三极管 β=100，$r_{bb'}$=100 Ω。

（1）若使 I_C=1 mA，求 R_B 及此时的 A_u。

（2）若要求 A_u 增大一倍，可采取什么措施？

28．分压式偏置电路如图 1-96 所示，已知三极管的 U_{BE}=0.7 V，$r_{bb'}$=100 Ω，β=60，$U_{CE,sat}$=0.3 V。

（1）估算工作点 Q。

（2）求放大电路的 A_u、R_i、R_o、A_{us}。

（3）若电路其他参数不变，问偏置电阻 R_{B1} 为多大时，能使 U_{CE}=4 V？

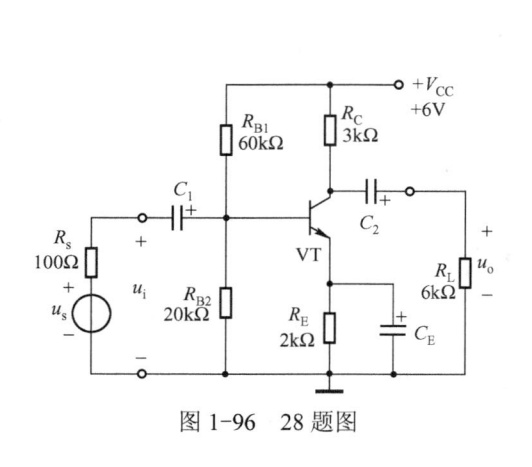

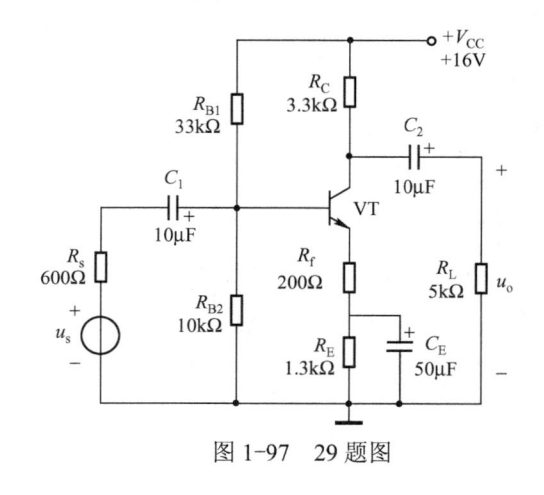

图 1-96　28 题图　　　　　　　图 1-97　29 题图

29．在图 1-97 所示电路中，三极管的 $r_{bb'}$=100 Ω，β=50。
（1）求静态电流 I_C。
（2）画出微变等效电路。
（3）求 R_i 和 R_o。
（4）若 U_s=15 mV，求 U_o。

30．求图 1-98 所示的射极输出器的 A_u、R_i 和 R_o。设三极管的 U_{BE}=0.7 V，β=50，$r_{bb'}$=100 Ω。

31．电路如图 1-99 所示，三极管参数 U_{BE}=0.7 V，$r_{bb'}$=100 Ω，β=50，$U_{CE,sat}$=0.3 V。
（1）求静态电流 I_C。
（2）求分别从集电极和发射极输出时的输入电阻、输出电阻和源电压放大倍数，$A_{us1}=u_{o1}/u_s$，$A_{us2}=u_{o2}/u_s$。
（3）u_{o1} 与 u_{o2} 大概是一对什么信号？
（4）若分别在集电极和发射极到地之间接上负载 R_L=2 kΩ，问 u_{o1} 和 u_{o2} 哪个变化大？为什么？

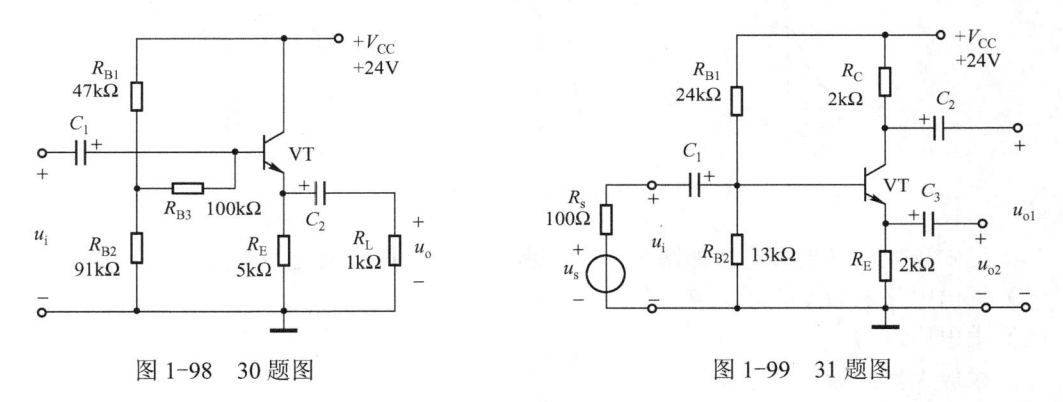

图 1-98　30 题图

图 1-99　31 题图

32．测得电路中几个 FET 各极对地的电压如图 1-100 所示，试判断它们各工作在什么区域（恒流区/可变电阻区/夹断区）。

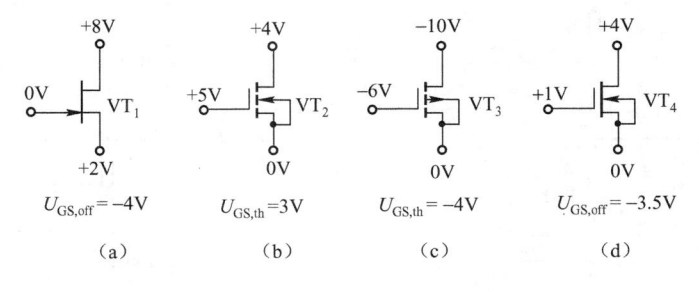

图 1-100　32 题图

33．一个 JFET 的转移特性曲线如图 1-101 所示，试问：
（1）它是 N 沟道还是 P 沟道？
（2）它的夹断电压 $U_{GS,off}$ 和饱和漏极电流 I_{DSS} 各是多少？

图 1-101　33 题图

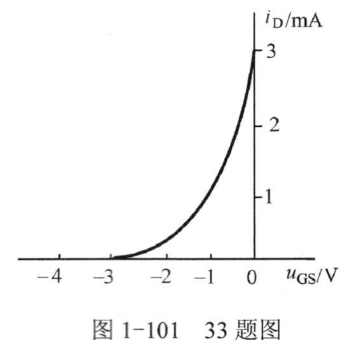

34．图 1-102 所示为 MOSFET 的转移特性，分别说明各属于何种沟道。如果是增强型，说明它的开启电压 $U_{GS,th}$ 是多少。如果是耗尽型，说明它的夹断电压 $U_{GS,off}$ 是多少。（其中 i_D 的假定正向为流进漏极）

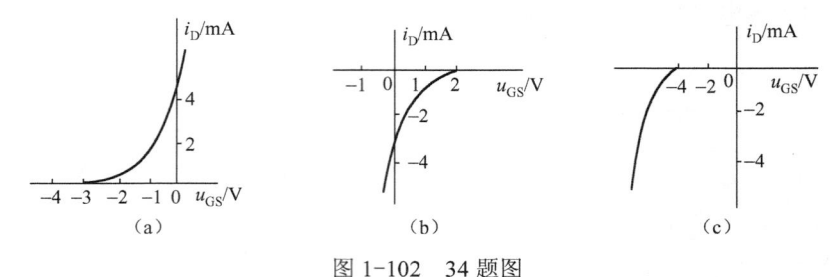

(a)　　(b)　　(c)

图 1-102　34 题图

35．已知场效应管放大电路如图 1-103 所示，FET 工作点上的互导 $g_m = 1$ ms。
（1）画出电路的微变等效电路。
（2）求电压增益 A_u。
（3）求放大器的输入电阻 R_i。

36．源极输出器如图 1-104 所示，已知 FET 工作点上的互导 $g_m = 0.9$ ms，其他参数如电路图中所示。求电压增益 A_u、输入电阻 R_i 和输出电阻 R_o。

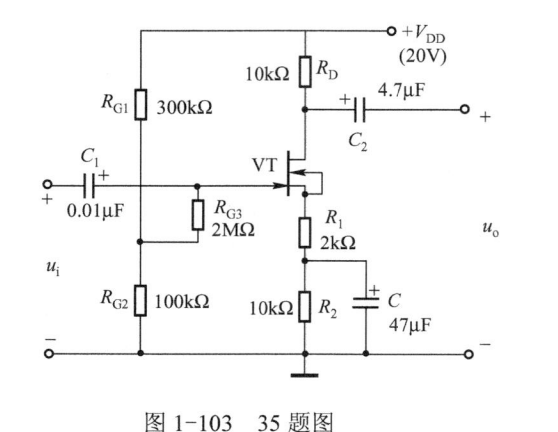

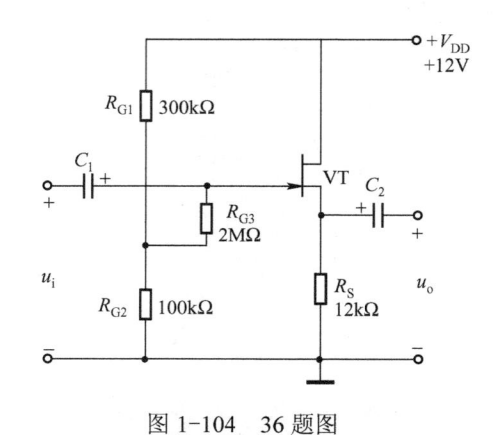

图 1-103　35 题图　　图 1-104　36 题图

项目 2 集成运算放大器的测试与应用设计

教学导航

<table>
<tr><td rowspan="4">教</td><td>知识重点</td><td>1. 负反馈组态的判别　　　　　　2. 负反馈对放大器性能的影响
3. 集成运算放大器应用电路的分析　4. 集成运放的应用设计</td></tr>
<tr><td>知识难点</td><td>1. 差动放大器的工作原理　　　　2. 电压比较器的分析</td></tr>
<tr><td>推荐教学方式</td><td>从工作任务入手，让学生逐步理解放大电路中的负反馈、差动放大器的工作原理，掌握集成运算放大器基本应用电路的分析与设计</td></tr>
<tr><td>建议学时</td><td>20 学时</td></tr>
<tr><td rowspan="3">学</td><td>推荐学习方法</td><td>从简单任务入手，通过电路测试，体会负反馈对放大器性能的影响、运放运算电路及电压比较器的性能，进而学习理论知识，掌握集成运放应用电路的分析与设计</td></tr>
<tr><td>必须掌握的理论知识</td><td>1. 负反馈对放大器性能的影响　　2. 集成运放应用电路的分析</td></tr>
<tr><td>必须掌握的技能</td><td>集成运放应用电路的装接、测试、设计与调试</td></tr>
</table>

模拟电子技术与应用

学习目标

✧ 能正确理解负反馈对放大电路性能的影响。
✧ 能判断负反馈的性质和组态及相应的应用场合。
✧ 能正确测量集成运算放大器应用电路的基本特性。
✧ 理解集成运算放大器的线性应用和非线性应用。
✧ 能对电路中的故障现象进行分析判断并加以解决。
✧ 能正确查阅集成运放资料,了解其主要参数、性能特点及选择使用方法。
✧ 能设计立体声调音控制器,并能通过调试得到正确结果。

工作任务

✧ 负反馈对放大电路性能影响的测试。
✧ 集成运算放大器基本应用电路的特性测试与结果描述。
✧ 立体声调音控制器的设计、制作和调试。
✧ 撰写设计文档与测试报告。

在半导体制造工艺的基础上,将整个电路中的元器件制作在一块硅基片上,构成具有特定功能的电子电路,称为集成电路。集成电路按功能不同可分为数字集成电路和模拟集成电路,集成运算放大器(简称集成运放)是模拟集成电路中应用极为广泛的一种,也是其他集成电路应用的基础。本项目通过相关测试和设计学习集成运算放大器的组成、性能特点及其应用电路。

模块 2-1　负反馈放大器的性能测试

学习目标

✧ 能正确测量负反馈放大器的基本性能。
✧ 能正确理解负反馈对放大电路性能的影响。
✧ 掌握放大电路中负反馈性质及组态的判断。
✧ 理解深度负反馈放大器的特点。

工作任务

✧ 负反馈放大器提高增益稳定性的测试。
✧ 负反馈放大器扩展通频带的测试。
✧ 负反馈放大器减小非线性失真的测试。
✧ 负反馈放大器改变输入电阻、输出电阻的测试。

项目 2 集成运算放大器的测试与应用设计

任务 2-1-1 负反馈放大器提高增益稳定性的测试

器件认知

1．集成运放的封装及符号

常见的集成运放的封装形式有双列直插式和贴片式两种，如图 2-1 所示为集成运放 TL082 的外形图及引脚图。

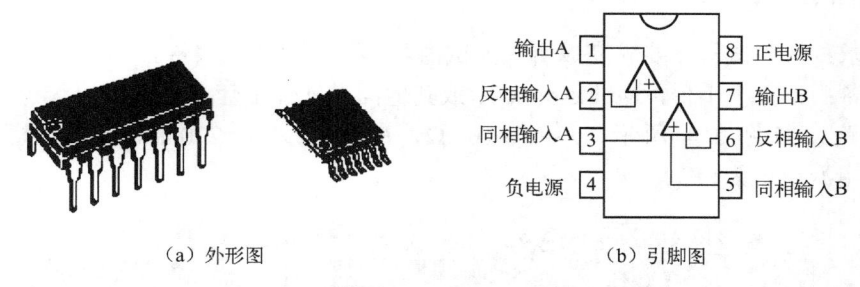

（a）外形图　　　　　　　　　　（b）引脚图

图 2-1 集成运放 TL082 的外形图及引脚图

集成运放的电路符号如图 2-2 所示。集成运放有两个输入端，分别称为同相输入端 u_P 和反相输入端 u_N，一个输出端 u_o。

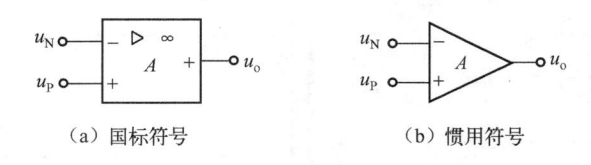

（a）国标符号　　　　　　　　　　（b）惯用符号

图 2-2 集成运放的电路符号

图 2-2 中的"−"表示反相输入端，"+"表示同相输入端。当输入信号从反相端输入时，输出信号 u_o 和输入信号 u_N 相位相反；当输入信号从同相端输入时，输出信号 u_o 和输入信号 u_P 相位相同。

2．集成运放的组成

集成运算放大器实质上是一种双端输入、单端输出，具有高增益、高输入阻抗、低输出阻抗的多级直接耦合放大电路。其内部结构主要由输入级、中间级、输出级和偏置电路四部分组成，如图 2-3 所示。

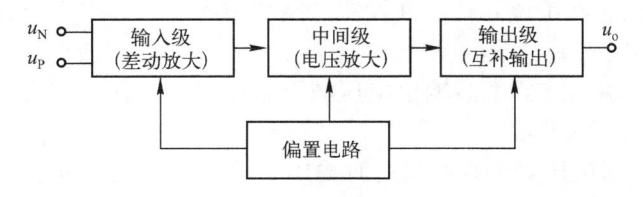

图 2-3 集成运放的组成框图

模拟电子技术与应用

输入级主要由差动放大电路构成,以减小运放的零漂及优化其他方面的性能,它的两个输入端分别构成整个电路的同相输入端 u_P 和反相输入端 u_N。中间级的主要作用是获得较高的电压增益,一般由一级或多级放大器构成。输出级一般由电压跟随器或互补电压跟随器组成,以降低输出电阻、增强运放的带负载能力和增大输出功率。偏置电路为各级提供合适的工作点及能源。

此外,为获得电路性能的优化,集成运放内部还增加了一些辅助环节,如电平移动电路、过载保护电路和频率补偿电路等。

应用测试

测试要求:按测试程序要求完成所有测试内容,并撰写测试报告。

测试设备:计算机 1 台,Multisim 2001 或其他同类软件 1 套。

测试电路:如图 2-4 所示,$R_2=R_3=10\ \text{k}\Omega$,$R_4=1\ \text{k}\Omega$,$R_1=200\ \text{k}\Omega$,是电位器,运放为 TL082CD,电源电压为±12 V。

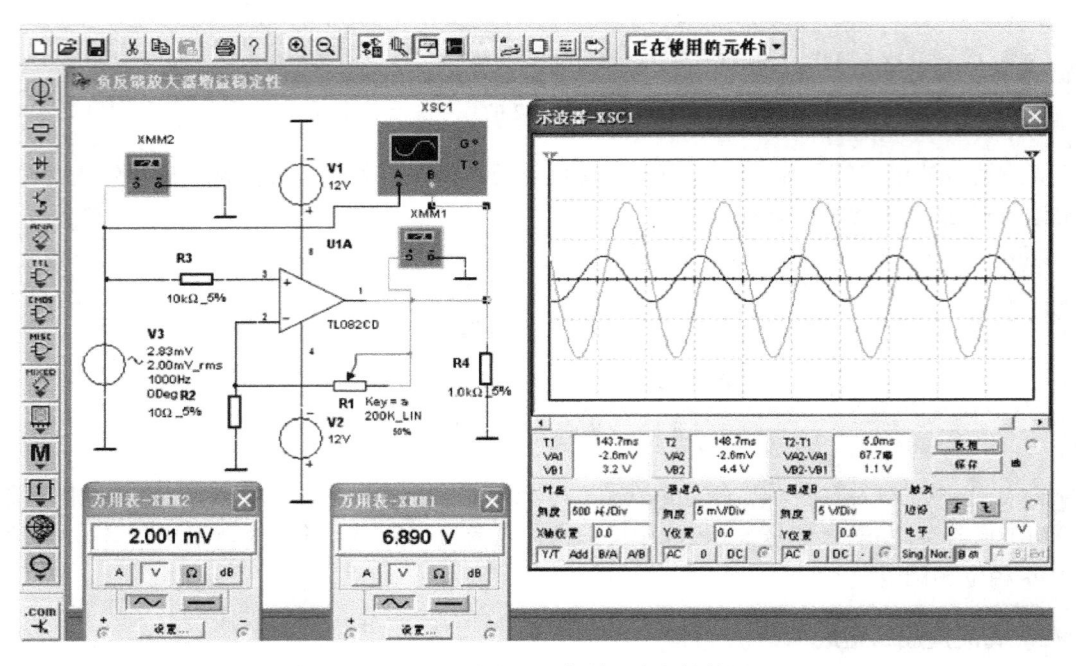

图 2-4 负反馈放大器提高增益稳定性的测试

测试程序:

① 按图 2-4 画仿真电路。

② 不接 R_1 和 R_4(双击该元件,并设置开路故障断点,单击"Open"按钮,然后单击"1"或"2"即可)。

③ 保持步骤②,用示波器观察输出电压波形有无失真,如果有失真,则调节输入电压大小,使输出电压基本无失真。

④ 保持步骤③,用电压表分别测量此时输出电压(记为 U'_o)的大小,并记录(此时放大器的工作状况为开环、空载):

项目 2　集成运算放大器的测试与应用设计

$U_i = \underline{\hspace{2em}}$ mV，$U'_o = \underline{\hspace{2em}}$ mV，$A'_u = \dfrac{U'_o}{U_i} = \underline{\hspace{2em}}$

⑤ 保持步骤④，接入 R_4（双击该元件，并单击"None"按钮取消故障断点即可），用万用表测量此时输出电压 U_o 的大小，并记录（此时放大器的工作状况为开环、有载）：

$U_i = \underline{\hspace{2em}}$ mV，$U_o = \underline{\hspace{2em}}$ mV，$A_u = \dfrac{U_o}{U_i} = \underline{\hspace{2em}}$

$\Delta A_u = A'_u - A_u = \underline{\hspace{2em}}$，$\dfrac{\Delta A_u}{A_u} = \underline{\hspace{2em}}$

结论：当改变负载时，开环（无反馈）放大器的增益变化_____（较大/较小）。

⑥ 保持步骤⑤，接入 R_1（双击该元件，并单击"None"按钮取消故障断点即可），用万用表测量此时输入电压 U_i 和输出电压 U_o 的大小，并记录（此时放大器的工作状况为闭环、有载）：

$U_i = \underline{\hspace{2em}}$ mV，$U_o = \underline{\hspace{2em}}$ mV，$A_{uf} = \dfrac{U_o}{U_i} = \underline{\hspace{2em}}$

结论：A_{uf}____A_u（＞，≈，＜），即放大电路中引入负反馈后，其增益_____（将提高/基本不变/将下降）。

⑦ 保持步骤⑥，不接 R_4（方法同上），用万用表测量此时输入电压 U_i 和输出电压（记为 U'_o）的大小，并记录（此时放大器的工作状况为闭环、空载）：

$U_i = \underline{\hspace{2em}}$ mV，$U'_o = \underline{\hspace{2em}}$ mV，$A'_{uf} = \dfrac{U'_o}{U_i} = \underline{\hspace{2em}}$

$\Delta A_{uf} = A'_{uf} - A_{uf} = \underline{\hspace{2em}}$，$\dfrac{\Delta A_{uf}}{A_{uf}} = \underline{\hspace{2em}}$

结论：当改变负载时，闭环（有反馈）放大器增益变化_____（较大/较小）。可见，闭环放大器增益的相对变化量比开环放大器要_____（大/小），即放大电路中引入负反馈后，其增益的稳定性_____（将提高/基本不变/将下降）。

知识链接

1．反馈的概念

在集成运放的应用电路中，为了改善各方面的性能，总要引入不同形式的反馈。在放大电路中，将输出量（输出电压或电流）的一部分或全部，经过一定的电路（反馈网络）送回到输入回路并影响输入量（输入电压或电流），这种连接形式称为反馈。

反馈有正、负之分。在放大电路中，通常引入负反馈以改善放大器的性能，如提高增益的稳定性、减小非线性失真、扩展频带及控制输入和输出阻抗等，而所有这些性能的改善是以牺牲放大电路的增益为代价的。至于正反馈，常用于振荡电路中，在放大电路中很少采用。

2．反馈放大器

含有反馈电路的放大器称为反馈放大器。根据反馈放大器各部分电路的主要功能，可将其分为基本放大电路和反馈网络两部分，如图 2-5 所示。整个反馈放大电路的输入信号称为输入量，其输出信号称为输出量；反馈网络的输入信号就是放大电路的输出量，其输出信号称为反馈量；基本放大器的输入信号称为净输入量，它是输入量和反馈量叠加的结果。

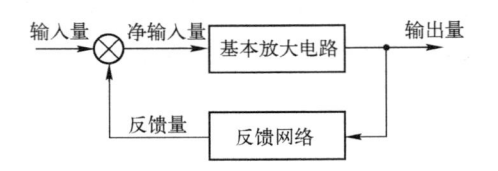

图 2-5　反馈放大器的原理框图

由图 2-5 可见，基本放大电路放大输入信号产生输出信号，而输出信号又经反馈网络反向传输到输入端，形成闭合环路，这种情况称为闭环，所以反馈放大器又称为闭环放大器。如果一个放大器不存在反馈，即只存在放大器放大输入信号的传输途径，则不会形成闭合环路，这种情况称为开环。没有反馈的放大器又称为开环放大器，基本放大电路就是一个开环放大器。因此一个放大器是否存在反馈，主要是分析输出信号能否被送回输入端，即输入回路和输出回路之间是否存在反馈通路。若有反馈通路，则存在反馈，否则不存在反馈。

3. 反馈的分类及判断

1）正反馈和负反馈

根据反馈极性的不同，反馈可分为正反馈和负反馈。如果反馈信号加强输入信号，从而使输出信号增大，则放大倍数增大，这种反馈称为正反馈；反之，如果反馈信号削弱输入信号，从而使输出信号减小，则放大倍数减小，这种反馈称为负反馈。

判别反馈极性常采用瞬时极性法，先假定输入信号的瞬时极性为"（+）"，然后按先放大后反馈的传输途径，依据放大器在中频区的相位关系，依次得到各级放大器的输入、输出信号的瞬时极性，最后推出反馈信号的瞬时极性，从而判断反馈信号是加强还是削弱输入信号。若为加强（即净输入信号增大）则为正反馈，若为削弱（即净输入信号减小）则为负反馈。

【**例 2-1**】　判断图 2-6 所示电路中的反馈极性。

解：图 2-6（a）所示电路中，设 u_I 的瞬时极性为（+），则反相输入端电压 u_N 的瞬时极性也为（+），经放大器反相放大后，u_O 的瞬时极性为（−），通过 R_f 反馈到反相输入端，使 u_N 被削弱，因此是负反馈。

图 2-6（b）所示电路的情况要复杂一些。设 u_I 的瞬时极性为（+），则放大器 A_1 的同相输入端电压 u_{P1} 的瞬时极性也为（+），经 A_1 同相放大后，u_{O1} 的瞬时极性为（+），经导线反馈到 A_1 的反相输入端，致使 A_1 的净输入电压（$u_{P1} - u_{N1}$）减小，因此是负反馈。对于放大器 A_2，由于 u_{O1} 的瞬时极性为（+），则其反相输入端电压 u_{N2} 的瞬时极性也为（+），经 A_2 反相放大后，u_O 的瞬时极性为（−），通过 R_3 反馈到 A_2 的反相输入端，显然为负反馈，同时通过 R_f 反馈到 A_1 的同相输入端，也为负反馈。

图 2-6（b）所示电路中，两级放大器 A_1、A_2 自身都存在反馈，通常称每级各自的反馈为本级反馈或局部反馈；而由 A_1 与 A_2 级联构成放大电路整体，其电路总的输出端到总的输入端还存在反馈，称这种跨级的反馈为级间反馈。在后面的讨论中，重点研究级间反馈。

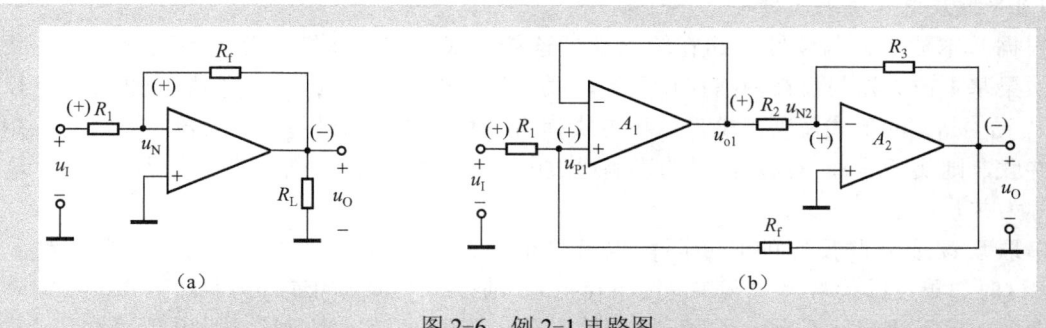

图 2-6　例 2-1 电路图

2）直流反馈和交流反馈

在反馈电路中，如果反馈到输入端的信号是直流量，则为直流反馈；如果反馈到输入端的信号是交流量，则为交流反馈。判断直流反馈或交流反馈可以通过分析反馈信号是直流量或交流量来确定，也可以通过放大电路的交、直流通路来确定，即在直流通路中引入的反馈为直流反馈，在交流通路中引入的反馈为交流反馈。

3）电压反馈和电流反馈

根据基本放大器与反馈网络在输出端的连接方式不同，反馈可分为电压反馈和电流反馈。如果基本放大器与反馈网络在输出端并联，则反馈信号取自于输出电压（$x_f \infty u_O$），这种方式称为电压反馈；如果基本放大器与反馈网络在输出端串联，则反馈信号取自于输出电流（$x_f \infty i_o$），这种方式称为电流反馈。

电压反馈或电流反馈的判断可采用短路法。假定把放大器的负载短路，使 $u_O=0$，这时如果反馈信号为 0（即反馈不存在），则为电压反馈；如果反馈信号不为 0（即反馈仍然存在），则为电流反馈。

【例 2-2】 判断图 2-7 所示的放大电路中引入的是电压反馈还是电流反馈。

解： 图 2-7（a）所示电路中，若把 R_L 短路，则 R_f 可以等效连接在反相输入端与地之间，此时反馈通路不存在，因此反馈为电压反馈。

图 2-7（b）所示电路中，若把 R_L 短路，则 R_f 可以等效连接在输出端、反相输入端与地之间，此时反馈通路仍然存在，因此反馈为电流反馈。

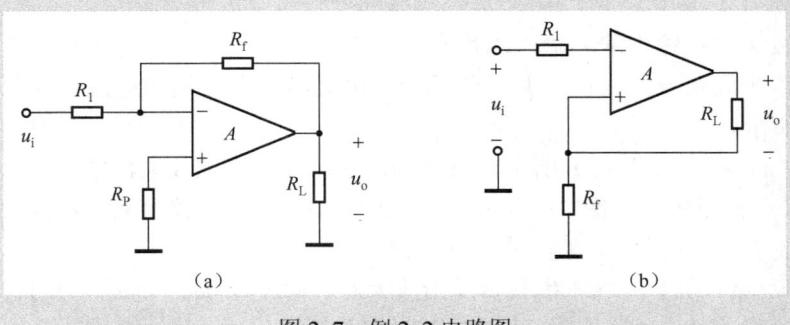

图 2-7　例 2-2 电路图

4）串联反馈和并联反馈

根据基本放大器与反馈网络在输入端的连接方式不同，反馈可分为串联反馈和并联反馈。如果基本放大器与反馈网络在输入端串联，则反馈信号对输入信号的影响通过电压相加减（$u'_i = u_i - u_f$）的形式反映出来，这种方式称为串联反馈；如果基本放大器与反馈网络在输入端并联，则反馈信号对输入信号的影响通过电流相加减（$i'_i = i_i - i_f$）的形式反映出来，这种方式称为并联反馈。

串联反馈或并联反馈的判断同样也可采用短路法。假定把放大器的输入端短路，使 $u_i = 0$，这时如果反馈信号为 0（即反馈不存在），则说明输入端的连接为并联方式，反馈为并联反馈；如果反馈信号不为 0（即反馈仍然存在），则说明输入端的连接为串联方式，反馈为串联反馈。

【例 2-3】 判断图 2-8 所示的放大电路中引入的是串联反馈还是并联反馈。

解： 图 2-8（a）所示电路中，若把输入端短路（这里应为 $u_N = 0$），这时 R_f 可以等效连接在输出端与地之间，即 R_f 与 R_L 并联，此时反馈通路不存在，反馈为 0，因此反馈为并联反馈。

图 2-8（b）所示电路中，若把输入端短路（$u_i = 0$），这时输出信号 u_o 仍可以经 R_f 和 R_1 分压得到 u_f 并加到放大器的反相输入端，此时反馈不为 0，因此反馈为串联反馈。

实际上，还有更为简便的判断方法。如图 2-8 所示，可以发现，若输入信号和反馈信号分别加到放大器两个不同的输入端，则为串联反馈；如果输入信号与反馈信号都加到放大器的同一输入端，则为并联反馈。

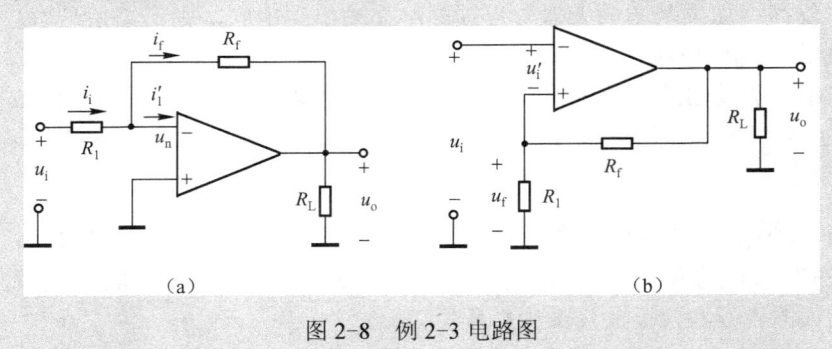

图 2-8 例 2-3 电路图

4．负反馈放大器的组态

由于反馈放大器在输出端和输入端均有两种不同的反馈方式，因此负反馈放大器具有四种组态，即电压串联负反馈、电压并联负反馈、电流串联负反馈和电流并联负反馈，其组成框图如图 2-9 所示。

由图 2-9（a）和图 2-9（c）所示电路可知，在串联负反馈放大器中，净输入电压 $u'_i = u_i - u_f$，信号源宜采用恒压源。由图 2-9（b）和图 2-9（d）所示电路可知，在并联负反馈放大器中，净输入电流 $i'_i = i_i - i_f$，信号源宜采用恒流源。

对于图 2-9（a）所示的电压串联负反馈放大器，假设在 u_i 一定时，由于负载 R_L 的增大导致输出电压 u_o 的增大，则必将有下列自动调整过程。

项目 2　集成运算放大器的测试与应用设计

$$R_L \uparrow \to u_o \uparrow \to u_f \uparrow \to u_i' = (u_i - u_f) \downarrow$$
$$u_o \downarrow \leftarrow$$

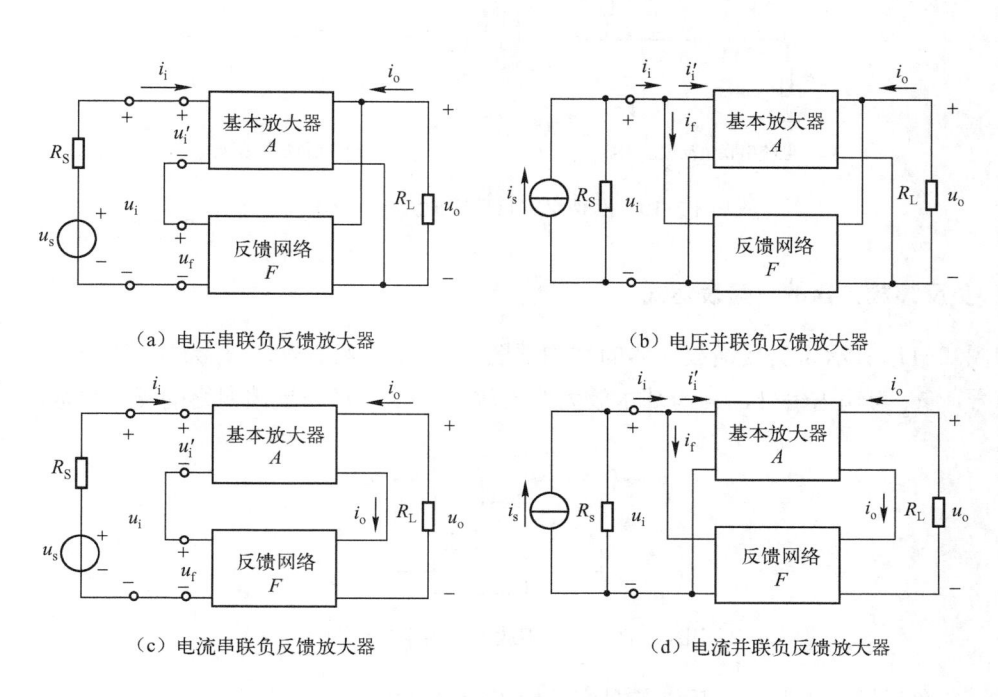

（a）电压串联负反馈放大器

（b）电压并联负反馈放大器

（c）电流串联负反馈放大器

（d）电流并联负反馈放大器

图 2-9　四种组态负反馈放大器的框图

可见，反馈的结果使输出电压的变化减小，即输出电压稳定。同样，其他三种组态的负反馈放大器也存在类似的过程。因此，负反馈使得放大电路输出量的变化减小，即负反馈具有稳定被取样的输出量的作用，即电压负反馈可以稳定输出电压，而电流负反馈可以稳定输出电流。

典型的四种组态负反馈放大器如图 2-10 所示。根据前述的反馈判断方法可得，图 2-10（a）所示为电压串联负反馈放大器，图 2-10（b）所示为电压并联负反馈放大器，图 2-10（c）所示为电流串联负反馈放大器，图 2-10（d）所示为电流并联负反馈放大器。

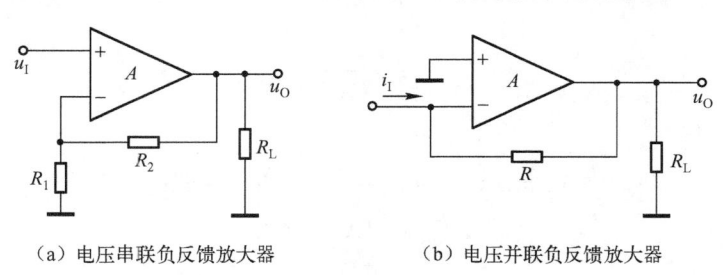

（a）电压串联负反馈放大器

（b）电压并联负反馈放大器

图 2-10　四种组态负反馈放大器

模拟电子技术与应用

(c) 电流串联负反馈放大器　　　　(d) 电流并联负反馈放大器

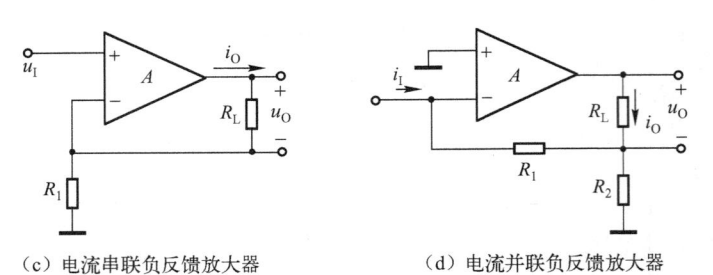

图 2-10　四种组态负反馈放大器（续）

5．负反馈放大器的一般表达式

如图 2-11 所示为负反馈放大器的结构框图，$\dot{X}_i$ 为输入信号，$\dot{X}_f$ 为反馈信号，$\dot{X}_i'$ 为净输入信号，$\dot{X}_o$ 为输出信号，$\dot{A}$ 为基本放大器的放大倍数，$\dot{F}$ 为反馈网络的反馈系数。

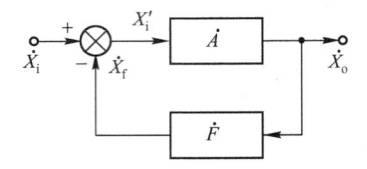

图 2-11　负反馈放大器的结构框图

由于在负反馈放大器中，反馈信号削弱输入信号，则

$$\dot{X}_i' = \dot{X}_i - \dot{X}_f \tag{2-1}$$

基本放大器的放大倍数（开环增益）为

$$\dot{A} = \frac{\dot{X}_o}{\dot{X}_i'} \tag{2-2}$$

反馈放大器的放大倍数（闭环增益）为

$$\dot{A}_f = \frac{\dot{X}_o}{\dot{X}_i} \tag{2-3}$$

反馈系数为

$$\dot{F} = \frac{\dot{X}_f}{\dot{X}_o} \tag{2-4}$$

由以上各式可得

$$\dot{X}_o = \dot{A}\dot{X}_i' = \dot{A}(\dot{X}_i - \dot{X}_f) = \dot{A}(\dot{X}_i - \dot{F}\dot{X}_o)$$

$$\dot{X}_o + \dot{A}\dot{F}\dot{X}_o = \dot{A}\dot{X}_i$$

因此可得

$$\dot{A}_f = \frac{\dot{X}_o}{\dot{X}_i} = \frac{\dot{A}}{1 + \dot{A}\dot{F}} \tag{2-5}$$

项目 2　集成运算放大器的测试与应用设计

6．负反馈提高增益的稳定性

在电子产品的生产过程中，由于元器件参数的分散性，如三极管 β 值的不同、电阻电容值的误差等，会使同一电路的增益不尽相同，从而引起产品性能的较大差异，如收音机、电视机灵敏度的高低等。此外，负载、环境温度、电源电压的变化及电路元器件的老化也会引起电路增益的变化。若在放大电路中引入负反馈，则可以提高电路增益的稳定性。

为方便分析，假设信号频率为中频，各参数均以实数表示。由于某种原因使开环增益由 A 变为 $(A+\Delta A)$，其变化量为 ΔA，相对变化量为 $\Delta A/A$。它将引起闭环增益由 A_f 变为 $(A_f+\Delta A_f)$，变化量为 ΔA_f，相对变化量为 $\Delta A_f/A_f$。当 F 不变时，可以证明

$$\frac{\Delta A_f}{A_f} < \frac{\Delta A}{A}$$

可见，引入负反馈后，电路增益的相对变化量减小，即负反馈放大器的增益稳定性得到提高。

思维拓展

1．为什么放大电路中不采用正反馈？
2．直流负反馈对放大电路的性能有何改善？

任务 2-1-2　负反馈放大器扩展通频带的测试

应用测试

测试要求：按测试程序要求完成所有测试内容，并撰写测试报告。

测试设备：计算机 1 台，Multisim 2001 或其他同类软件 1 套。

测试电路：如图 2-12 所示，$R_2=R_3=10$ kΩ，$R_1=200$ kΩ、是电位器，$R_4=1$ kΩ，运放为 TL082，电源电压为 ±12 V。

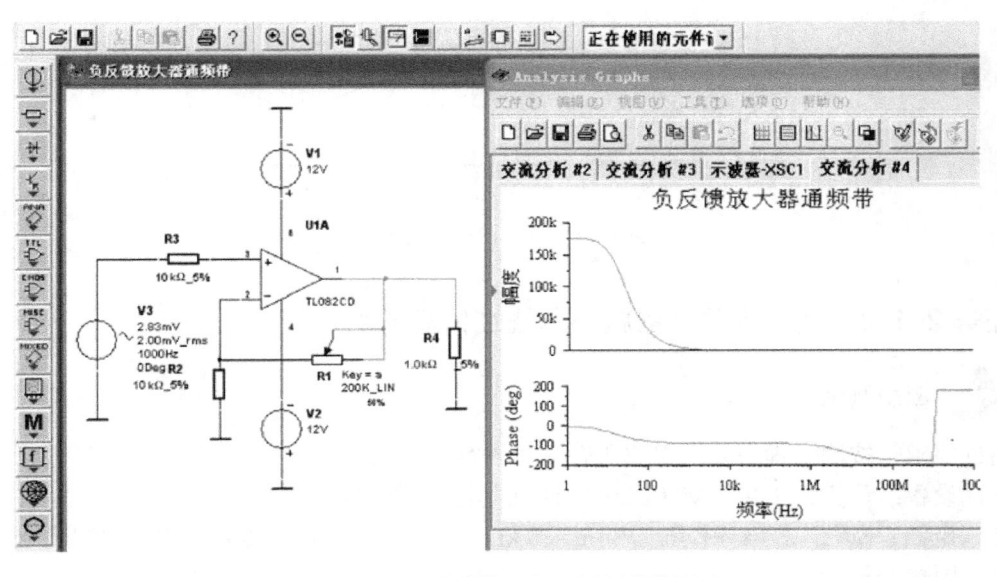

图 2-12　负反馈放大器扩展通频带的测试

模拟电子技术与应用

测试程序：

① 按图 2-12 画仿真电路。

② 不接 R_1（开环），选择 Simulate 菜单中 Analyses 选项下的 AC Analysis（交流分析）命令，在弹出的对话框中，单击 Frequency Parameters 标签，设置 AC 分析时的参数频率：交流分析的起始频率 1 Hz、终止频率 10 GHz、扫描方式 Decade、取样数量 10、纵坐标的刻度 Linear。最后单击 Simulate 按钮进行仿真，用 AC Analysis 观察放大电路的开环幅频特性曲线，找出如下相应的上限截止频率 f_H 和下限截止频率 f_L，并求开环通频带 f_{bw}。

f_H=_____kHz，f_L=_____Hz，f_{bw}=f_H－f_L=_____kHz

③ 保持步骤②，接入 R_1（闭环），用 AC Analysis 观察放大电路的闭环幅频特性曲线，找出如下相应的上限截止频率 f_{Hf} 和下限截止频率 f_{Lf}，并求闭环通频带 f_{bwf}。

f_{Hf}=_____kHz，f_{Lf}=_____Hz，f_{bwf}=f_{Hf}－f_{Lf}=_____kHz

④ 保持步骤③，调节电位器 R_1 的大小，观察通频带的变化情况。

结论：引入负反馈_____（可以/不可以）提高放大电路的通频带。

知识链接

负反馈扩展通频带，相关知识如下所述。

如图 2-13 所示，中频段放大器开环增益 $|\dot{A}_0|$ 比较高，但开环时的通频带 $f_{bw}=f_H-f_L$ 相对较窄，而引入负反馈后，中频段放大器闭环增益 $|\dot{A}_{0f}|$ 比较低，但闭环时的通频带 $f_{bwf}=f_{Hf}-f_{Lf}$ 则相对较宽，这是因为负反馈能稳定放大倍数，在开环增益相对下降 3 dB（0.7 倍）的频率点上，闭环增益的相对下降值小于 3 dB，即扩展了通频带。当然，通频带的扩展也是以牺牲放大器增益为代价的。

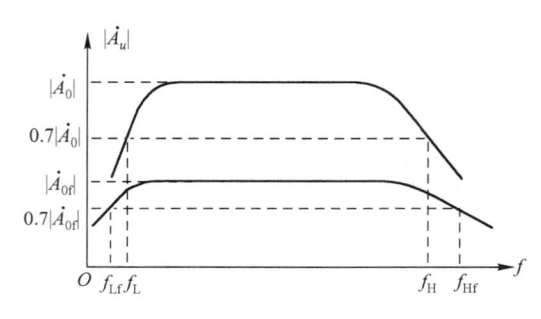

图 2-13 负反馈扩展通频带

任务 2-1-3 负反馈放大器减小非线性失真的测试

应用测试

测试要求：按测试程序要求完成所有测试内容，并撰写测试报告。

测试设备：计算机 1 台，Multisim 2001 或其他同类软件 1 套。

测试电路：如图 2-14 所示，$R_2=R_3=10$ kΩ，$R_4=1$ kΩ，$R_1=200$ kΩ、为电位器，运放为 TL082，电源电压为±12 V。

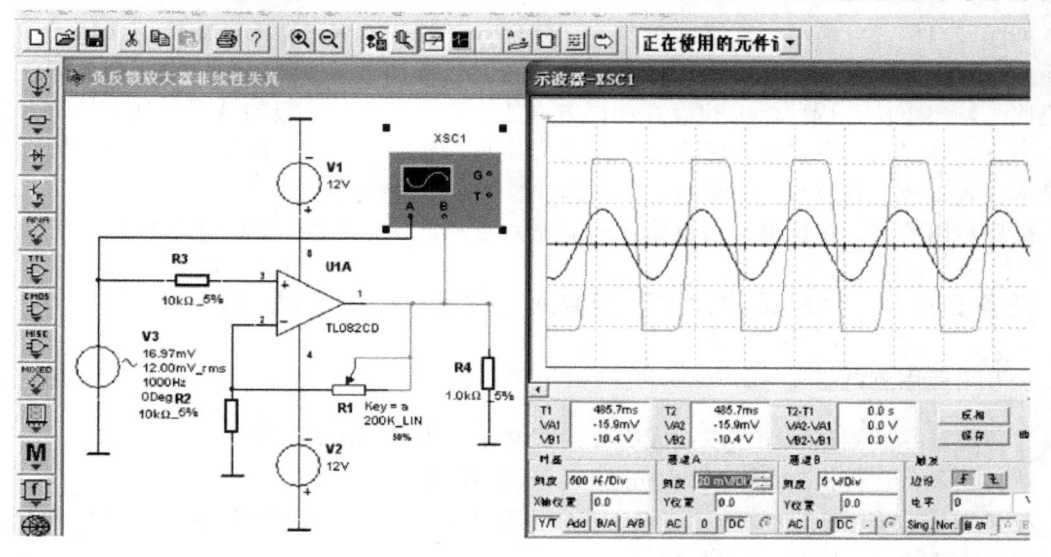

项目 2　集成运算放大器的测试与应用设计

图 2-14　负反馈放大器减小非线性失真的测试

测试程序：

① 按图 2-14 画仿真电路。

② 不接 R_1（开环）（双击该元件，并设置开路故障断点，单击"Open"按钮然后单击"1"或"2"即可），输入 $U_{im}=12$ mV。

③ 保持步骤②，启动电路，用示波器观察输出信号有无失真。

④ 接入 R_1（闭环）（双击该元件，并单击"None"按钮取消故障断点即可），保持输入信号 U_{im} 不变。用示波器观察输出信号有无失真。

结论：引入负反馈_____（可以/不可以）改善放大电路的非线性失真。

知识链接

负反馈减小非线性失真，相关知识如下所述。

由于电子器件的非线性特性，总会使放大器在输出端产生一定的非线性失真。下面以图 2-15 所示的负反馈放大器为例，说明引入负反馈减小非线性失真的作用。

（a）基本放大器的非线性失真

（b）负反馈减小非线性失真

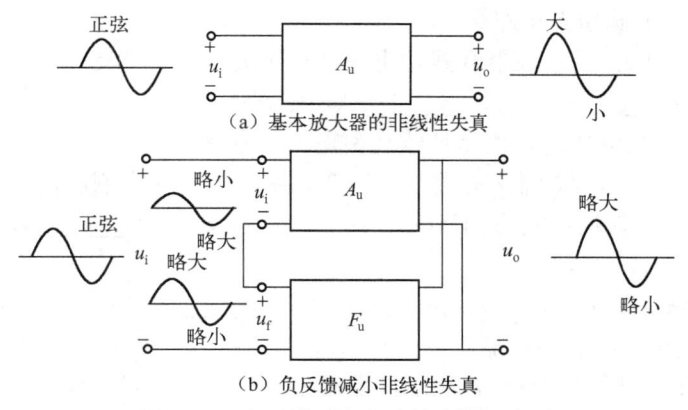

图 2-15　负反馈减小非线性失真示意图

105

如图 2-15（a）所示，设输入信号为正弦信号，且基本放大器的非线性放大使输出电压波形产生正半周幅度大于负半周的失真。如图 2-15（b）所示，引入负反馈后，反馈信号电压正比于输出电压，因此，u_f 也存在相同方向的失真，而电压比较的结果使基本放大器的净输入电压 u_i' (u_i-u_f) 产生相反方向的波形失真，即负半周幅度大于正半周（称为预失真），这一信号再经基本放大器放大，则减小了输出信号的非线性失真。

需要指出的是，在这里，负反馈是利用预失真来减小失真的，不能消除失真。

任务 2-1-4　负反馈放大器改变输入、输出电阻的测试

应用测试

任务要求：按测试程序要求完成所有测试内容，并撰写测试报告。

测试设备：计算机 1 台，Multisim 2001 或其他同类软件 1 套。

测试电路：如图 2-16 所示，$R_1=50\ \Omega$，$R_2=R_3=10\ \text{k}\Omega$，$R_4=1\ \text{k}\Omega$，$R_{f2}=200\ \text{k}\Omega$、为电位器，运放为 TL082，电源电压为 ±12 V。

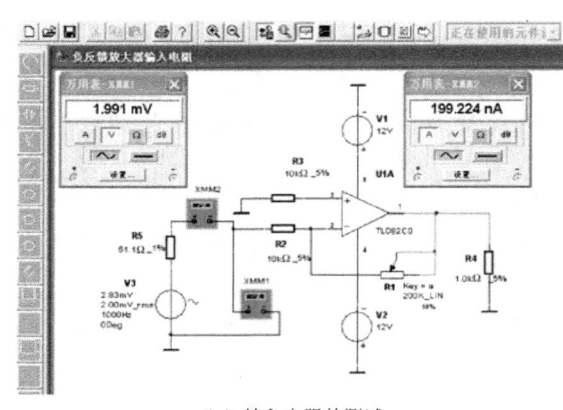

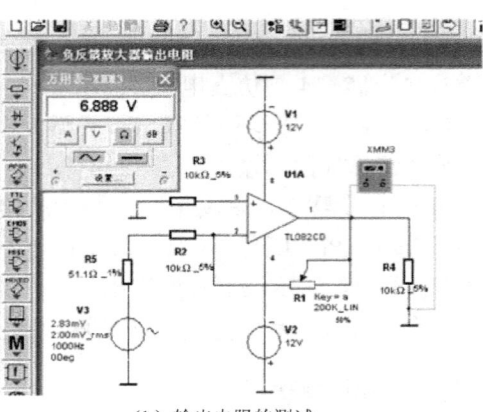

（a）输入电阻的测试　　　　　　　　　（b）输出电阻的测试

图 2-16　负反馈放大器改变输入电阻、输出电阻的测试

测试程序：

① 按图 2-16（a）画仿真电路。

② 不接 R_1（开环），用示波器观察输出信号有无失真。将交流电压表和电流表接在输入端，测得开环时，$u_i=$＿＿＿＿V，$i_i=$＿＿＿＿A，则开环输入电阻 $R_i=u_i/i_i=$＿＿＿＿Ω。

③ 保持步骤②，启动电路，用示波器观察输出信号有无失真。

④ 接入 R_1（闭环），保持输入信号 u_m 不变。用示波器观察输出信号有无失真。将交流电压表和电流表接在输入端，测得闭环时，$u_i=$＿＿＿＿V，$i_i=$＿＿＿＿A，则闭环输入电阻 $R_i=u_i/i_i=$＿＿＿＿Ω。

结论：引入并联负反馈后，放大电路的输入电阻将＿＿＿＿（增大/减小/不变）。

⑤ 按图 2-16（b）画仿真电路。

⑥ 不接 R_1、R_4（开环、空载），用示波器观察输出信号有无失真。将交流电压表接在输出端，测得开环开路时，$u_{o\ 开环}=$＿＿＿＿V。

⑦ 保持步骤⑥，不接 R_1，接入 R_4（开环、有载），用示波器观察输出信号有无失真。将交流电压表接在输出端，测得开环有载时，$u'_{o开环}=$ _____V，则开环输出电阻

$$R_{o开环}=\frac{(u_{o开环}-u'_{o开环})R_4}{u'_{o开环}}=\underline{\qquad}\Omega。$$

⑧ 接入 R_1，不接 R_4（闭环、空载），用示波器观察输出信号有无失真。将交流电压表接在输出端，测得闭环开路时，$u_{o闭环}=$ _____V。

⑨ 保持步骤⑧，接入 R_4（开环、有载），用示波器观察输出信号有无失真。将交流电压表接在输出端，测得闭环有载时，$u'_{o闭环}=$ _____V，则闭环输出电阻 $R_{o闭环}=$

$$\frac{(u_{o闭环}-u'_{o闭环})R_4}{u'_{o闭环}}=\underline{\qquad}\Omega。$$

结论：引入电压负反馈后，放大电路的输出电阻将_____（增大/减小/不变）。

知识链接

1. 负反馈改变输入电阻

1）串联负反馈使输入电阻增大

图 2-17 所示为串联负反馈放大器的一般结构框图，其中 $R_i = u'_i/i_i$ 为开环时基本放大器的输入电阻，而该闭环放大器的输入电阻为

$$R_{if}=\frac{u_i}{i_i}=\frac{u'_i+u_f}{i_i}=\frac{u'_i+AFu'_i}{i_i}=(1+AF)R_i \tag{2-6}$$

显然，串联负反馈使放大器的输入电阻增大，这是由于反馈电压的存在并与净输入电压之间相串联，使净输入电压及相应的输入电流减小，从而使放大器总的输入电阻增大。

2）并联负反馈使输入电阻减小

图 2-18 所示为并联负反馈放大器的一般结构框图，其中 $R_i=u_i/i_i$ 为开环时基本放大器的输入电阻，而闭环放大器的输入电阻为

$$R_{if}=\frac{u_i}{i_i}=\frac{u_i}{i'_i+i_f}=\frac{u_i}{i'_i+AFi'_i}=\frac{R_i}{1+AF} \tag{2-7}$$

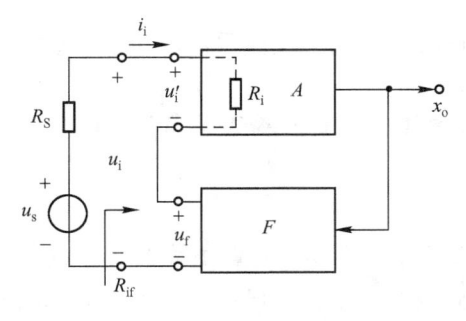

图 2-17 串联负反馈放大器的一般结构框图 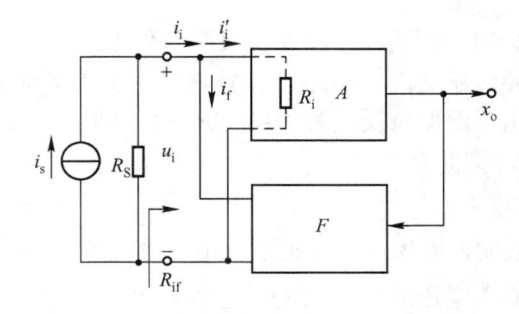　　图 2-18 并联负反馈放大器减小输入电阻

显然，并联负反馈使放大器输入电阻减小，这是由于反馈电流的存在并与净输入电流之

间为并联关系，使净输入电流及相应的输入电压减小，从而使放大器总的输入电阻减小。

2. 负反馈改变输出电阻

1）电压负反馈使输出电阻减小

电压负反馈使放大器的输出电阻减小，这是由于在输出端反馈网络与基本放大器相并联，且电压负反馈具有稳定输出电压的作用，而电压的稳定相当于内阻（输出电阻）减小了。

设基本放大器的输出电阻为 R_o，可以证明，电压负反馈放大器的输出电阻为

$$R_{of} = \frac{R_o}{1+AF} \qquad (2-8)$$

2）电流负反馈使输出电阻增大

电流负反馈使放大器的输出电阻增大，这是由于在输出端反馈网络与基本放大器相串联，且电流负反馈具有稳定输出电流的作用，而电流的稳定相当于内阻（输出电阻）增大了。

设基本放大器的输出电阻为 R_o，可以证明，电流负反馈放大器的输出电阻为

$$R_{of} = (1+AF)R_o \qquad (2-9)$$

知识链接

深度负反馈放大器的特点，相关知识如下所述。

由式（2-5）可知，引入负反馈后放大器的闭环放大倍数为开环放大倍数的 $1/(1+\dot{A}\dot{F})$ 倍。显然，引入负反馈前后的放大倍数变化与 $(1+\dot{A}\dot{F})$ 密切相关，因此 $|1+\dot{A}\dot{F}|$ 是衡量反馈程度的一个很重要的量，称为反馈深度，用 D 表示，即

$$D = |1+\dot{A}\dot{F}|$$

（1）若 $D<1$，则 $|\dot{A}_f|>|\dot{A}|$，即放大器引入反馈后放大倍数增大，说明电路引入的是正反馈。

（2）若 $D>1$，则 $|\dot{A}_f|<|\dot{A}|$，即放大器引入反馈后放大倍数减小，说明电路引入的是负反馈。

（3）若 $D \gg 1$，称为深度负反馈，则由式（2-5）可得

$$\dot{A}_f \approx \frac{1}{\dot{F}} \qquad (2-10)$$

式（2-10）表明，在深度负反馈条件下，闭环放大倍数只取决于反馈系数，几乎与基本放大器无关。显然，$|\dot{A}|$ 越大，越容易引起深度负反馈。

由于深度负反馈时 $D=1+AF \gg 1$，则可以认为 $AF \gg 1$，而 $X_f = AFX_i' \gg X_i'$，$X_i = X_i' + X_f \approx X_f$，因此有

$$X_i' = X_i - X_f \approx 0$$

上式表明，在深度负反馈情况下，放大器的净输入信号 X_i' 近似为 0（但不等于 0），这就意味着净输入电压或净输入电流近似为 0，即不管是串联反馈还是并联反馈，基本放大器的实际输入电压和电流均可认为近似等于 0。

因此，从电压的角度来看，由于基本放大器的输入电压近似为 0，即近似为短路，这种情况称为"虚短"（并非真正短路）；而从电流的角度来看，由于基本放大器的输入电流近似

项目 2　集成运算放大器的测试与应用设计

为 0，即近似为开路，这种情况称为"虚断"（并非真正开路）。"虚短"和"虚断"的概念为深度负反馈放大器的分析和计算带来了极大的便利。

模块 2-2　差动放大器的性能测试

学习目标
- 理解简单差动放大器的组成及工作原理。
- 理解射极耦合差动放大器的组成及工作原理。
- 理解差模信号、共模信号和共模抑制比的概念。

工作任务
- 简单差动放大器的性能测试与结果分析。
- 射极耦合差动放大器的性能测试与结果分析。

任务 2-2-1　简单差动放大器的性能测试

应用测试

测试要求：按测试程序要求完成所有测试内容，并撰写测试报告。

测试设备：模拟电路综合测试台 1 台，函数信号发生器 1 台，双踪示波器 1 台，低频毫伏表 1 台，0～30 V 直流稳压电源 1 台，数字万用表 1 块。

测试电路：图 2-19 所示电路，其中 R_{B1}、R_{B2} 均由 51 kΩ 电阻与 500 kΩ 电位器（RP）串联组成，$R_{C1}=R_{C2}=1\ \text{k}\Omega$，$VT_1$、$VT_2$ 为 S9013。

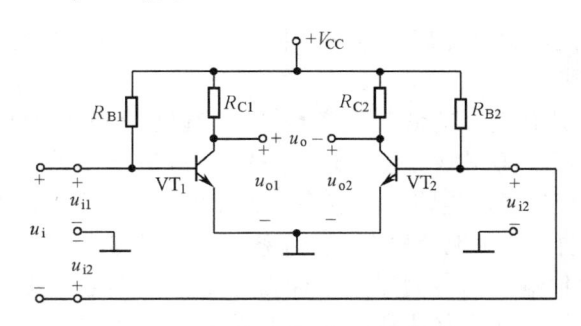

图 2-19　简单差动放大器的测试

测试程序：

① 按图 2-19 接好电路，接入 $V_{CC}=+20\ \text{V}$，调节 R_{B1}、R_{B2}（RP），使 $U_{CE1}=U_{CE2}=10\ \text{V}$。

② 保持步骤①，用数字万用表（20 mV 挡）测量 u_o 值，微调 R_{B1}，使 $u_o=0$（即调零，达几毫伏或十几毫伏即可）。

③ 保持步骤②，用数字万用表测量 U_{BE1} 和 U_{BE2} 值（精确到有效位第三位），并记录：
$$U_{BE1}=\underline{\qquad}\text{V},\quad U_{BE2}=\underline{\qquad}\text{V}$$

④ 保持步骤③，调节 R_{B1}、R_{B2}（R_W），使 u_{BE1} 和 u_{BE2} 值均增大 0.01 V，即 $u_{i1}=u_{i2}=$

109

模拟电子技术与应用

$\Delta u_{BE1} = \Delta u_{BE2} = 0.01\ V = 10\ mV$，此时的 u_{i1} 与 u_{i2} 大小相等、极性相同（称为共模信号）。用数字万用表测量此时的 u_o 值，并记录 $u_o =$ _____ mV。此时的输入电压 u_{i1} 和 u_{i2} 记为 u_{ic}，输出电压 u_o 记为 u_{oc}，电压增益记为 A_{uc}，则

$$u_{ic} = \underline{\qquad}\ mV,\quad u_{oc} = \underline{\qquad}\ mV,\quad A_{uc} = \frac{u_{oc}}{u_{ic}} = \underline{\qquad}$$

⑤ 保持步骤④，分别调节 R_{B1}、R_{B2}（RP），使 u_{BE1} 增大 0.01 V，而 u_{BE2} 则减小 0.01 V，即 $u_{i1} = \Delta u_{BE1} = 0.01\ V = 10\ mV$，$u_{i2} = \Delta u_{BE2} = -0.01\ V = -10\ mV$，此时的 u_{i1} 与 u_{i2} 大小相等、极性相反（称为差模信号）。用数字万用表测量此时的 u_o 值，并记录 $u_o =$ _____ mV。此时的输入电压 u_{i1} 和 u_{i2} 分别记为 u_{id1} 和 u_{id2}，二者之差 u_i 记为 u_{id}，即 $u_{id} = u_i = u_{i1} - u_{i2} = u_{id1} - u_{id2} = 2u_{id1}$，输出电压 u_o 记为 u_{od}，电压增益记为 A_{ud}，则

$$u_{id1} = \underline{\qquad}\ mV,\quad u_{id2} = \underline{\qquad}\ mV,\quad u_{id} = \underline{\qquad}\ mV$$

$$u_{od} = \underline{\qquad}\ mV,\quad A_{ud} = \frac{u_{od}}{u_{id}} = \underline{\qquad}$$

A_{ud} 与 A_{uc} 比值的绝对值记为 K_{CMR}（共模抑制比），则

$$K_{CMR} = \left|\frac{A_{ud}}{A_{uc}}\right| = \underline{\qquad}$$

结论：简单差动放大器的 $|A_{ud}|$ _____ $|A_{uc}|$（≫，≈，≪），K_{CMR} _____（≫1，≈1，≪1），即差动放大电路对差模信号的放大能力 _____（远大于/基本接近于/远小于）对共模信号的放大能力。

知识链接

1. 零点漂移

由于制造工艺的限制，很难在集成电路中制造出大容量的电抗元件，因此集成运放内部均采用直接耦合放大电路。

直接耦合放大电路具有良好的低频频率特性，可以放大缓慢变化甚至接近于零频（直流）的信号（如温度、湿度等缓慢变化的传感信号），但有一个致命的缺点，即当温度变化或电路参数等因素稍有变化时，电路工作点将随之变化，输出端电压偏离静态值（相当于交流信号零点）而上下漂动，这种现象称为零点漂移，简称"零漂"。

由于存在零漂，即使输入信号为零，也会在输出端产生电压变化，从而造成电路误动作，显然这是不允许的。当然，如果漂移电压与输入电压相比很小，则影响不大，但如果输入端等效漂移电压与输入电压相比很接近或很大，即漂移严重时，则有用信号就会被漂移信号严重干扰，结果使电路无法正常工作。容易理解，多级放大器中第一级放大器零漂的影响最为严重。如放大器第一级的静态工作点由于温度的变化，使电压稍有偏移时，第一级的输出电压就将发生微小的变化，这种缓慢微小的变化经过多级放大器逐步放大后，输出端就会产生较大的漂移电压。显然，直流放大器的级数越多，放大倍数越高，输出的漂移现象越严重。

因此，直接耦合放大电路必须采取措施来抑制零漂。集成运放利用差动放大器的良好对称性，并在内部引入直流负反馈，因此具有良好的抑制零漂的性能。差动放大电路又称为差

分放大器，这种电路能有效减小三极管的参数随温度变化所引起的漂移，较好地解决直流放大器中放大倍数和零点漂移的矛盾，因而在集成电路中获得了十分广泛的应用。

2. 简单差动放大器的组成和工作原理

简单差动放大电路如图 2-19 所示，它由两个完全对称的单管放大电路构成，信号从两管的基极输入，从两管的集电极输出。其中三极管 VT_1、VT_2 的参数和特性完全相同（如 $\beta_1=\beta_2=\beta$ 等），$R_{B1}=R_{B2}=R_B$，$R_{C1}=R_{C2}=R_C$。显然，两个单管放大电路的静态工作点和电压增益等均相同。

静态时，两管的输入信号均为零。直流工作点 $U_{C1}=U_{C2}$，此时电路的输出 $U_o=U_{C1}-U_{C2}=0$（这种情况称为零输入时零输出）。当温度变化引起管子参数变化时，每一单管放大器的工作点必然随之改变（存在零漂），但由于电路的对称性，U_{C1} 和 U_{C2} 同时增大或减小，并保持 $U_{C1}=U_{C2}$，即始终有输出电压 $U_o=0$，或者说零漂被抑制了。这就是差动放大电路抑制零漂的原理。

设每个单管放大电路的放大倍数为 A_{u1}，在电路完全对称的情况下，有

$$A_{u1}=\frac{u_{o1}}{u_{i1}}=\frac{u_{o2}}{u_{i2}}\approx-\frac{\beta R_c}{r_{be}}$$

显然 $u_{o1}=A_{u1}u_{i1}$，$u_{o2}=A_{u1}u_{i2}$，而差动放大电路的输出取自两个对称单管放大电路的两个输出端之间（称为平衡输出或双端输出），其输出电压

$$u_o=u_{o1}-u_{o2}=A_{u1}(u_{i1}-u_{i2}) \tag{2-11}$$

由式（2-11）可知，差动放大电路输出电压与两单管放大电路的输入电压之差成正比，"差动"的概念由此而来。

3. 差模信号和共模信号

设有用信号输入时，两管各自的输入电压（参考方向均为由 b 极指向 e 极）分别用 u_{id1} 和 u_{id2} 表示，则有

$$u_{id1}=u_i/2,\ u_{id2}=-u_i/2,\ u_{id1}=-u_{id2}$$

u_{id1} 与 u_{id2} 大小相等、极性相反，通常称它们为一对差模输入信号。而电路的差模输入信号则为两管差模输入信号之差，即 $u_{id}=u_{id1}-u_{id2}=2u_{id1}=u_i$。在只有差模输入电压 u_{id} 作用时，差动放大电路的输出电压就是差模输出电压 u_{od}。通常把输入差模信号时的放大器增益称为差模增益，用 A_{ud} 表示，即

$$A_{ud}=\frac{u_{od}}{u_{id}} \tag{2-12}$$

显然，差模增益就是通常放大器的电压增益，对于简单差动放大电路，有

$$A_{ud}=A_u=A_{u1}\approx-\frac{\beta R_c}{r_{be}} \tag{2-13}$$

差模增益 A_{ud} 表示电路放大有用信号的能力。一般情况下要求 $|A_{ud}|$ 尽可能大。

以上讨论的是差动放大电路是如何放大有用信号的。下面介绍它是如何抑制零漂信号（即共模信号）的。

设在一定的温度变化（ΔT）的情况下，两个单管放大器的输出漂移电压分别为 u_{oc1} 和

111

u_{oc2}，u_{oc1}和u_{oc2}折合到各自输入端的等效输入漂移电压分别为u_{ic1}和u_{ic2}，显然有

$$u_{oc1}=u_{oc2}，u_{ic1}=u_{ic2}$$

将u_{ic1}与u_{ic2}分别加到差动放大电路的两个输入端，它们大小相等、极性相同，通常称它们为一对共模输入信号。共模信号可以表示为$u_{ic1}=u_{ic2}=u_{ic}$。显然，共模信号并不是实际的有用信号，而是温度等因素变化所产生的漂移或干扰信号，因此需要进行抑制。

当只有共模输入电压u_{ic}作用时，差动放大电路的输出电压就是共模输出电压u_{oc}，通常把输入共模信号时的放大器增益称为共模增益，用A_{uc}表示，则

$$A_{uc}=\frac{u_{oc}}{u_{ic}} \tag{2-14}$$

在电路完全对称的情况下，差动放大电路双端输出时的$u_{oc}=0$，则$A_{uc}=0$。

共模增益A_{uc}表示电路抑制共模信号的能力。$|A_{uc}|$越小，电路抑制共模信号的能力越强。当然，实际差动放大电路的两个单管放大器不可能做到完全对称，因此A_{uc}不可能完全等于0。

需要指出的是，差动放大电路实际工作时，总是既存在差模信号，也存在共模信号，因此，实际的u_{i1}和u_{i2}可表示为

$$u_{i1}=u_{ic}+u_{id1}$$
$$u_{i2}=u_{ic}+u_{id2}=u_{ic}-u_{id1}$$

由上述二式容易得到

$$u_{ic}=(u_{i1}+u_{i2})/2 \tag{2-15}$$
$$u_{id1}=-u_{id2}=(u_{i1}-u_{i2})/2$$

电路的差模输入电压为

$$u_{id}=2u_{id1}=u_{i1}-u_{i2}=u_i \tag{2-16}$$

4．共模抑制比

在差模信号和共模信号同时存在的情况下，若电路基本对称，则对输出起主要作用的是差模信号，而共模信号对输出的作用要尽可能被抑制。为定量反映放大器放大有用的差模信号和抑制有害的共模信号的能力，通常引入参数共模抑制比，用K_{CMR}表示，定义为

$$K_{CMR}=\left|\frac{A_{ud}}{A_{uc}}\right| \tag{2-17a}$$

共模抑制比用分贝表示则为

$$K_{CMR}=20\lg\left|\frac{A_{ud}}{A_{uc}}\right|(dB) \tag{2-17b}$$

显然，K_{CMR}越大，输出信号中的共模成分相对越少，电路对共模信号的抑制能力就越强。

任务 2-2-2　射极耦合差动放大器的性能测试

应用测试

测试要求：按测试程序要求完成所有测试内容，并撰写测试报告。

测试设备：模拟电路综合测试台 1 台，函数信号发生器 1 台，双踪示波器 1 台，低频毫伏表 1 台，0～30 V 直流稳压电源 1 台，数字万用表 1 块。

项目 2　集成运算放大器的测试与应用设计

测试电路：图 2-20 所示电路，其中 R_{B11}、R_{B21} 为 50 kΩ 电位器（RP），$R_{B12}=R_{B22}=10$ kΩ，$R_{C1}=R_{C2}=1$ kΩ，$R_E=1$ kΩ，VT_1、VT_2 为 S9013。

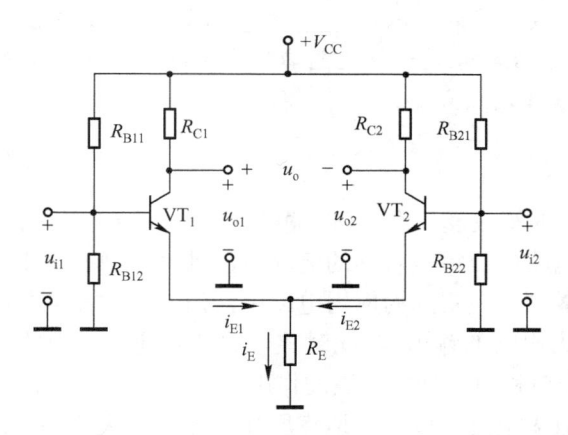

图 2-20　射极耦合差动放大器的测试

测试程序：

① 按图 2-20 接好电路，接入 $V_{CC}=+20$ V，调节 R_{B11} 或 R_{B21}（RP），使 $U_{CE1}=U_{CE2}=10$ V。

② 保持步骤①，用数字万用表（20 mV 挡）测量 u_o 的值，微调 R_{B11} 或 R_{B21}，使 $u_o=0$（即调零，达几毫伏或十几毫伏即可）。

③ 保持步骤②，万用表测量 u_{B1} 和 u_{B2} 值（精确到有效位第三位），并记录

$$u_{B1}=\underline{\quad\quad}\text{V}, \quad u_{B2}=\underline{\quad\quad}\text{V}$$

④ 保持步骤③，调节 R_{B1}、R_{B2}（R_W），使 u_{B1} 和 u_{B2} 的值均增大 1 V，即 $u_{i1}=u_{i2}=\Delta u_{B1}=\Delta u_{B2}=1$ V$=1000$ mV，此时的 u_{i1} 与 u_{i2} 大小相等、极性相同（为共模信号）。用数字万用表测量此时 u_o 的值，并记录 $u_o=\underline{\quad\quad}$ mV。此时的输入电压 u_{i1} 和 u_{i2} 为 u_{ic}，输出电压 u_o 为 u_{oc}，共模电压增益为 A_{uc}，则

$$u_{ic}=\underline{\quad\quad}\text{mV}, \quad u_{oc}=\underline{\quad\quad}\text{mV}, \quad A_{uc}=\frac{u_{oc}}{u_{ic}}=\underline{\quad\quad}$$

结论：射极耦合差动放大器的 A_{uc}\underline{\quad\quad}（远大于/基本接近于/远小于）简单差动放大器的 A_{uc}。

⑤ 保持步骤④，分别调节 R_{B1}、R_{B2}（RP），使 u_{B1} 增大 0.01 V，而 u_{B2} 的值则减小 0.01 V，即 $u_{i1}=\Delta u_{B1}=0.01$ V$=10$ mV，$u_{i2}=\Delta u_{B2}=-0.01$ V$=-10$ mV，此时的 u_{i1} 与 u_{i2} 大小相等、极性相反（为差模信号）。用数字万用表测量此时 u_o 的值，并记录 $u_o=\underline{\quad\quad}$ mV。此时的输入电压 u_{i1} 和 u_{i2} 分别为 u_{id1} 和 u_{id2}，二者之差 u_i 为 u_{id}，即 $u_{id}=u_i=u_{i1}-u_{i2}=u_{id1}-u_{id2}=2u_{id1}$，输出电压 u_o 为 u_{od}，差模电压增益为 A_{ud}，则

$$u_{id1}=\underline{\quad\quad}\text{mV}, \quad u_{id2}=\underline{\quad\quad}\text{mV}, \quad u_{id}=\underline{\quad\quad}\text{mV}$$

$$u_{od}=\underline{\quad\quad}\text{mV}, \quad A_{ud}=\frac{u_{od}}{u_{id}}=\underline{\quad\quad}。$$

结论：射极耦合差动放大器的 A_{ud}\underline{\quad\quad}（远大于/基本接近于/远小于）简单差动放大器的 A_{ud}。

模拟电子技术与应用

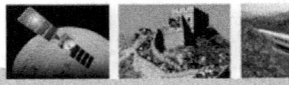

$$K_{CMR} = \left| \frac{A_{ud}}{A_{uc}} \right| = \underline{\qquad}。$$

结论：射极耦合差动放大器的 K_{CMR} _____（远大于/基本接近于/远小于）简单差动放大器的 K_{CMR}。可见，射极耦合差动放大电路对共模信号的抑制能力 _____（远大于/基本接近于/远小于）简单差动放大器。

知识链接

射极耦合差动放大器的组成及工作原理，相关知识如下所述。

简单动放大电路在电路参数完全对称的情况下，抑制零漂的效果比较明显，但每一单管放大电路仍存在较大的零漂。在实际的应用电路中，信号有时需从单端输出（非对称输出，即输出取自任一单管放大电路的输出），此时该电路和普通放大电路一样，没有任何抑制零漂的能力。当电路不完全对称时，抑制零漂的作用明显变差。

采用射极耦合差动放大电路可以较好地克服简单差动放大器的不足，如图 2-21（a）所示。其中，$R_{C1}=R_{C2}=R_C$，$R_{B1}=R_{B2}=R_B$。电路中接入 $-V_{EE}$ 的目的是保证输入端在未接信号时基本为零输入（I_B、R_B 均很小），同时又给 BJT 发射结提供了正偏。

由图 2-21（a）可以看出，射极耦合差动放大电路与简单差动放大电路的关键不同之处在于两管的发射极串联了一个公共电阻 R_E（因此也称为电阻长尾式差动放大电路），而正是 R_E 的接入使得电路的性能发生了明显变化。

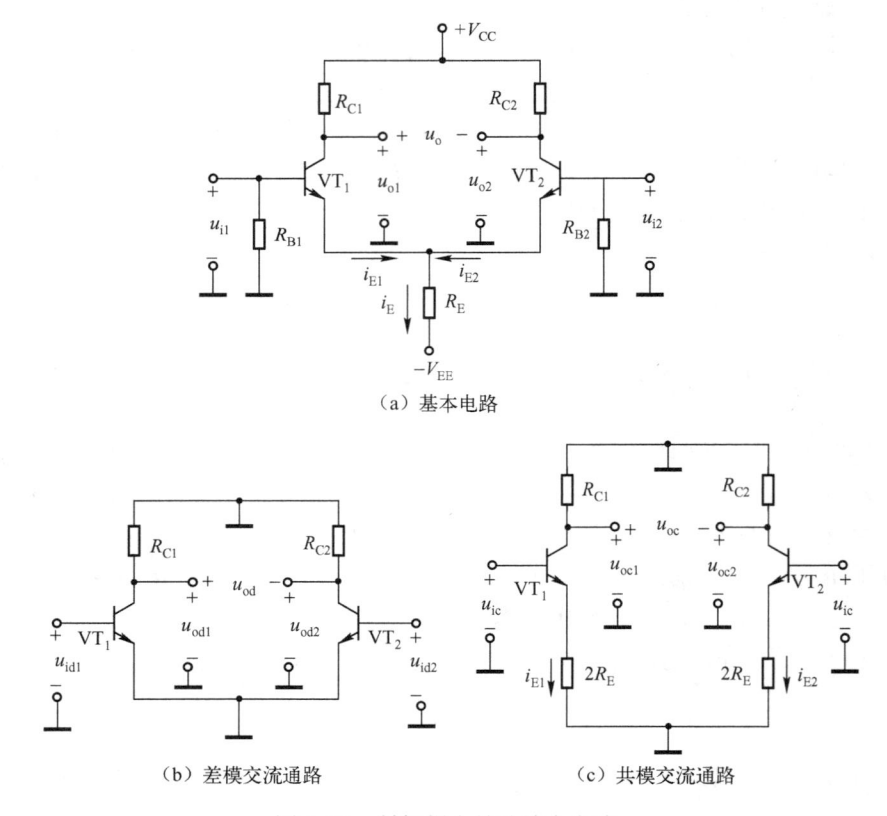

（a）基本电路

（b）差模交流通路

（c）共模交流通路

图 2-21 射极耦合差动放大电路

当输入信号为差模信号时,则 $u_{i1}= -u_{i2}=u_{id}/2$,因此两管的发射极电流 i_{E1} 和 i_{E2} 将一个增大、另一个等量减小,即流过 R_E 的电流 $i_E =i_{E1}+i_{E2}$ 保持不变,R_E 两端的电压也保持不变(相当于交流 $i_E =0$,$u_E =0$),也就是说,R_E 对差模信号可视为短路,由此可得该电路的差模交流通路如图 2-21(b)所示。显然,R_E 的接入对差模信号的放大没有任何影响。

当输入(等效输入)信号为共模信号时,则 $u_{ic1}=u_{ic2}=u_{ic}$,因此两管的发射极电流 i_{E1} 和 i_{E2} 将同时等量增大或减小,相当于交流 $i_{E1}= i_{E2}$,即 $i_E =i_{E1}+i_{E2}=2i_{E1}$,$u_E=i_E R_E=2i_{E1}R_E$。容易看出,此时 R_E 对每一单管放大电路所呈现的等效电阻为 $2R_E$,由此可得该电路的共模交流通路如图 2-21(c)所示。显然,R_E 的接入对共模信号产生了明显影响,这个影响就是每一单管放大电路相当于引入了反馈电阻为 $2R_E$ 的电流串联负反馈。当 R_E 较大时,单端输出的共模增益也很低,有效地提高了差动放大电路的共模抑制比,从而抑制了零漂。

思维拓展

1. 差动放大电路能否完全消除零点漂移?
2. 射极耦合差动放大电路中 R_E 的作用是什么?该电路为什么要采用双电源供电?

模块 2-3 集成运放基本应用电路的测试

学习目标

- 能正确测试集成运放线性应用电路的特性。
- 能正确测试集成运放非线性应用电路的特性。
- 理解集成运放基本应用电路的结构、功能及元器件作用。
- 能对集成运算放大器的基本应用电路进行分析和计算。

工作任务

- 加法与减法电路的测试与结果记录。
- 积分与微分电路的测试与结果记录。
- 比较器电路的测试与结果记录。

知识链接

1. 集成运放的主要参数

1)开环差模电压增益 A_{od}

A_{od} 是指运放在开环、线性放大区,并在规定的测试负载和输出电压幅度的条件下的差模电压增益(绝对值)。一般运放的 A_{od} 为 60～120 dB,性能较好的运放的 A_{od} > 140 dB。

2)共模抑制比 K_{CMR}

其定义已在前面介绍,$K_{CMR}=|A_{od}/A_{oc}|$。K_{CMR} 值越大说明集成运放抑制共模信号、放大有用信号的能力越强。目前高质量的运放可达 160 dB 以上。

3）差模输入电阻 R_{id} 和输出电阻 R_{od}

R_{id} 和 R_{od} 是指输入差模信号时运放的输入电阻和输出电阻，就是通常所说的输入电阻 R_i 和输出电阻 R_o。R_{id} 的数量级为 MΩ，MOS 型运放的 R_{id} 可达 10^6 MΩ；R_{od} 一般小于 200 Ω。

4）最大差模输入电压 U_{idmax}

U_{idmax} 是指运放的两个输入端之间所允许加的最大电压值。若差模输入电压超过 U_{idmax}，则运放输入级将被反向击穿甚至损坏。

5）最大共模输入电压 U_{icmax}

U_{icmax} 是指运放能承受的最大共模输入电压。若共模输入电压超过 U_{icmax}，运放的输入级工作不正常，K_{CMR} 显著下降，运放的工作性能变差。

6）输入失调电压 U_{IO}

在输入电压和输入端外接电阻为零时，在室温（25℃）和标准电源电压的条件下，为了使运放的输出电压为零，在输入端之间所加的补偿电压就是输入失调电压 U_{IO}，U_{IO} 越小越好。

7）输入失调电流 I_{IO}

当 BJT 型运放的输出电压为零时，两个输入端静态基极偏置电流之差称为输入失调电流 I_{IO}，即 $I_{IO}=I_{BP}-I_{BN}$。I_{IO} 实际上为两输入端所加的补偿电流，它越小越好。

8）输入偏置电流 I_{IB}

BJT 型运放反相输入端和同相输入端的静态偏置电流 I_{BN} 和 I_{BP} 的平均值，称为输入偏置电流 I_{IB}，即 $I_{IB}=(I_{BN}+I_{BP})/2$。

此外，运放的参数还有静态功耗、开路带宽、电源电压抑制比、等效输入噪声电压和电流等，不再一一说明。以上参数可根据集成运放的型号，从产品说明书等有关资料中查阅。

2．理想集成运放

为了简化分析，在实际分析过程中常常把集成运放理想化。理想运放具有以下理想参数。

（1）开环电压增益 $A_{od}\to\infty$；

（2）差模输入电阻 $R_{id}\to\infty$；

（3）输出电阻 $R_{od}=0$；

（4）共模抑制比 $K_{CMR}\to\infty$；

（5）开环带宽 $f_H\to\infty$；

（6）转换速率 $S_R\to\infty$；

（7）输入端的偏置电流 $I_{BN}=I_{BP}=0$；

（8）干扰和噪声均不存在。

在一定的工作参数和运算精度要求范围内，采用理想运放进行设计或分析的结果与实际情况相差很小，误差可以忽略，从而大大简化了设计或分析过程。

3．运放线性状态的特点

集成运放的应用十分广泛，主要有模拟信号的产生、运算、放大、滤波等各种线性和非线性的处理。在集成运放的线性应用电路中，运放一般工作在负反馈状态；非线性应用电路

中，运放一般工作在开环或正反馈状态。

当运放工作在线性状态时，输出电压

$$u_o = A_{od}(u_P - u_N) \tag{2-18}$$

式中，u_P、u_N 分别为同相端和反相端的输入电压。对于理想运放，由于 $A_{od} \to \infty$，而输出电压 u_o 总为有限值，则输入电压 $u_{id} = u_P - u_N = 0$，即 $u_P = u_N$。此时，相当于运放两输入端短路，但并不是真正的短路，故称为"虚短"。

此外，由于理想运放的差模输入电阻 $R_{id} \to \infty$，则流经运放两输入端的电流为 0，即 $i_N = i_P = 0$。此时，相当于运放两输入端断开，但又不是真正的断开，故称为"虚断"，如图 2-22 所示。

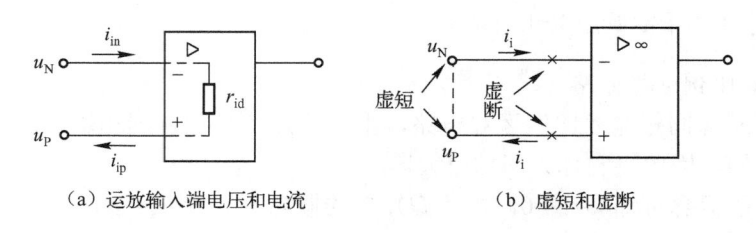

（a）运放输入端电压和电流　　　　（b）虚短和虚断

图 2-22　虚短、虚断示意图

4．比例运算电路

比例运算电路有反相输入和同相输入两种，是运放最简单的线性应用电路，其输出电压与输入电压成比例关系。

1）反相输入比例运算电路

图 2-23 所示为反相输入比例运算电路，该电路输入信号加在反相输入端上，输出电压与输入电压的相位相反。在实际电路中，同相端必须加接平衡电阻 R_P 并接地，R_P 的作用是保持运放输入级差分放大电路具有良好的对称性，以减小温漂、提高运算精度。其阻值应为 $R_P = R_1 // R_f$。

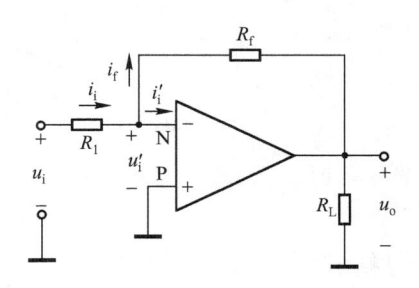

图 2-23　反相输入比例运算电路

由"虚短"的概念可知，在 P 端接地时，$u_P = u_N = 0$，称 N 端为"虚地"。

由"虚断"的概念可知 $i_i = i_f$，则有

$$\frac{u_i}{R_1} = \frac{-u_o}{R_f}$$

该电路的电压增益
$$A_{uf} = \frac{u_o}{u_i} = -\frac{R_f}{R_1}$$

即
$$u_o = -\frac{R_f}{R_1}u_i \tag{2-19}$$

输出电压 u_o 与输入电压 u_i 之间成反相比例关系。

值得注意的是，虽然电压增益只与 R_f 与 R_1 的比值有关，但是电路中电阻 R_1、R_P、R_f 的取值应有一定的范围。由于运算放大器的输出电流一般为几十毫安，若 R_1、R_P、R_f 的取值为几欧姆，输出电压最大只有几百毫伏；若 R_1、R_P、R_f 的取值太大，虽然能满足输出电压的要求，但同时又会带来饱和失真和电阻热噪声的问题。因此，通常取 R_1 的值为几百欧姆至几千欧姆，取 R_f 的值为几千欧姆至几十万欧姆。

2）同相输入比例运算电路

图 2-24 所示为同相输入比例运算电路，由于输入信号加在同相输入端，输出电压和输入电压的相位相同，因此将它称为同相放大器。

由"虚断"的概念可知 $i_P = i_N = 0$，由"虚短"的概念可知 $u_i = u_P = u_N$。

其电压增益
$$A_{uf} = \frac{u_o}{u_i} = \frac{u_o}{u_f} = 1 + \frac{R_f}{R_1}$$

即
$$u_o = \left(1 + \frac{R_f}{R_1}\right)u_i \tag{2-20}$$

图 2-24 所示电路中，若不接 R_1，即组成图 2-25 所示电路，称为电压跟随器。该电路的输出电压完全跟随输入电压变化，$u_i = u_P = u_N = u_o$，$A_u = 1$，具有输入阻抗高、输出阻抗低的特点，常用于多级放大器的输入级和输出级。

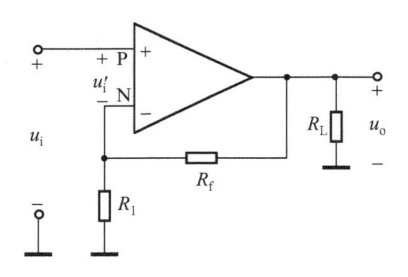

图 2-24 同相输入比例运算电路　　　　图 2-25 电压跟随器

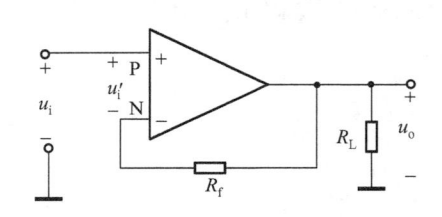

任务 2-3-1　加法电路的测试

应用测试

测试要求：按测试程序要求完成所有测试内容，并撰写测试报告。

测试设备：模拟电路综合测试台 1 台，0～30 V 直流稳压电源 1 台，函数信号发生器 1 台，双踪示波器 1 台，数字万用表 1 块。

测试电路：图 2-26 所示电路，其中 $R_1 = R_2 = R_f = 10$ kΩ，运放为 MC4558。

项目 2　集成运算放大器的测试与应用设计

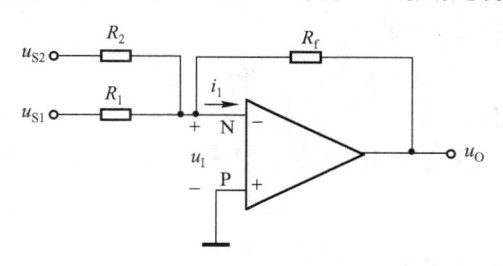

图 2-26　加法电路

测试程序：

① 接好图 2-26 所示加法电路，并接入 +V_{CC} = +15 V，-V_{CC} = -15 V。

② 保持步骤①，接入 u_{S1} 为 0.1 V、5 kHz 的正弦波信号，不接 u_{S2}。

③ 保持步骤②，用示波器 DC 输入端观察输出、输入电压波形，画出各波形并记录。

输出电压幅值与输入电压幅值_____（基本相等/相差很大），即电压放大倍数与 R_f/R_1 值_____（基本相等/相差很大），且输出电压与输入电压相位_____（相同/相反）。

④ 保持步骤③，将 R_f 改为 20 kΩ，用示波器 DC 输入端观察输出、输入电压波形，画出各波形并记录。

输出电压幅值基本等于输入电压幅值的_____（0.5 倍/1 倍/2 倍），即电压放大倍数与 R_f/R_1 值_____（基本相等/相差很大）。

⑤ 保持步骤④，将 R_f 改为 10 kΩ。

⑥ 保持步骤⑤，接入 u_{S1} 和 u_{S2} 均为 0.1 V、5 kHz 的正弦波信号，用示波器 DC 输入端观察输出电压和输入电压 u_{S2} 波形，画出各波形并记录。

结论：该电路_____（能/不能）实现输入电压相加[u_O = -(u_{S1}+u_{S2})]，且输出电压相对于输入电压是_____（正极性的/负极性的）。

⑦ 保持步骤⑥，改接 u_{S2} 为 1 V、500 Hz 的方波信号，用示波器 DC 输入端观察输出电压和输入电压 u_{S2} 波形，并记录各波形。

知识链接

加法运算电路，相关知识如下所述。

图 2-26 所示为加法运算电路，该电路可实现两个电压 u_{S1} 与 u_{S2} 相加。输入信号从反相端输入，同相端虚地，则有 $u_P=u_N=0$；又由"虚断"的概念可知 $i_1=0$，因此，在反相输入节点 N 可得节点电流方程：

$$\frac{u_{S1}-u_N}{R_1}+\frac{u_{S2}-u_N}{R_2}=\frac{u_N-u_O}{R_f}$$

即

$$\frac{u_{S1}}{R_1}+\frac{u_{S2}}{R_2}=\frac{-u_O}{R_f}$$

整理可得

$$u_O=-\left(\frac{R_f}{R_1}u_{S1}+\frac{R_f}{R_2}u_{S2}\right) \qquad (2\text{-}21)$$

若 $R_1=R_2=R_f$，则式（2-21）变为
$$u_O = -(u_{S1} + u_{S2})$$
实现了 u_{S1} 与 u_{S2} 的反相求和。

图 2-26 所示的加法电路也可以扩展到实现多个输入电压相加。此外，利用同相放大电路也可以组成加法电路。

任务 2-3-2　减法电路的测试

应用测试

测试要求：按测试程序要求完成所有测试内容，并撰写测试报告。

测试设备：模拟电路综合测试台 1 台，函数信号发生器 1 台，双踪示波器 1 台，低频毫伏表 1 台，0～30 V 直流稳压电源 1 台，数字万用表 1 块。

测试电路：图 2-27 所示电路，其中 $R_1=R_2=R_{f1}=R_{f2}=10$ kΩ，运放为 MC4558。

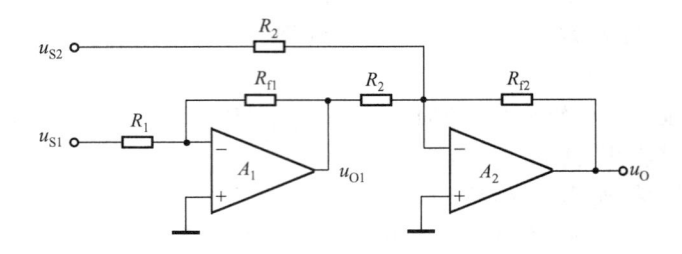

图 2-27　反相求和减法电路

测试程序：

① 接好图 2-27 所示减法电路，并接入 $+V_{CC} = +15$ V，$-V_{CC} = -15$ V。

② 保持步骤①，接入 u_{S1} 和 u_{S2} 均为 0.1 V、5 kHz 的正弦波信号，用示波器 DC 输入端观察输出、输入电压波形，画出各波形并记录。

结论：输出电压幅值与输入电压幅值相比_____（基本为 0/基本相等/要大得多），即该电路_____（能/不能）实现输入电压相减（$u_O=u_{S1}-u_{S2}$）。

③ 保持步骤②，改接 u_{S2} 为 1 V、500 Hz 的方波信号，用示波器 DC 输入端观察输出电压和输入电压 u_{S2} 波形，并记录各波形。

知识链接

减法运算电路，相关知识如下所述。

1）反相求和减法电路

图 2-27 所示为反相信号求和的减法电路，其中第一级为反相比例放大电路，设 $R_{f1}=R_1$，则 $u_{O1}=-u_{S1}$。第二级为反相加法电路，可导出
$$u_O = -\frac{R_{f2}}{R_2}(u_{O1} + u_{S2})$$

$$u_O = \frac{R_{f2}}{R_2}(u_{S1} - u_{S2}) \tag{2-22}$$

若 $R_2=R_{f2}$，则式（2-22）变为

$$u_o = u_{S1} - u_{S2}$$

即实现了两信号 u_{S1} 与 u_{S2} 的相减。

2）差动式减法电路

差动式减法电路如图 2-28 所示。根据"虚短"和"虚断"的概念可知

$$u_P = u_N,\ u_1 = 0,\ i_1 = 0$$

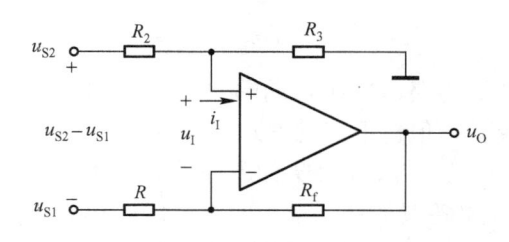

图 2-28 差动式减法电路

并可得下列方程式：

$$\frac{u_{S1} - u_N}{R} = \frac{u_N - u_O}{R_f}$$

$$\frac{u_{S2} - u_P}{R_2} = \frac{u_P}{R_3}$$

利用 $u_N = u_P$，可得

$$u_O = \left(\frac{R + R_f}{R}\right)\left(\frac{R_3}{R_2 + R_3}\right)u_{S2} - \frac{R_f}{R}u_{S1} \tag{2-23a}$$

在式（2-23a）中，若满足 $R_f/R = R_3/R_2$，则该式可简化为

$$u_O = \frac{R_f}{R}(u_{S2} - u_{S1}) \tag{2-23b}$$

当 $R_f = R$ 时，有

$$u_O = u_{S2} - u_{S1}$$

式（2-23b）表明，输出电压 u_O 与两输入电压之差（$u_{S2} - u_{S1}$）成比例，实现了两信号 u_{S2} 与 u_{S1} 的相减。

任务 2-3-3 积分电路的测试

应用测试

测试要求：按测试程序要求完成所有测试内容，并撰写测试报告。

测试设备：模拟电路综合测试台 1 台，函数信号发生器 1 台，双踪示波器 1 台，低频毫伏表 1 台，0～30 V 直流稳压电源 1 台，数字万用表 1 块。

模拟电子技术与应用

测试电路：图 2-29 所示电路，其中 $R=1$ kΩ，$C=0.1$ μF，运放为 MC4558。

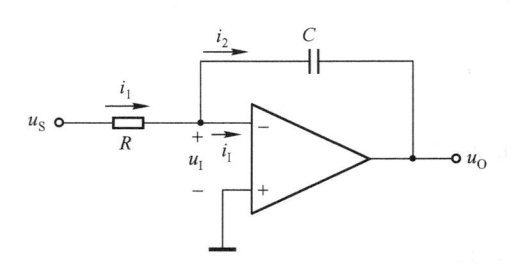

图 2-29 积分电路

测试程序：

① 接好图 2-29 所示积分电路，并在 C 两端并联一个 100 kΩ 的电阻（引入负反馈并启动电路，该电阻取值应尽可能大，但也不宜过大），并接入 $+V_{CC}=+15$ V，$-V_{CC}=-15$ V。

② 保持步骤①，接入 u_S 为 1 V、1 kHz 的方波（双极性）信号，用示波器 DC 输入端观察输出、输入电压波形，画出各波形并记录，输入电压波形为_____（正弦波/方波/三角波），而输出电压波形为_____（正弦波/方波/三角波）。

结论：该电路_____（能/不能）实现积分运算。

知识链接

积分电路，相关知识如下所述。

积分电路如图 2-29 所示。根据"虚短"和"虚断"的概念，有

$$u_1=0,\ i_1=0,\ i_1=i_2=u_S/R$$

电流 i_2 对 C 进行充电，且为恒流充电（充电电流与电容 C 及电容上电压无关）。假设电容 C 上的初始电压为 0，则

$$u_O = -\frac{1}{C}\int i_2 dt = -\frac{1}{C}\int i_1 dt = -\frac{1}{C}\int \frac{u_S}{R} = -\frac{1}{RC}\int u_S dt \qquad (2-24)$$

式（2-24）表明，输出电压与输入电压的关系满足积分运算要求，负号表示它们在相位上是相反的。RC 称为积分时间常数，记为 τ。

利用积分运算电路能够将输入的正弦电压变换为余弦电压输出，实现了波形的移相；将输入的方波电压变换为三角波电压输出，实现了波形的变换；对低频信号增益大、对高频信号增益小，当信号频率趋于无穷大时增益为零，实现了滤波功能。

任务 2-3-4 微分电路的测试

应用测试

测试要求：按测试程序要求完成所有测试内容，并撰写测试报告。

测试设备：模拟电路综合测试台 1 台，函数信号发生器 1 台，双踪示波器 1 台，低频毫伏表 1 台，0～30 V 直流稳压电源 1 台，数字万用表 1 块。

测试电路：图 2-30 所示电路，其中 $R=1$ kΩ，$C=0.1$ μF，运放为 MC4558。

测试程序：

① 接好图 2-30 所示微分电路，并在电容支路中串联一个 51 Ω 的电阻（防止产生过冲响应），并接入 $+V_{CC} = +15$ V，$-V_{CC} = -15$ V。

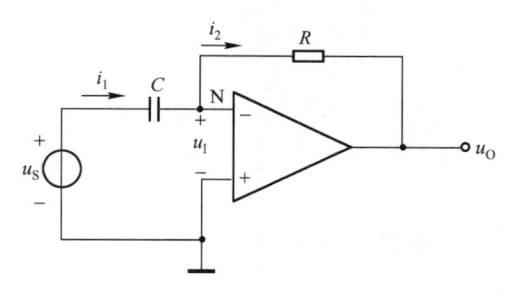

图 2-30 微分电路

② 保持步骤①，接入 u_S 为 1 V、1 kHz 的三角波（双极性）信号，用示波器 DC 输入端观察输出、输入电压波形，画出各波形并记录：输入电压波形为_____（正弦波/方波/三角波），而输出电压波形为_____（正弦波/方波/三角波）。

结论：该电路_____（能/不能）实现微分运算。

知识链接

微分电路，相关知识如下所述。

微分是积分的逆运算，将图 2-29 所示积分电路的电阻和电容元件互换位置，即构成微分电路，如图 2-30 所示。微分电路选取相对较小的时间常数 RC。

同样，根据"虚地"和"虚断"的概念有

$$u_1=0,\ i_1=0,\ i_1=i_2$$

设 $t=0$ 时，电容上的初始电压为 0，则

$$i_1 = C\frac{du_S}{dt}$$

$$u_O = -i_2 R = -RC\frac{du_S}{dt} \tag{2-25}$$

式（2-25）表明，输出电压与输入电压之间的关系满足微分运算的要求。

思维拓展

1. 两种减法电路有何区别？
2. 积分电路和微分电路存在哪些问题？应如何解决？

任务 2-3-5 简单电压比较器的测试

应用测试

测试要求：按测试程序要求完成所有测试内容，并撰写测试报告。

测试设备：模拟电路综合测试台 1 台，函数信号发生器 1 台，双踪示波器 1 台，低频毫伏表 1 台，0～30 V 直流稳压电源 1 台，数字万用表 1 块。

测试电路：图 2-31 所示电路，其中运放为 MC4558。

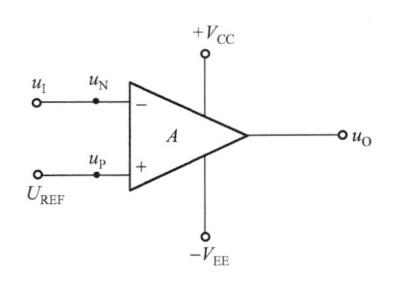

图 2-31　简单电压比较器的测试

测试程序：

① 接好图 2-31 所示电路，两输入端分别串联一个 1 kΩ 的电阻，并接入 $+V_{CC}$ = +15 V，$-V_{EE}$ = −15 V。

② 保持步骤①，接入 U_{REF}=2 V（用数字万用表精确测量）的直流电压。

③ 保持步骤②，接入 u_I=3 V，用万用表测量输出直流电压大小，并记录：u_O=＿＿＿＿V，＿＿＿＿（输出高电平 u_{OH}/输出低电平 u_{OL}）。

④ 保持步骤③，接入 u_I=1 V，用万用表测量输出直流电压大小，并记录：u_O=＿＿＿＿V，＿＿＿＿（输出高电平 u_{OH}/输出低电平 u_{OL}）。

⑤ 保持步骤④，微调 u_I，使 u_I 在 1~3 V 之间变化，用万用表测量并观察输出直流电压的变化情况并记录：恰好出现高电平向低电平翻转或低电平向高电平翻转时的 u_I=＿＿＿＿V（精确测量），此值与 U_{REF} 值＿＿＿＿（很接近/有较大差距）。

结论：该电路＿＿＿＿（能/不能）实现电压比较的作用。

知识链接

1. 运放非线性状态的特点

在集成运放的非线性应用电路中，运放一般工作在开环或正反馈状态。由于运放的增益很高，在非负反馈状态下，其线性区的工作状态是极不稳定的，因此主要工作在非线性区。

当运放工作在非线性区时，若 $u_P>u_N$，输出为高电平 U_{OH}；若 $u_P<u_N$，输出为低电平 U_{OL}。在上述两种电平的转换过程中，运放将从某一非线性区跃过线性区到达另一非线性区，在这种情况下，"虚短"、"虚地"等概念一般不再适用，仅在判断临界条件时才能采用。不过由于运放的输入电阻高，输入偏置电流小，因此仍可近似应用"虚断"的概念。

2. 简单电压比较器

电压比较器简称比较器，它常用来比较两个电压的大小，比较的结果通常由输出的高电平 U_{OH} 或低电平 U_{OL} 来表示。简单电压比较器的基本电路如图 2-32（a）所示，它的反相输入端接输入信号 u_I，同相输入端接参考电压 U_{REF}。显然，电路中的运放工作在开环状态。

由于运放的开环电压增益很高，受电源电压的限制，只要输入信号 u_I 稍小于参考电压 U_{REF}，输出即为高电平 $u_O=U_{OH}$（$U_{o,\,max}$），输出级处于正饱和状态；反之，只要 u_I 稍大于

U_{REF}，输出即为低电平 $u_O=U_{OL}$（$-U_{o,\,max}$），输出级处于负饱和状态；只有 u_I 在非常接近于 U_{REF} 的极小范围内，运放才处于线性放大状态，此时才有 $u_O=A_{od}(U_{REF}-u_I)$。

可见，当比较器输出为高电平时，表示输入电压 u_I 比参考电压 U_{REF} 小；反之，当比较器输出为低电平时，表示输入电压 u_I 比参考电压 U_{REF} 大。根据上述分析，可得到该比较器的传输特性曲线如图 2-32（b）中实线所示，其中的线性放大区（MN 段）输入电压变化范围极小，可近似认为 MN 与横轴垂直。

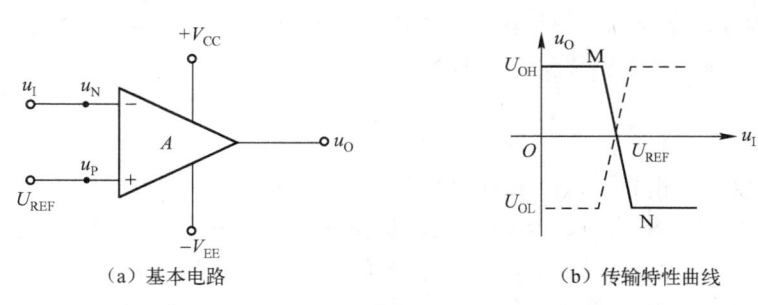

（a）基本电路

（b）传输特性曲线

图 2-32　简单电压比较器

通常把比较器的输出电压从一个电平跳变到另一个电平时对应的临界输入电压称为阈值电压或门限电压，简称为阈值，用符号 U_{TH} 表示。对于图 2-32（a）所示的简单比较器，有 $U_{TH}=U_{REF}$。若参考电压为 0，则输入电压每次过 0 时，输出电压就要产生一次跳变，从一个电平跳变到另一个电平，这种比较器称为过零比较器。

也可以将图 2-32（a）所示电路中的 U_{REF} 和 u_I 的接入位置互换，即 u_I 接同相输入端，U_{REF} 接反相输入端，则得到同相输入电压比较器。不难理解，同相输入电压比较器的阈值仍为 U_{REF}，其传输特性曲线如图 2-32（b）中虚线所示。

利用比较器可以将任意波形的信号转换为方波，例如，可以将正弦波转换为周期性方波。

任务 2-3-6　迟滞电压比较器的测试

应用测试

测试要求：按测试程序要求完成所有测试内容，并撰写测试报告。

测试设备：模拟电路综合测试台 1 台，函数信号发生器 1 台，双踪示波器 1 台，低频毫伏表 1 台，0～30 V 直流稳压电源 1 台，数字万用表 1 块。

测试电路：图 2-33 所示电路，其中 $R_1=R_2=1\,k\Omega$，$R_3=3.3\,k\Omega$，$R_4=330\,\Omega$，VD_Z 为 1N4740（$U_Z=10\,V$），运放为 MC4558。

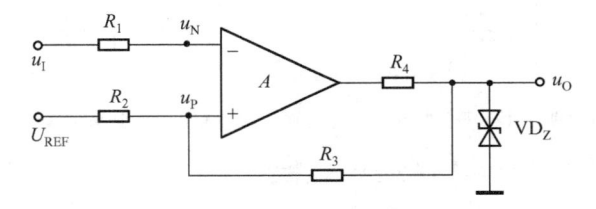

图 2-33　迟滞电压比较器的测试

模拟电子技术与应用

测试程序：

① 接好图 2-33 所示电路，并接入 $+V_{CC} = +15\text{ V}$，$-V_{CC} = -15\text{ V}$。

② 保持步骤①，接入 $u_I = U_{REF} = 0$（直接接地），用万用表测量输出直流电压大小，并记录：$u_O = $ _____ V，为 _____（输出高电平 u_{OH}/输出低电平 u_{OL}）。

③ 保持步骤②，微调 u_I，使 u_I 在 ±1 V 之间变化，用万用表测量并观察输出直流电压的变化情况，并记录：u_O _____（无变化/产生翻转）。

④ 保持步骤③，微调 u_I，使 u_I 在 ±5 V 之间变化，用万用表测量并观察输出直流电压的变化情况，绘出该比较器的传输特性曲线。

知识链接

迟滞电压比较器，相关知识如下所述。

简单电压比较器结构简单、灵敏度高，但抗干扰能力差。对于图 2-32（a）所示的电路，当输入信号 u_I 在接近于阈值 U_{TH} 附近包含有干扰或噪声而自身并没有实质性变化时，输出电压将反复从一个电平变到另一个电平，显然这是不希望得到的结果，在实际运用时也是不允许出现的。采用迟滞比较器可以解决这一问题。

迟滞电压比较器基本电路如图 2-34（a）所示，由于输入信号由反相端加入，因此为反相迟滞比较器。为限制和稳定输出电压幅值，在电路的输出端并联了两个反向串联的稳压二极管。此外，通过 R_3 将输出信号引到同相输入端，构成正反馈。一方面，使输出高、低电平相互翻转速度急剧加快；另一方面，使比较器在输出分别为高、低电平时反馈到同相输入端所产生的比较电压 u_P 起始值不同，即迟滞比较器有两个阈值。

（a）基本电路　　　　（b）传输特性曲线

（c）$U_{REF}=0$ 时的传输特性曲线　　　　（d）$U_{REF}=0$ 时的输入和输出电压波形

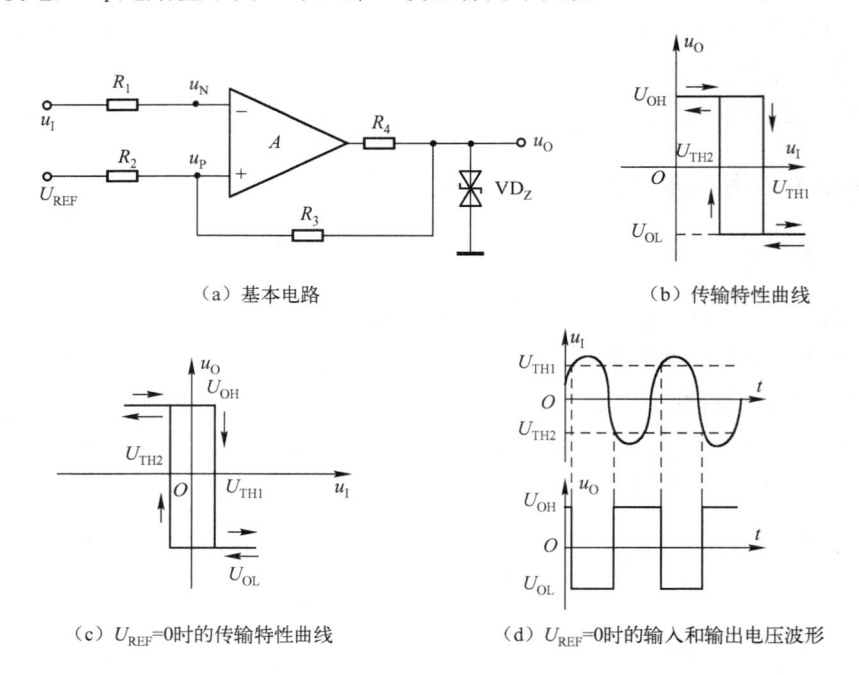

图 2-34　迟滞电压比较器

由于运放输入电流近似为 0，因此由叠加定理可得

项目 2　集成运算放大器的测试与应用设计

$$u_P = \frac{R_2 u_O}{R_2 + R_3} + \frac{R_3 U_{REF}}{R_2 + R_3} = \frac{R_3 U_{REF} + R_2 u_O}{R_2 + R_3} \tag{2-26}$$

设稳压二极管的稳压值为 U_Z，忽略正向导通电压，则比较器的输出高电平 $U_{OH} \approx U_Z$，输出低电平 $U_{OL} \approx -U_Z$。当 $u_O = U_{OH} \approx U_Z$ 时，由式（2-26）可得所对应的 u_P 起始值即阈值为

$$U_{TH1} = \frac{R_3 U_{REF} + R_2 U_Z}{R_2 + R_3} \tag{2-27a}$$

当 $u_O = U_{OL} \approx -U_Z$ 时，由式（2-26）可得所对应的 u_P 起始值即另一阈值为

$$U_{TH2} = \frac{R_3 U_{REF} - R_2 U_Z}{R_2 + R_3} \tag{2-27b}$$

显然有 $U_{TH1} > U_{TH2}$。

当 $u_I = u_N$ 很小时，$u_N < u_P$，则比较器输出高电平 $u_O = U_{OH}$，此时比较器的阈值为 U_{TH1}；当增大 u_I 直到 $u_I = u_N > U_{TH1}$ 时，才有 $u_O = U_{OL}$，输出高电平翻转为低电平，此时比较器的阈值变为 U_{TH2}；若 u_I 反过来又由较大值（$> U_{TH1}$）开始减小，在略小于 U_{TH1} 时，输出电平并不翻转，而是当 u_I 减小到 $u_I = u_N < U_{TH2}$ 时，才有 $u_O = U_{OH}$，输出低电平翻转为高电平，此时比较器的阈值又变为 U_{TH1}。以上过程可以简单概括为，输出高电平翻转为低电平的阈值为 U_{TH1}，输出低电平翻转为高电平的阈值为 U_{TH2}。

由上述分析可得到迟滞电压比较器的传输特性曲线，如图 2-34（b）所示。可见，该比较器的传输特性与磁滞回线类似，故称为迟滞（或滞回）电压比较器。

当 $U_{REF} = 0$ 时，相应的传输特性曲线如图 2-34（c）所示，两个阈值则为

$$U_{TH1} = \frac{R_2 U_Z}{R_2 + R_3} \tag{2-28a}$$

$$U_{TH2} = \frac{-R_2 U_Z}{R_2 + R_3} \tag{2-28b}$$

显然有 $U_{TH2} = -U_{TH1}$。

如图 2-34（d）所示为 $U_{REF} = 0$ 的迟滞电压比较器在 u_I 为正弦电压时的输入和输出电压波形，它可将正弦波变为方波（正、负半周对称的矩形波）。

由于迟滞比较器输出高、低电平时相互翻转的阈值不同，因此具有一定的抗干扰能力。当输入信号值在某一阈值附近时，只要干扰量不超过两个阈值之差的范围，输出电压就可保持高电平或低电平不变。

思维拓展

1. 集成运放的非线性电路有什么特点？
2. 迟滞电压比较器的特点是什么？为什么比较器适用于波形的整形？

实训 2　集成运算放大器的应用设计

学习目标

- 能独立完成立体声调音控制器的设计。
- 能排查并解决一般电路故障问题。

模拟电子技术与应用

工作任务

◇ 电路整体组成结构设计。
◇ 初选电路,画出电路草图。
◇ 计算电路中各元器件参数,进行元器件选型。
◇ 查阅电子元器件手册,并在电路设计过程中正确选用相关元器件。
◇ 进行电路制作、调试、电路图修改和故障处理。
◇ 绘制最终的标准电路图。
◇ 通过上述步骤,独立完成立体声调音控制器的设计。

设计案例

1. 设计指标

(1) 电压增益 $A_u \geqslant 40$ dB($f=1$ kHz 时);
(2) 音频信号源幅度 U_S(有效值)$\leqslant 10$ mV,频率 $f=0.1 \sim 10$ kHz;
(3) 高音(10 kHz)与低音(0.1 kHz)相对增益最大可控变化比 $\geqslant 12$ dB;
(4) 负载(耳机)阻抗 $R_L = 30\ \Omega$;
(5) 输出信号失真度 THD $\leqslant 1.0\%$;
(6) 可实现双声道与单声道之间的转换。

2. 任务要求

完成原理图设计、元器件选型、电路装接与调试、电路性能检测、设计文档编写。

3. 设计内容(示例)

1)电路组成结构设计

立体声调音控制器的结构框图如图 2-35 所示。它由三级电路组成,第一级为低高音调节电路,第二级为混音电路,第三级为音量控制电路。对输入音频信号实施音调调节后,借助混音开关和音量调整电路,在音量调整的同时实现单声道和双声道的转换。

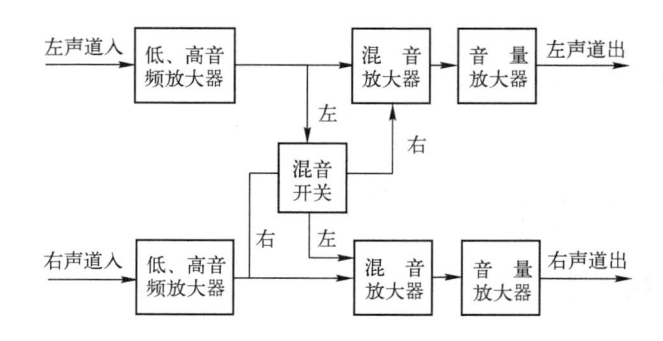

图 2-35 立体声调音控制器的结构框图

左、右声道均分别使用低音与高音调节放大器。两声道的低音调节为一组，采用双联电位器同步调节；两声道的高音调节为一组，采用双联电位器同步调节。

混音开关实际上是一个双刀双掷开关，混音调节放大器还起加法（叠加）电路作用。

2）电路原理图设计

立体声调音控制器电路原理如图 2-36 所示。

3）计算电路中各元器件的参数

电路中左右两个声道电路参数完全一样，因此只要计算左声道的参数即可。电路有三级，每一级都有一个运算放大器组成的电路，从左至右分别为低高音频调节电路、混音电路和音量控制电路。

由于电压增益要求 $A_u \geqslant 40$ dB（$f=1$ kHz 时），进行各级的增益分配，低高音调节电路和混音电路各分配为 20 dB。

电路中 C_{EL2}、C_{EL3}、C_{EL6}、C_{EL7}、C_{L4}、C_{L6}、C_{L8}、C_{L9} 为电源滤波电容。取 C_{L4}、C_{L6}、C_{L8}、C_{L9} 为 0.01 μF/63 V 的瓷片电容；取 C_{EL2}、C_{EL3}、C_{EL6}、C_{EL7} 为 100 μF/25V 的电解电容。C_{EL1}、C_{EL4}、C_{EL5} 为耦合电容，取 10 μF/25 V 的电解电容。为防止自激振荡，在每个运放的输入和输出端之间并联一个小电容 C_{L3}、C_{L7}，取 C_{L3}、C_{L7} 为 20 pF 左右的瓷片电容。

（1）低高音调节电路的计算

低音调节电路实际是一个低通滤波器（高音调节电路实际是一个高通滤波器），可以实现对低音频信号的提升和衰减。实现音调调节可以通过 BJT 或通过专用集成电路实现，在本设计中采用借助运算放大器实现。常见的音调调节电路的频响特性控制曲线如图 2-37 所示。为增强音调调节的效果，获得较好的听觉效果，其控制特性曲线一般选择−20 dB/10 倍频程，f_{L1} 表示低音转折频率，f_{L2} 表示中音的下限频率，f_0 表示中音频率（即中心频率），f_{H1} 表示中音的上限频率，f_{H2} 表示高音转折频率。

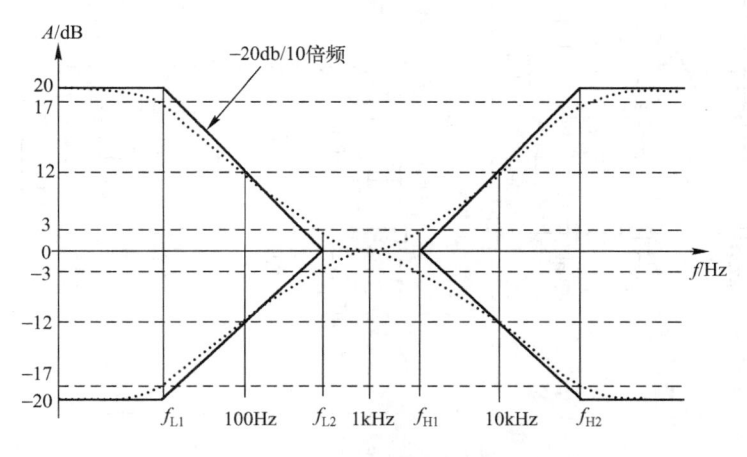

图 2-37　音调调节电路的频响特性控制曲线

选择 $f_{L2}=10 f_{L1}$，$f_{H2}=10 f_{H1}$。结合设计指标的要求，音调调节电路对 1 kHz 的信号的增益为 0 dB，而对于 100 Hz、10 kHz 信号的相对增益最大可控变化比≥12 dB。依据音调调节电路的设计公式为

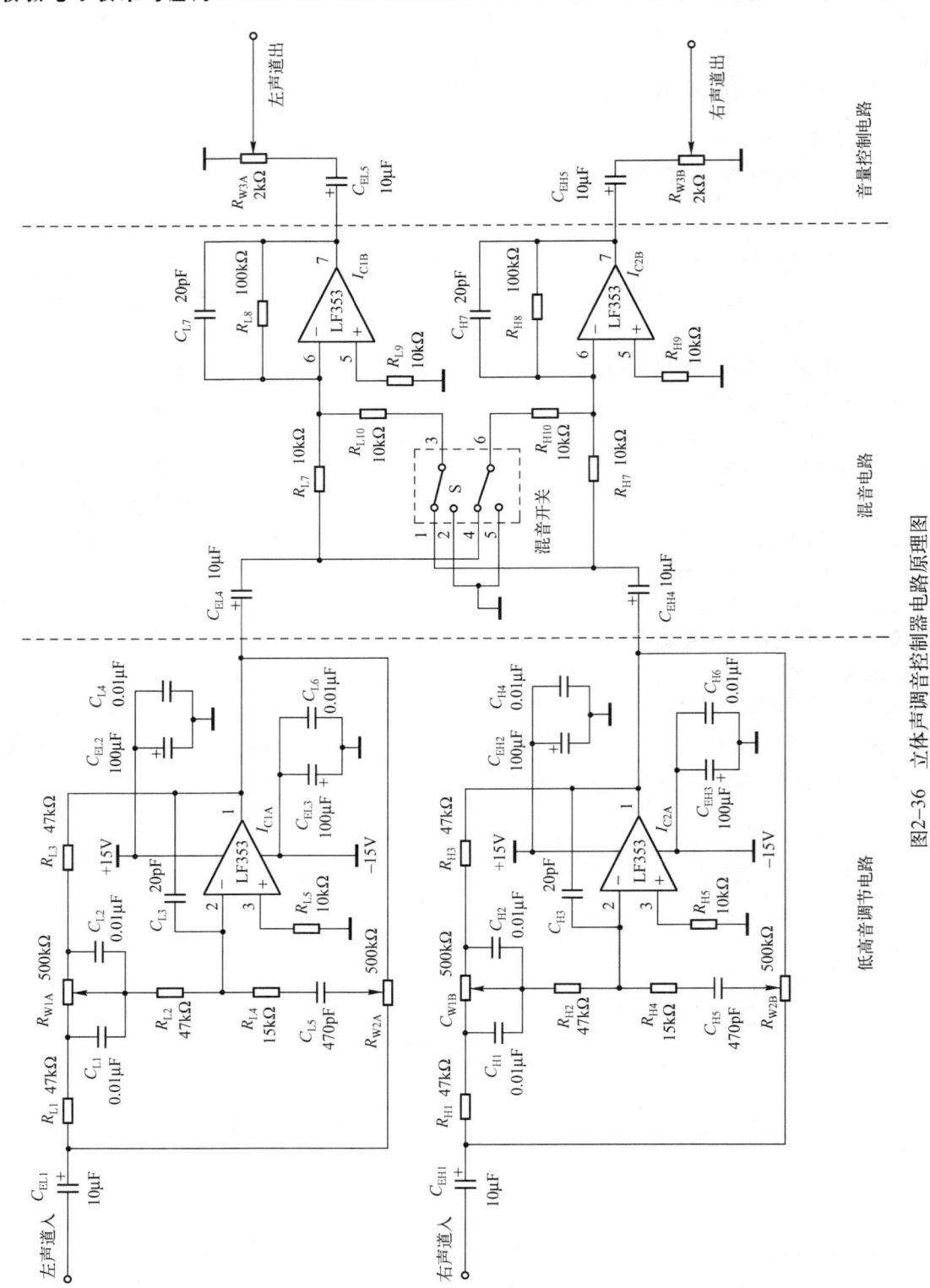

图2-36 立体声调音控制器电路原理图

$$f_{L2} = f_{LX} \times 2^{X/6}$$

$$f_{H1} = \frac{f_{HX}}{2^{X/6}} \quad （式中，X 表示最大增益。这里 X=12）$$

因此

$$f_{L2} = 100 \text{ Hz} \times 2^{12/6} = 100 \text{ Hz} \times 4 = 400 \text{ Hz}$$

$$f_{H1} = 10 \text{ kHz} \div 2^{12/6} = 10 \text{ kHz} \div 4 = 2.5 \text{ kHz}$$

可得 f_{L1}=40 Hz，f_{H2}=25 kHz。

考虑到电路的频率响应，查询相关技术手册，选择 LF353 作为运算放大器，该运放能够满足电路的技术指标要求，电源电压为±15 V。以下设计过程仅仅分析一个通道，另一个通道与该通道电路参数完全相同。实际设计的低音、高音调调节电路图 2-38 所示。

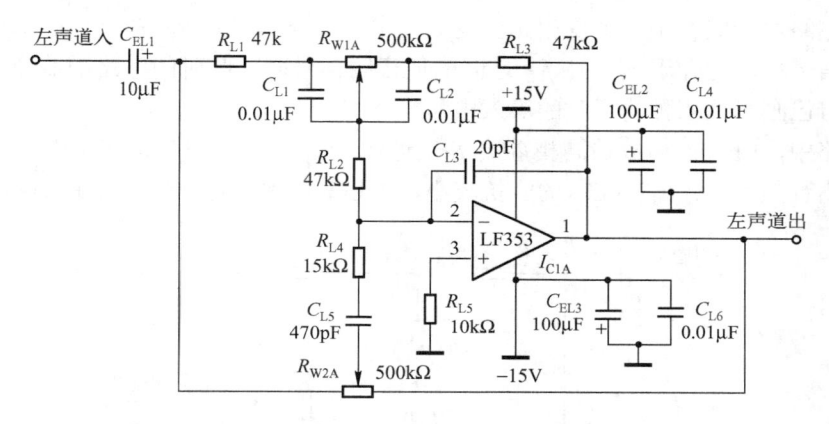

图 2-38 低音、高音调节电路

为满足电路的设计要求，电容 $C_{L1}=C_{L2} \gg C_{L5}$。由于 C_{L5} 值较小，对于低音频相当于开路，等效电路如图 2-39 所示。下面分别计算各元器件的值。

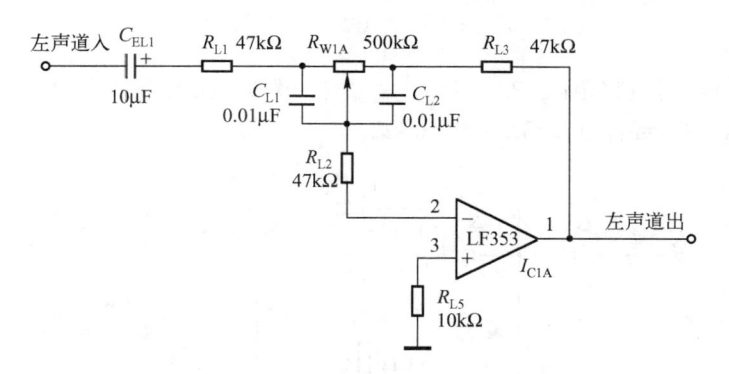

图 2-39 低音调节电路（低频等效电路）

电阻 R_{L1}、R_{L2}、R_{L3}、R_{W1A} 不能取得太大，否则运放漂移电流的影响不可忽略，但也不能太小，否则流过它们的电流将超出运放的输出能力，一般取几千欧～几十万欧。

暂取 $R_{L1}=R_{L2}=R_{L3}$=47 kΩ，R_{W1A}=500 kΩ。

模拟电子技术与应用

根据式

$$f_{L1} = 1/(2\pi R_{W1A} C_{L2}) = 40 \text{ Hz}$$

可得

$$C_{L2} = \frac{1}{2\pi R_{W1A} f_{L1}} = \frac{1}{2 \times 3.14 \times 500 \times 10^3 \times 40} = 0.008 \text{ μF}$$

取标称值 0.01 μF，即 $C_{L1}=C_{L2}=0.01$ μF。

当输入信号频率为远远小于 f_{L1} 的低音频信号时，C_{L1}、C_{L2} 的阻抗较大，可以认为是断路。此时的电路对于低音是一个反相比例运放，当电位器 R_{W1A} 滑动至最左端时，$A_{vL}=(R_{W1A}+R_{L3})/R_{L1}=1+R_{W1A}/R_{L1}=11$（20.8 dB），低音频提升最大；当电位器 R_{W1A} 滑动至最右端时，低音频衰减最大。

当输入信号频率为远远大于 f_{L2} 的低音频信号时，C_{L1}、C_{L2} 的容抗较小，可以认为是短路。此时的电路对于低音是一个反相比例运放，电路增益为 $A_{vL}=R_{L3}/R_{L1}=1$ (0 dB)。

当输入信号频率为介于 f_{L1} 和 f_{L2} 之间的低音频信号时，此时的电路增益为 –20 dB/10 倍频。请读者自己画出这三种情况时的等效电路。

在该电路中，LF353 运放的同相端接 R_{L5} 至地，R_{L5} 为平衡电阻，在本电路中选择 10 kΩ 即可。对于高音频信号，C_{L1}、C_{L2} 的容抗较小，可以认为是短路。等效电路如图 2-40 所示。

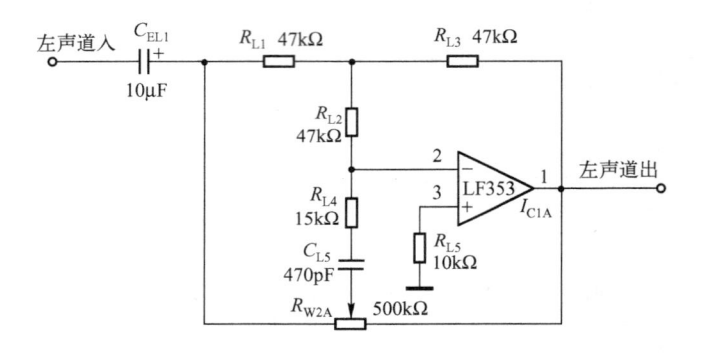

图 2-40 高音调节电路（高频等效电路）

为了便于分析，可以将电阻 R_{L1}、R_{L2}、R_{L3}、的星形连接转换成三角形连接，转换后的电路如图 2-41 所示，$R_{La}=R_{Lb}=R_{Lc}=3R_{L1}\approx 150$ kΩ。

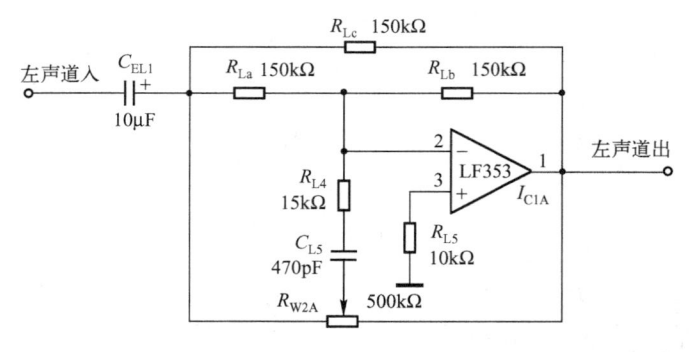

图 2-41 高音调节电路（高频等效电路）二

当输入信号频率为远远大于 f_{H2} 的高音频信号时，C_{L5} 的容抗较小，可以认为是短路。此时的电路对于高音是一个反相比例运放，当电位器 R_{W1A} 滑动至最左端时，$A_{vH}=R_{Lb}/(R_{La}//R_{L4})=11$（20.8 dB），低音频提升最大，可得 $R_{L4}=15$ kΩ。当电位器 R_{W1A} 滑动至最右端时，低音频衰减最大。

当输入信号频率为远远小于 f_{H1} 的高音频信号时。C_{L5} 的容抗较大，可以认为是断路。此时的电路对于低音是一个反相比例运放，电路增益为 $A_{vH}=R_{Lb}/R_{La}=1$（0 dB）。

当输入信号频率为介于 f_{H1} 和 f_{H2} 之间的低音频信号时，此时的电路增益为 20 dB/10 倍频。

根据式

$$f_{H2}=1/2\pi R_{L4}C_{L5}=25 \text{（kHz）}$$

可得

$$C_{L5}=\frac{1}{2\pi R_{L4}f_{H2}}=\frac{1}{2\times3.14\times15\times10^3\times25\times10^3}=424 \text{（pF）}$$

暂取 $C_{L5}=470$ pF。

（2）混音电路的计算

混音电路原理图如图 2-42 所示。混音电路实现了单声道和双声道的混音功能，其基本原理是将左右声道信号叠加后分别送入左右声道。混音电路实际是一个反相比例放大器，单/双声道转换电路实际是一个反相加法电路，该电路的增益为 20 dB。当混音开关 S 处于图示位置时，左右声道信号通过运放 I_{C1B}、I_{C2B} 实现叠加，反之则左右声道信号各自在相应的声道进行放大。

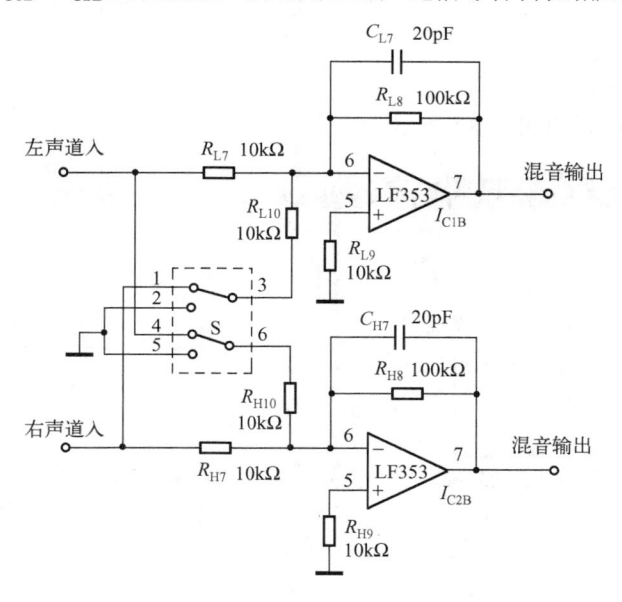

图 2-42 混音电路原理图

在该电路中，LF353 为集成运放，R_{L9} 为平衡电阻，取 10 kΩ。R_{L7}、R_{L10}、R_{L8} 构成反相加法器，通过混音开关实现左右声道信号的叠加。取 $R_{L7}=R_{L10}=10$ kΩ，$R_{L8}=100$ kΩ。

为确保电路能够输出满足要求的功率，必须确保输入功率放大器的输入信号强度足够大，同时能够实现对音量的调节，设置了音量调节电位器 R_{W3A}，通过调节电位器来控制音量的大小。

133

4）电路仿真

（1）低高音调节电路频率特性的仿真

低音、高音频放大器频率特性的仿真测试如图 2-43 所示。

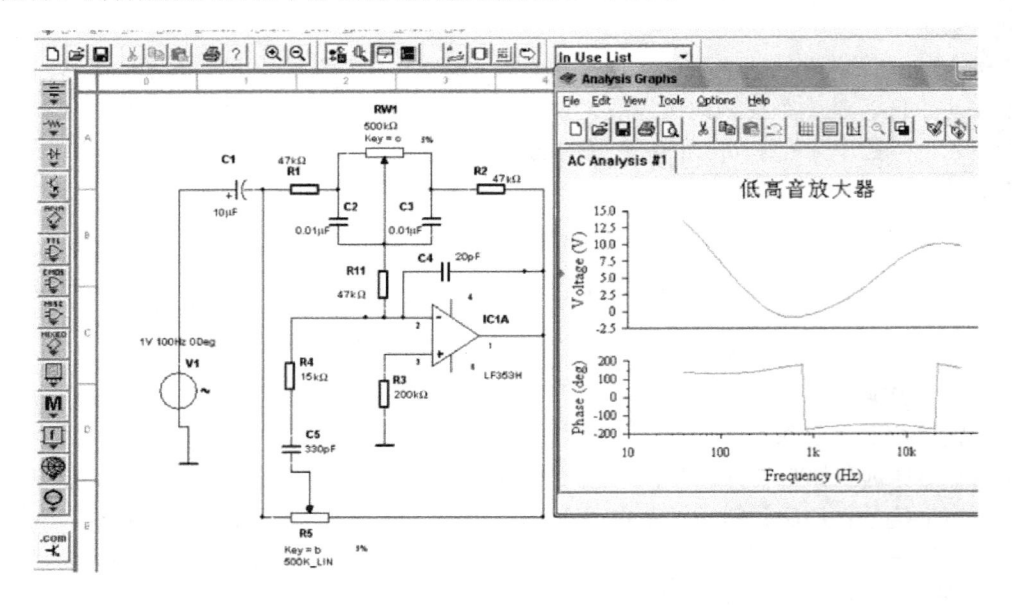

图 2-43　低音、高音频放大器频率特性的仿真测试

（2）混音电路的仿真

混音电路的仿真测试如图 2-44 所示。

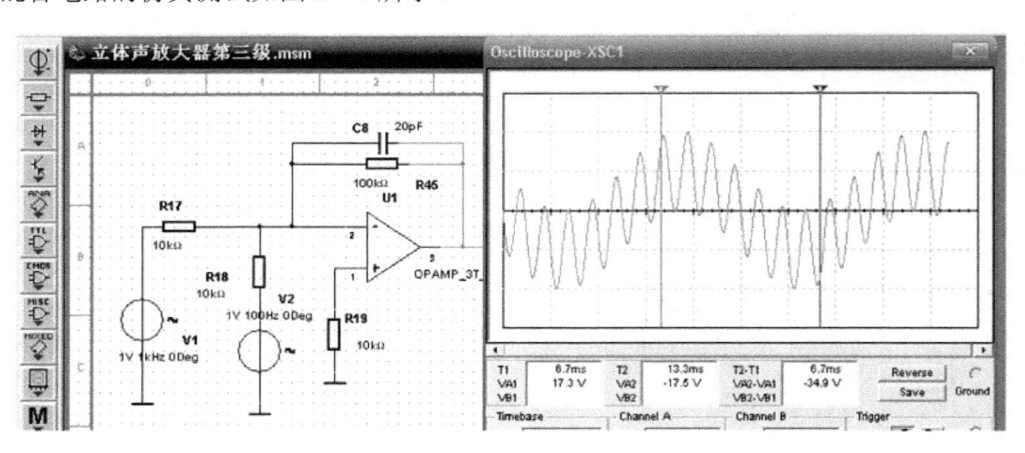

图 2-44　混音电路的仿真测试

4．元器件选型（略）
5．电路装接与调试（略）
6．电路性能检测（略）
7．设计文档编写（略）

项目 2 集成运算放大器的测试与应用设计

应用设计

1. 设计指标

（1）电压增益 $A_u \geq 30$ dB（$f=1$ kHz 时）；
（2）音频信号源幅度 U_S（有效值）≤ 10 mV，频率 $f = 0.3 \sim 15$ kHz；
（3）高音（10 kHz）与低音（0.1 kHz）相对增益最大可控变化比 ≥ 12 dB；
（4）负载（耳机）阻抗 $R_L = 30$ Ω；
（5）输出信号失真度 THD $\leq 1.0\%$；
（6）可实现双声道与单声道之间的转换。

2. 任务要求

完成原理图设计、元器件选型、电路装接与调试、电路性能检测、设计文档编写。

知识梳理与总结

（1）在放大电路中，把输出量（电压或电流）的一部分或全部送回到输入回路的过程称为反馈。反馈的性质有正负之分，按信号有直流反馈和交流反馈之分，按输入端的接入方式有串联反馈和并联反馈之分，按输出量有电压反馈和电流反馈之分。

（2）负反馈放大器的组态有电压并联、电压串联、电流并联和电流串联 4 种，其闭环增益的一般表达式为 $\dot{A}_f = \dfrac{\dot{A}}{1+\dot{A}\dot{F}}$。

（3）负反馈可以提高增益的稳定性、减小非线性失真、抑制噪声、扩展频带及控制输入和输出阻抗等。这些性能的改善与反馈深度 D 有关，反馈愈深，改善的程度愈高，但反馈深度也不宜过大。

（4）集成运算放大器是用集成工艺制成的、具有高增益的直接耦合多级放大器。它一般由输入级、中间级、输出级和偏置电路四部分组成。为了抑制温漂和提高共模抑制比，常采用差动式放大电路作为输入级；中间为电压增益级；互补对称电压跟随电路常用于输出级。

（5）差动式放大电路是集成运算放大器的重要组成单元，它既能放大直流信号，又能放大交流信号；它对差模信号具有很强的放大能力，而对共模信号却具有很强的抑制能力。

（6）集成运放工作在线性工作区时，运放接成负反馈的电路形式，此时电路可实现加、减、积分和微分等多种模拟信号的运算。分析这类电路可利用"虚短"和"虚断"这两个重要概念，以求出输出与输入之间的关系。

（7）集成运放工作在非线性工作区时，运放接成开环或正反馈的电路形式，此时电路的输出电压受电源电压限制，且通常为二值电平（非高即低）。

（8）电压比较器常用于比较信号大小、开关控制、波形整形和非正弦波信号发生器等电路中。

思考与练习题 2

1. 什么叫反馈？什么叫直流反馈和交流反馈？

2. 试在已学过的放大电路中，列举一两种引入反馈的电路，判断它们是直流反馈还是交流反馈？并用瞬时极性法判断它们的反馈极性和组态。

3. 为什么在串联负反馈中，信号源内阻 R_S 的值越小，其反馈效果越好？而在并联负反馈中情况相反，信号源内阻 R_S 的值越大，其反馈效果越好？

4. 反馈放大电路的闭环增益表达式 $\dot{A}_f \approx \dfrac{1}{F}$ 的物理意义是什么？

5. 试列举在放大电路中引入负反馈后产生的 4 种效果，并从物理概念上加以说明。

6. 如何定义共模抑制比 K_{CMR}？在差分放大电路中，为什么用 K_{CMR} 作为它的重要性能指标之一。K_{CMR} 值的高低各代表什么物理意义？

7. 集成运放电路结构有什么特点？集成运放由哪几部分组成？各部分的作用是什么？

8. 比例运算电路有哪些？其计算放大倍数的关键是什么？

9. 在反相求和电路中，集成运放的反相输入端是如何形成虚地的？该电路属于何种反馈类型？

10. 说明在差分式减法电路中，运放的两输入端存在共模电压。为提高运算精度，应选用何种运放？

11. 在分析反相加法、差分式减法、反相积分和微分电路中，所根据的基本概念是什么？如何导出它们输入与输出的关系？

12. 为减小积分电路的积分误差，应选用何种运放？

13. 在图 2-45 所示的电路中，所引入的反馈是正反馈还是负反馈？是直流反馈还是交流反馈？指出反馈网络是由什么元件组成的。

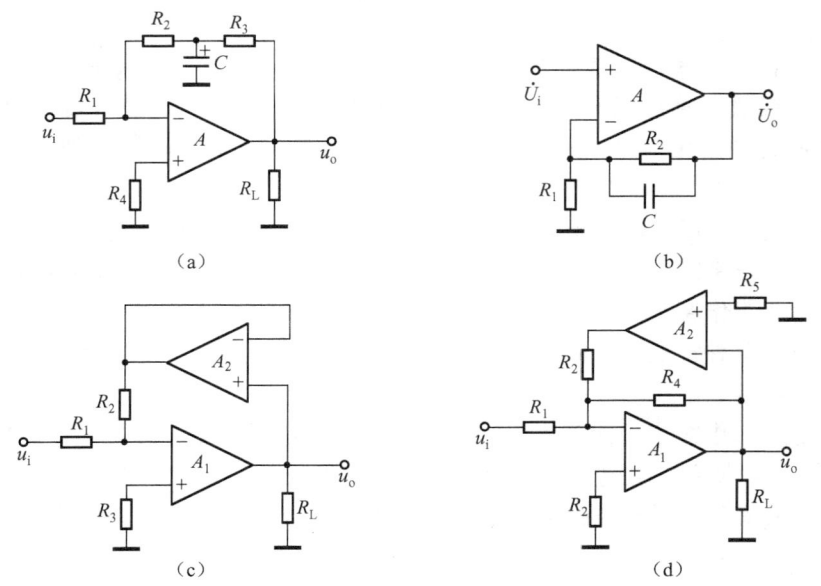

图 2-45 13 题图

14. 判断图 2-46 所示各电路中反馈的性质和组态。

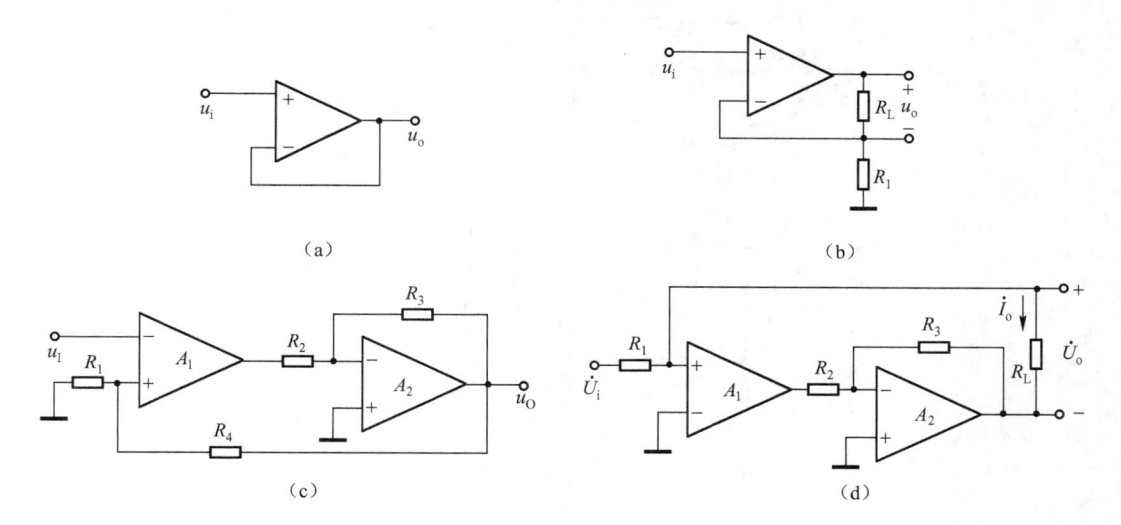

图 2-46 14 题图

15. 在电压串联负反馈放大器中，若开环电压放大倍数 A_u=−1000，反馈系数 F_u=−0.049，输出电压 U_o=2 V（有效值）。

① 求反馈深度、输入电压 U_i、反馈电压 U_f、净输入电压 U'_i 和闭环电压放大倍数 A_{uf}；

② 比较上面所求的数值，能得出什么结论？

16. 为了满足以下要求，各应引入什么组态的负反馈？

① 某仪表放大电路，要求输入电阻大、输出电流稳定。

② 某电压信号内阻很大（几乎不能提供电流），但希望经放大后输出电压与信号电压成正比。

③ 要得到一个由电流控制的电流源。

④ 要得到一个由电流控制的电压源。

⑤ 需要一个阻抗变换电路，要求输入电阻小、输出电阻大。

17. 差动放大电路中一管输入电压 u_{i1}=3 mV，试求下列不同情况下的差模分量与共模分量：① u_{i2}=3 mV；② u_{i2}=−3 mV；③ u_{i2}=5 mV；④ u_{i2}=−5 mV。

18. 若差动放大电路输出表达式为 u_o=1000u_{i2}−999u_{i1}。求：①共模放大倍数 A_{uc}，②差模放大倍数 A_{ud}，③共模抑制比 K_{CMR}。

19. 求图 2-47 所示电路的输出电压 u_O，设各运放均为理想的。

20. 求图 2-48 所示电路的输出电压 u_O，设运放是理想的。

21. 画出实现下述运算的电路：u_o=2u_{i1}−6u_{i2}+3u_{i3}−0.8u_{i4}。

22. 若图 2-49 所示运放是理想的，求证：

① $u_O = \dfrac{1}{RC}\int(u_{I2}-u_{I1})\mathrm{d}t$；

② 若 u_{i1}=0，则该电路为一同相积分器。

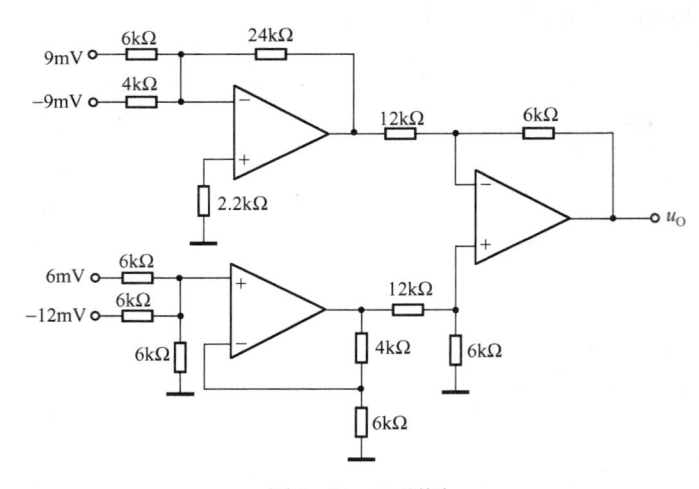

图 2-47 19 题图

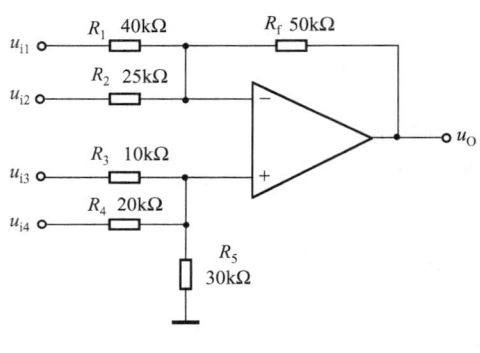

图 2-48 20 题图

23．图 2-50 所示为积分求和运算电路，设运放是理想的，试推导输出电压与各输入电压的关系式。

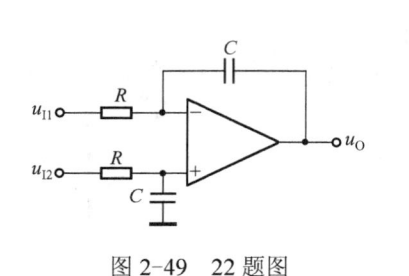

图 2-49 22 题图

图 2-50 23 题图

24．实用积分电路如图 2-51 所示，设运放和电容均为理想的。

① 试求证：$u_O = -\dfrac{R_2}{R_1 RC}\displaystyle\int u_1 \mathrm{d}t$。

② 说明运放 A_1、A_2 各起什么作用？

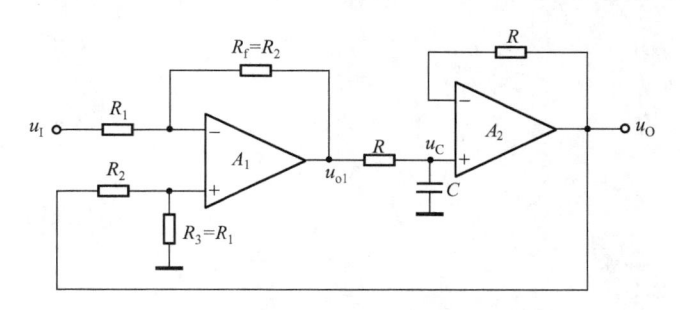

图 2-51　24 题图

25．求图 2-52（a）所示比较器的阈值，画出传输特性曲线。若输入电压 u_I 波形如图 2-52（b）所示，画出 u_O 波形（在时间上必须与 u_I 对应）。

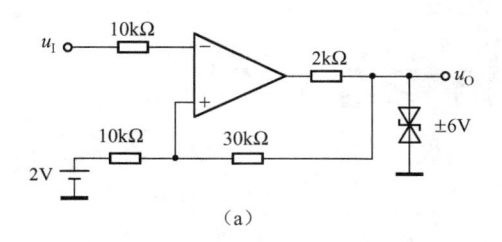

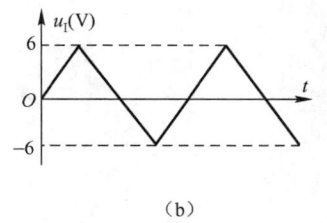

图 2-52　25 题图

项目 3 功率放大器的测试与应用设计

教学导航

教	知识重点	1. 功率放大器的特点和性能指标　　2. 功率放大器的分类 3. 功率放大器的电路组成和工作原理　　4. 功率放大器的设计
	知识难点	1. 功率放大器的工作原理　　2. 功率管的选择
	推荐教学方式	从工作任务入手,让学生逐步掌握功率放大器的特点、电路组成和工作原理,并掌握功率放大器的设计方法
	建议学时	8 学时
学	推荐学习方法	从简单任务入手,通过仿真测试,逐步掌握功率放大器的电路组成和工作原理,学会功率放大器的设计和功率管的选择
	必须掌握的理论知识	1. 功率放大器的特点和性能指标　　2. 功率放大器的分类 3. 功率放大器的电路组成和工作原理
	必须掌握的技能	功率放大器的测试、调试和设计

项目3　功率放大器的测试与应用设计

> **学习目标**
> ◇ 能正确测量功率输出级电路的基本特性。
> ◇ 理解功率放大器的电路构成、工作原理和电路中各元器件的作用。
> ◇ 能对功率放大器电路进行分析和计算。
> ◇ 能对电路中的故障现象进行分析判断并加以解决。
> ◇ 能设计和制作音频功率放大器，并能通过调试得到正确结果。

> **工作任务**
> ◇ 功率输出级电路的特性测试与结果描述。
> ◇ 音频功率放大器的设计、制作和调试。
> ◇ 撰写设计文档与测试报告。

在实际的放大电路中，无论是分立元件放大器还是集成放大器，其末级都要求输出较大的功率以便驱动如音响放大器中的扬声器等功率型负载。能够为负载提供一定交流大功率的放大电路称为功率放大电路，简称功放。

功率放大电路不仅要求输出较大的电压，而且要输出一定的电流，即在大信号的状态下工作，因此其电路结构、工作状态、分析方法及性能指标等都与电压放大电路不同。

通过本项目对功率放大器电路的测试，掌握功率放大器的应用和设计方法。

模块 3-1　功率输出级电路的测试

> **学习目标**
> ◇ 能正确测量功率输出级电路的特性。
> ◇ 理解功率输出级电路的结构、功能及元器件作用。
> ◇ 能对功率输出级电路进行分析和计算。

> **工作任务**
> ◇ 功率输出级的测试与结果描述。
> ◇ 撰写设计文档与测试报告。

任务 3-1-1　甲类基本放大电路效率的测量

应用测试

测试要求：按测试程序要求完成所有测试内容，并撰写测试报告。

测试设备：模拟电路综合测试台 1 台，0～30 V 直流稳压电源 1 台，函数信号发生器 1 台，双踪示波器 1 台，数字万用表 1 块，功率计 1 台。

测试电路：如图 3-1 所示。R_1=8.2 kΩ；R_2=10 kΩ；R_L=1 kΩ；C_1=10 μF；电源电压

模拟电子技术与应用

V_{CC}=20 V；晶体管 VT 为小功率管 8050。

测试程序：

① 按图 3-1 接好电路。

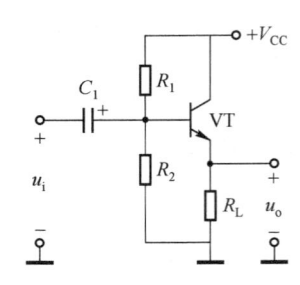

图 3-1 射极输出器效率的测量

② 在输入为零时，调整基极偏置电阻，使晶体管的 U_{CE}=10 V（$\frac{1}{2}V_{CC}$）。

③ 在输入为零时，用功率计测量直流电源提供的总功率（不计基极偏置电路的损耗功率，下同）P_V，并记录：P_V=_____mW。

用示波器测量负载电阻 R_L 上的输出电压幅度，此时应有 U_{om}=0，因此

$$P_o = \frac{1}{2} \cdot \frac{U_{om}^2}{R_3} = \underline{\quad\quad} mW \qquad \eta = \frac{P_o}{P_V} = \underline{\quad\quad} \%$$

④ 改变输入电压，使其幅值分别为 0、1 V、5 V、10 V，并将相应的测试结果填入表 3-1。

表 3-1 射极输出器效率的测试结果

U_{im}/V	0	1	5	10
U_{om}/V				
P_V				
$P_o = \frac{1}{2} \cdot \frac{U_{om}^2}{R_3}$				
$\eta = \frac{P_o}{P_V}$				

结论：对于射极输出器来说，随着输入电压 U_{im} 或输出功率 P_o 的增大，直流电源提供的总功率 P_V_____（同步增大/基本不变/同步减小）；而效率 η 则_____（同步增大/基本不变/同步减小）。

知识链接

1. 功率放大器的特点及主要指标

从能量控制和转换的角度来看，功率放大电路和一般的放大电路没有本质的区别。但功率放大电路上既有较大的输出电压，又有较大的输出电流，其负载阻抗一般相对较小，输出功率要求尽可能大。因此从功率放大电路的组成和分析方法，到电路元器件的选择，都与

项目 3 功率放大器的测试与应用设计

前几个项目中所讨论的小信号放大电路有很大的区别。低频功率放大器的主要指标有以下几个。

1) 安全地提供尽可能大的输出功率 P_o。

功率放大器的主要要求之一就是输出功率要大。为了获得较大的输出功率，要求功率放大管（简称功放管）既要输出足够大的电压，又要输出足够大的电流，因此管子往往在接近极限运用状态下工作。

所谓最大输出功率，是指在输入正弦信号时，输出波形不超过规定的非线性失真指标时，放大电路最大输出电压和最大输出电流有效值的乘积，即

$$P_{om} = U_o I_o = \frac{U_{om}}{\sqrt{2}} \times \frac{I_{om}}{\sqrt{2}} = \frac{1}{2} U_{om} I_{om} \tag{3-1}$$

式中，P_{om} 表示最大输出功率，U_{om} 表示最大输出电压的幅值，I_{om} 表示最大输出电流的幅值。

2) 提供尽可能高的功率转换效率

功率放大器实质上是一个能量转换器，它将直流电源提供的功率转换成交流信号的能量提供给负载，但同时还有一部分功率消耗在功率管上并产生热量。

所谓效率就是负载得到的有用信号功率和电源提供的直流总功率的比值，其定义为

$$\eta = \frac{P_o}{P_V} \tag{3-2}$$

式中，P_o 为输出信号功率，P_V 为直流总功率。显然，η 越大越好，但总有 $0 \leqslant \eta \leqslant 1$。

设功放管的损耗功率为 P_{VT}，则有

$$P_V = P_o + P_{VT} \tag{3-3}$$

式 (3-3) 表明，提高效率 η 可以在保持输出功率 P_o 不变的情况下降低损耗功率 P_{VT}。

值得注意的是，效率越低，输出功率就越低，相对地消耗在电路内部的损耗功率也就越高，这部分电能使元器件和功率管的温度升高，对电路的工作造成不利。因此，如何提高效率是功率放大电路的一个关键问题。

3) 非线性失真要小

功率放大器是在大信号下工作，电压电流摆动幅度很大，所以不可避免地产生非线性失真。而同一功率管的输出功率越大，非线性失真也就越严重。在实际应用中，我们应根据负载的不同要求来选择重点，如在音响和测量设备中应尽量减小非线性失真。而在控制继电器和驱动电机等工业控制场合，允许有一定的非线性失真，而以输出功率为主要目的。

4) 功率管的散热要好

在功率放大器中，即使最大限度地提高效率 η，仍有相当大的功率消耗在功率管上，使其温度升高。为了充分利用允许的管耗，使管子输出的功率足够大，就必须研究功率管的散热问题。为了功率管的工作安全，必须给它加装散热片。功率管装上散热片后，可使其输出功率成倍提高。

此外，在功率放大电路中，由于电路的输出功率较大，功率晶体管承受的电压高，通过

的电流大，因此，功率管的保护问题也不容忽视。

2. 功率放大电路的分类

1）按放大信号的频率分类

功率放大电路按放大信号的频率，可分为高频功率放大电路和低频功率放大电路。前者用于放大射频范围（几百 kHz 到几十 MHz）的信号。后者用于放大音频范围（几十 Hz 到几十 kHz）的信号。本书只介绍低频功率放大电路。

2）按构成放大电路的器件分类

功率放大电路按构成放大电路器件的不同可分为分立元件功率放大电路和集成功率放大电路。由分立元件构成的功率放大电路中，电路所用元器件较多，对元器件的精度要求也较高。输出功率可以比较高。采用单片的集成功率放大电路，主要优点是电路简单，设计生产比较方便，但是其耐电压和耐电流能力较弱，输出功率偏小。

3）按晶体管导通时间分类

在小信号放大电路中，在保证输出电压不失真的情况下，应将放大电路的工作点设置得尽可能低一点，以便减小静态工作点电流，降低静态功率损耗，提高放大电路的效率。

功率放大电路按放大器中晶体管静态工作点设置的不同，可以分为甲类、乙类、甲乙类三种，如图 3-2 所示。

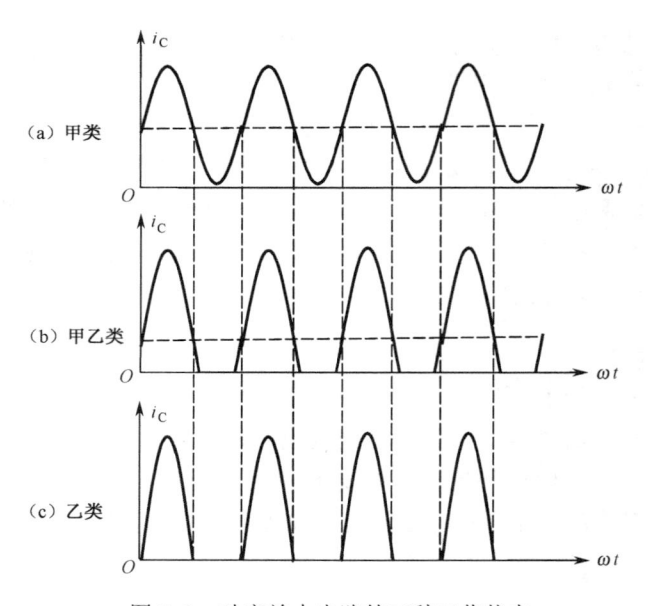

图 3-2 功率放大电路的三种工作状态

甲类功率放大电路通常将工作点设置在交流负载线的中点，放大管在整个输入信号周期内都导通，晶体管都有电流流过。甲类功放晶体管的导通角为 $\theta=360°$。

在甲类放大器中，当工作点确定之后，不管有无交流信号输入，直流电源提供的功率 P_V 始终是恒定的，且为直流电压 V_{CC} 与直流电流 I_C 之积：

项目 3 功率放大器的测试与应用设计

$$P_V = V_{CC} I_C$$

因此，由式（3-3）容易理解，当交流输出功率 P_o 越小时，管子及电阻上损耗的功率即无用功率 P_{VT} 反而越大，这种损耗功率通常以热量的形式耗散出去。也就是说，在没有信号输出时，放大器的负荷恰恰是最重的，最有可能被热击穿，显然这是极不合理的。

甲类功率放大电路的最大缺点是效率低下，可以证明，在理想情况下，甲类放大电路的效率最高也只能达到 50%。实际的甲类放大器的效率通常在 10%以下。如果能做到无信号时三极管处于截止状态、电源不提供电流，只在有信号时电源才提供电流，把电源提供的能量大部分用到负载上，整体效率就会提高很多。按照此要求设计的放大器就是乙类功率放大器。

乙类功率放大电路通常将工作点设置在截止区，放大管在整个输入信号周期内仅有半个周期导通，晶体管有电流流过。乙类功放的导通角为 $\theta=180°$。

甲乙类功率放大电路通常将工作点设置在放大区内，但很接近截止区，放大管在整个输入信号周期内有大半个周期导通，晶体管有电流流过。甲乙类功放的导通角为 $180°\leqslant\theta\leqslant 360°$。

甲乙类和乙类放大器的效率大大提高，因此甲乙类和乙类放大器主要用于功率放大电路中。

功率放大电路还有丙类、丁类等。丙类放大器一般用在高频发射机的谐振功率放大电路中，其导通角为 $\theta\leqslant 180°$。丁类放大器工作于开关状态，由于其工作效率高而得到越来越广泛的应用。

任务 3-1-2　乙类互补对称电路的特性测试

应用测试

测试要求：按测试程序要求完成所有测试内容，并撰写测试报告。

测试设备：模拟电路综合测试台 1 台，0~30 V 直流稳压电源 1 台，函数信号发生器 1 台，双踪示波器 1 台，数字万用表 1 块，功率计 1 台。

测试电路：如图 3-3 所示，$R_L=1\ k\Omega$；电源电压为 ±10 V，晶体管 VT_1 为小功率管 8050，晶体管 VT_2 为小功率管 8550。

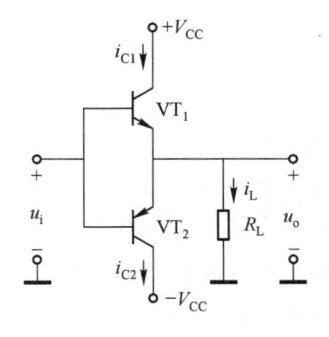

图 3-3　乙类互补对称电路的测试

模拟电子技术与应用

测试程序：

① 按图 3-3 接好电路。

② 使 u_i=0，测试两管集电极静态工作电流，并记录：I_{C1}=_____，I_{C2}=_____。

结论：互补对称电路的静态功耗_____（基本为 0/仍较大）。

③ 保持步骤②，改变 u_i，使其 f_i=1 kHz，U_{im}=10 V，用示波器（DC 输入端）同时观察 u_i、u_o 的波形，并记录波形。

结论：互补对称电路的输出波形_____（基本不失真/严重失真）。

④ 保持步骤③，不接 VT_2，用示波器（DC 输入端）同时观察 u_i、u_o 的波形，并记录波形。

结论：晶体管 VT_1 基本工作在_____（甲类状态/乙类状态）。

⑤ 保持步骤④，不接 VT_1，接入 VT_2，用示波器（DC 输入端）同时观察 u_i、u_o 波形，并记录波形。

结论：晶体管 VT_2 基本工作在_____（甲类状态/乙类状态）。

⑥ 保持步骤⑤，再接入 VT_1，用示波器测试 u_o 的幅度 U_{om}，计算输出功率 P_o 并记录：
$P_o = \dfrac{1}{2} \times \dfrac{U_{om}^2}{R_L} =$ _____。

⑦ 保持步骤⑥，用万用表测试电源提供的平均直流电流 I_0 的值，计算电源提供功率 P_V、管耗 P_{VT} 和效率 η，并记录：I_0=_____，$P_V=2V_{CC}I_0$=_____，$P_{VT}=P_V-P_o$=_____，
$\eta = \dfrac{P_o}{P_V} =$ _____%。

结论：互补对称电路相对于甲类放大电路，其效率_____（较高/较低）。

⑧ 输入端接入 u_i（f_i=1 kHz），其幅值如表 3-2 所列，用功率计测试三极管 VT_2 的管耗 P_{VT2}（或 P_{VT1}），并记录于表 3-2 中。

表 3-2　管耗 P_{VT2} 的测试结果

U_{im}/V	2	4	6	8	10
P_{VT2}/mW					

结论：互补对称电路的三极管管耗_____（是/不是）发生在输出最大时，_____（是/也不是）发生在输出最小时。

知识链接

1．OCL 乙类互补对称功率放大电路

乙类放大电路虽然管耗小，有利于提高效率，但存在严重的失真，只有半个周期导通，即输出信号只有半个波形。常用两个对称的乙类放大电路，一个放大正半周信号，另一个放大负半周信号，从而在负载上得到一个合成的完整波形，这种两管交替工作的方式称为推挽工作方式，这种电路称为乙类互补对称推挽功率放大电路。

乙类功率放大器的基本电路如图 3-4（a）所示，该电路中，VT_1 和 VT_2 分别为 NPN 型

管和 PNP 型管，两管的基极和发射极分别相互连接在一起，信号从基极输入，从发射极输出，R_L 为负载。这个电路可以看成是由图 3-4（b）、图 3-4（c）两个射极输出器组合而成的。

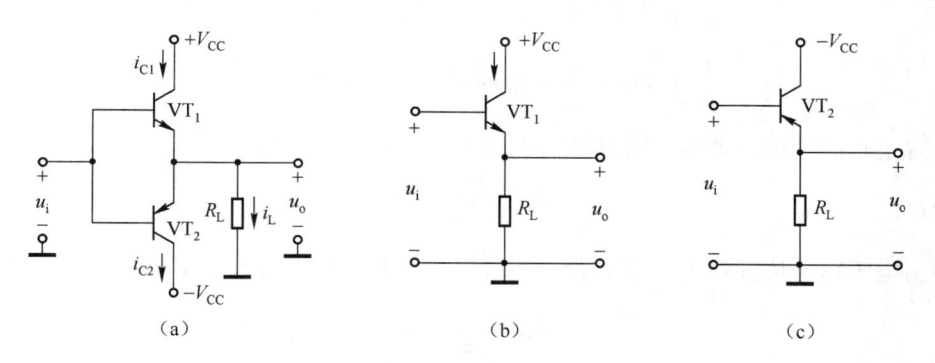

图 3-4　乙类基本互补对称电路

1）OCL 电路的静态分析

当输入信号 $u_i=0$ 时，两个三级管都工作在截止区，此时的静态工作电流为零，负载上无电流流过，输出电压为零，输出功率为零。

2）OCL 电路的动态分析

当信号处于正半周时，VT_2 截止，VT_1 放大，有电流通过负载 R_L；而当信号处于负半周时，VT_1 截止，VT_2 放大，仍有电流通过负载 R_L。负载 R_L 上流过的电流是一个完整的正弦波信号。

在电路完全对称的理想情况下，负载电阻上的直流电压为零，因此，不必采用耦合电容来隔直流，所以，该电路称为无输出电容电路（OCL 电路）。另外，该电路采用两个大小相等、极性相反的正、负直流电源供电，因此该电路又称为双电源互补对称功率放大电路。

3）OCL 电路的性能分析

参见图 3-4（a），为分析方便，设晶体管是理想的，两管完全对称，其导通电压 $U_{BE}=0$，饱和压降 $U_{CES}=0$。则放大器的最大输出电压振幅为 V_{CC}，最大输出电流振幅为 V_{CC}/R_L，且在输出不失真时始终有 $u_i=u_o$。

（1）输出功率 P_o

设输出电压的幅值为 U_{om}，有效值为 U_o；输出电流的幅值为 I_{om}，有效值为 I_o。则输出功率为

$$P_o = U_o I_o = \frac{U_{om}}{\sqrt{2}} \times \frac{I_{om}}{\sqrt{2}R_L} = \frac{1}{2}I_{om}^2 R_L = \frac{U_{om}^2}{2R_L} \tag{3-4}$$

当输入信号足够大，使 $U_{om}=U_{im}=V_{CC}-U_{CES}\approx V_{CC}$ 时，可得最大输出功率为

$$P_o = P_{om} = \frac{1}{2} \times \frac{U_{om}^2}{R_L} \approx \frac{V_{CC}^2}{2R_L} \tag{3-5}$$

（2）直流电源供给的功率 P_V

由于 VT_1 和 VT_2 在一个信号周期内均为半周导通，因此直流电源 V_{CC} 供给的功率为

$$P_{V1} = \frac{1}{2\pi}\int_0^\pi V_{CC} \times i_{C1}\mathrm{d}(\omega t) = \frac{1}{2\pi}\int_0^\pi V_{CC} \times I_{Cm}\sin\omega t\mathrm{d}(\omega t)$$

$$= \frac{1}{2\pi}\int_0^\pi V_{CC} \times \frac{U_{om}}{R_L}\sin\omega t\mathrm{d}(\omega t) = \frac{V_{CC}U_{om}}{\pi R_L}$$

因为有正负两组电源供电，所以总的直流电源供给的功率为

$$P_V = \frac{2V_{CC}U_{om}}{\pi R_L} \tag{3-6}$$

当输出电压幅值达到最大，即 $U_{om} \approx V_{CC}$ 时，得电源供给的最大功率为

$$P_{Vm} = \frac{2}{\pi} \times \frac{V_{CC}^2}{R_L} \approx 1.27 P_{om} \tag{3-7}$$

（3）效率 η

$$\eta = \frac{P_o}{P_V} = \frac{\pi}{4} \times \frac{U_{om}}{V_{CC}} \tag{3-8}$$

当输出电压幅值达到最大，即 $U_{om} \approx V_{CC}$ 时，得最高效率为

$$\eta_m = \frac{P_{om}}{P_{Vm}} = \frac{\pi}{4} \approx 78.5\% \tag{3-9}$$

这个结论是假定互补对称电路工作在乙类，且负载电阻为理想值，忽略管子的饱和压降 U_{CES} 和输入信号足够大（$U_{im} \approx U_{om} \approx V_{CC}$）情况下得来的，实际效率比这个数值要低些。

（4）管耗 P_{VT}

两管的总管耗为直流电源供给的功率 P_V 与输出功率 P_o 与之差，即

$$P_{VT} = P_V - P_o = \frac{2V_{CC}U_{om}}{\pi R_L} - \frac{U_{om}^2}{2R_L} = \frac{2}{R_L}\left(\frac{V_{CC}U_{om}}{\pi} - \frac{U_{om}^2}{4}\right) \tag{3-10}$$

显然，当 $u_i=0$ 即无输入信号时，$U_{om}=0$，$P_o=0$，管耗 P_{VT} 和直流电源供给的功率 P_V 均为 0。

（5）最大管耗和最大输出功率的关系

当输出电压幅度最大时，虽然功放管电流最大，但管压降最小，故管耗不是最大；当输出电压为零时，虽然功放管管压降最大，但集电极电流最小，故管耗也不是最大。由式（3-10）知，管耗 P_{VT} 是输出电压幅值 U_{om} 的一元二次函数，存在极值。对式（3-10）求导可得

$$\mathrm{d}P_{VT}/\mathrm{d}U_{om} = \frac{2}{R_L}\left(\frac{V_{CC}}{\pi} - \frac{U_{om}}{2}\right)$$

令 $\mathrm{d}P_{VT}/\mathrm{d}U_{om} = 0$，则

$$\frac{V_{CC}}{\pi} - \frac{U_{om}}{2} = 0$$

$$U_{om} = \frac{2}{\pi}V_{CC} \approx 0.6V_{CC} \tag{3-11}$$

项目 3 功率放大器的测试与应用设计

式（3-11）表明：当输出电压 $U_{om} = \frac{2}{\pi}V_{CC}$ 时具有最大管耗。

将式（3-11）代入式（3-10）可得最大管耗为

$$P_{VT1m} = \frac{1}{R_L}\left[\frac{\frac{2}{\pi}V_{CC}^2}{\pi} - \frac{\left(\frac{2V_{CC}}{\pi}\right)^2}{4}\right] = \frac{1}{R_L}\left[\frac{2V_{CC}^2}{\pi^2} - \frac{V_{CC}^2}{\pi^2}\right] = \frac{1}{\pi^2} \times \frac{V_{CC}^2}{R_L} \quad (3-12)$$

而最大输出功率 $P_{om} = \frac{1}{2} \times \frac{V_{CC}^2}{R_L}$，则每管的最大管耗和电路的最大输出功率具有如下关系：

$$P_{VT1m} = \frac{1}{\pi^2}\frac{V_{CC}^2}{R_L} \approx 0.2P_{om} \quad (3-13)$$

式（3-13）常用来作为乙类互补对称电路选择管子的依据。例如，如果要求输出功率为 5 W，则只要用两个额定管耗大于 1 W 的管子就可以了。

需要指出的是，上面的计算是在理想情况下进行的，实际上在选管子的额定功耗时，还要留有充分的余地。

功放管消耗的功率主要表现为管子结温的升高。散热条件越好，越能发挥管子的潜力、增加功放管的输出功率。因而，管子的额定功耗还和所装的散热片的大小有关。必须为功放管配备合适尺寸的散热器。

2．功率晶体管的选择

在选择功率晶体管时，必须考虑晶体管的最大管压降 $|V_{BR,CEO}|$、最大集电极电流 I_{Cm}、最大集电极功耗 P_{Cm}。

（1）由于乙类互补对称功率放大电路中的一个晶体管导通时，另一个晶体管截止。当输出电压达到最大不失真输出幅度时，截止管所承受的反向电压最大，且近似等于 $2V_{CC}$。因此，应选用击穿电压 $|V_{BR,CEO}| > 2V_{CC}$ 的功率管。

（2）通过功率晶体管的最大集电极电流为 V_{CC}/R_L，选择功率晶体管的最大允许的集电极电流应满足 $I_{CM} > V_{CC}/R_L$。

（3）每只功率管的最大允许管耗 P_{CM} 必须大于实际工作时的 P_{VT1m}。

【例 3-1】 已知乙类互补对称功放电路如图 3-4（a）所示，设 $V_{CC}=24$ V，$R_L=8$ Ω，试求：

① 估算其最大输出功率 P_{om} 及最大输出时的 P_V、P_{VT1} 和效率 η，并说明该功率放大电路对功率晶体管的要求。

② 放大电路在 $\eta=0.6$ 时的输出功率 P_o 的值。

解：① 求 P_{om}。

由式（3-5）可求出

$$P_{om} = \frac{1}{2} \times \frac{V_{CC}^2}{R_L} = \frac{(24\text{ V})^2}{2 \times 8\text{ Ω}} = 36\text{ W}$$

通过晶体管的最大集电极电流，晶体管的 c、e 极间的最大压降和它的最大管耗分别为

$$I_{Cm} = \frac{V_{CC}}{R_L} = \frac{24\text{V}}{8\Omega} = 3\text{ A}$$

$$U_{CEm} = 2V_{CC} = 48\text{ V}$$

$$P_{VT1m} \approx 0.2P_{om} = 0.2 \times 36\text{ W} = 7.2\text{ W}$$

功率晶体管的最大集电极电流 I_{Cm} 必须大于 3 A，功率管的击穿电压 $|V_{BR,CEO}|$ 必须大于 48 V，功率管的最大允许管耗 P_{Cm} 必须大于 7.2 W。

② 求 $\eta=0.6$ 时的 P_o 值。

由式（3-8）可求出

$$U_{om} = \frac{4V_{CC}\eta}{\pi} = \frac{4 \times 24\text{ V} \times 0.6}{\pi} \approx 18.3\text{ V}$$

则

$$P_o = \frac{1}{2} \times \frac{U_{om}^2}{R_L} = \frac{1}{2} \times \frac{(18.3\text{ V})^2}{8\text{ }\Omega} \approx 20.9\text{ W}$$

任务 3-1-3　OTL 乙类互补对称功率放大电路的测试

应用测试

测试要求：按测试程序要求完成所有测试内容，并撰写测试报告。

测试设备与软件：计算机 1 台，Multisim 2001 或其他同类软件 1 套。

测试电路：如图 3-5 所示。$R_1=R_2=R_5=1\text{ k}\Omega$；$R_3=300\text{ k}\Omega$；$R_4=200\text{ k}\Omega$；$C_1=C_3=10\text{ μF}$；$C_2=100\text{ μF}$；二极管 VD_1、VD_2 为 1N4001；电源电压为 12 V。

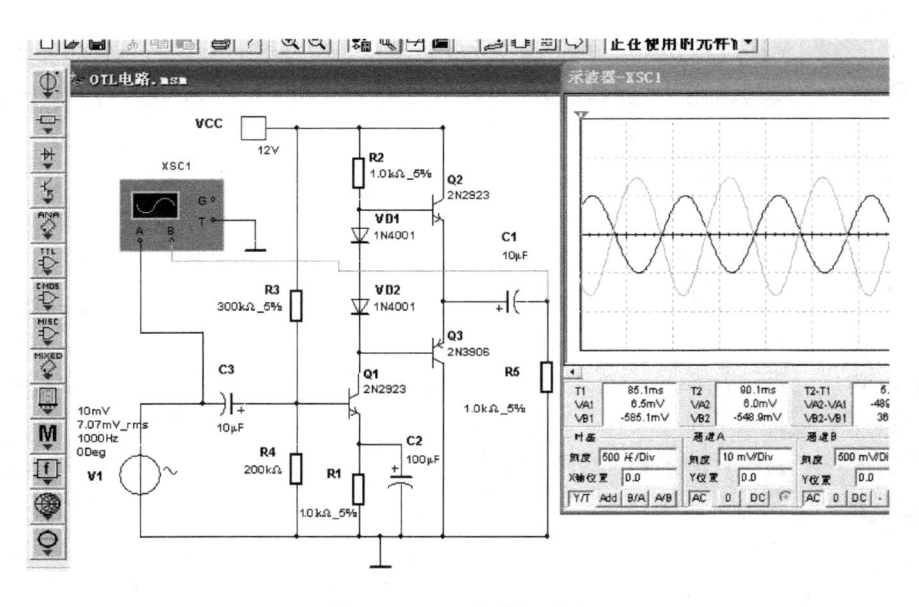

图 3-5　OTL 电路的测试

项目 3 功率放大器的测试与应用设计

测试程序:

① 按图 3-5 画仿真电路。

② 使 $u_i=0$,测试 Q_1、Q_2、Q_3 集电极静态工作电流,并记录:$I_{C1}=$_____,$I_{C2}=$_____,$I_{C3}=$_____。

结论:OTL 电路的静态功耗_____(基本为 0/仍较大)。

③ 保持步骤②,改变 u_i,使其 $f_i=1$ kHz,$U_{im}=20$ mV,用示波器(DC 输入端)同时观察 u_i、u_o 的波形,并记录波形。

结论:OTL 互补对称电路的输出波形_____(基本不失真/严重失真)。

④ 保持步骤③,增加 u_i,用示波器观察输出电压,测试输出最大不失真电压幅度 U_{om},计算输出功率 P_o 并记录:$P_o = \frac{1}{2} \times \frac{U_{om}^2}{R_5} =$_____。

结论:OTL 电路相对于 OCL 放大电路,其最大输出功率_____(较大/较小/相等)。

⑤ 保持步骤④,用万用表测试电源提供的平均直流电流 I_0 的值,计算电源提供功率 P_V、管耗 P_{VT} 和效率 η,并记录:$I_0=$_____,$P_{VT}=P_V-P_o=$_____,$\eta = \frac{P_o}{P_V} =$_____%。

结论:OTL 电路相对于 OCL 放大电路,其最大效率_____(较高/较低/相等)。

知识链接

OTL 乙类互补对称功率放大电路,相关知识如下所述。

OCL 乙类互补对称功率放大电路的特点是:双电源供电、由于电路无需输出电容,所以电路可以放大变化较缓慢的信号,频率特性较好。但由于负载电阻直接连在两个晶体管的发射极上,假如静态工作点失调或电路内元器件损坏,负载上有可能因获得较大的电流而损坏,实际电路中可以在负载回路中接入熔丝。

OCL 乙类互补对称功率放大电路具有很多优点,但是采用双电源的供电方式很不方便,互补对称电路也可采用单电源供电无输出变压器电路,即为 OTL 乙类互补对称功率放大电路。

OTL 乙类互补对称功率放大电路如图 3-6 所示,VT_1 和 VT_2 组成互补对称功放的输出电路,信号从基极输入,从发射极输出;VT_3 为前置放大级,R_L 为负载,C_1 为耦合电容,C_2 为输出端所接的大电容,由于 VT_1 和 VT_2 对称,静态时大电容 C_2 上的电压为 $V_{CC}/2$,因此 C_2 可以作为一个电源使用,C_2 还有隔直流的作用。

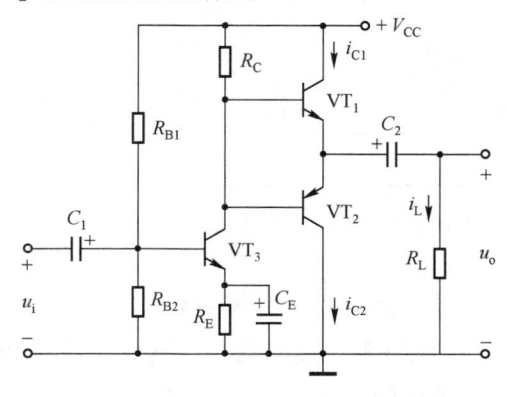

图 3-6 OTL 乙类互补对称功率放大电路

OTL 乙类互补对称功率放大电路虽然少用一个电源，但由于大电容 C_2 的存在，使电路对不同频率的信号会产生不同的相移，输出信号会产生失真。OTL 电路的分析计算方法和 OCL 基本相同，只要把前面推导出的计算公式中的 V_{CC} 换成 $V_{CC}/2$ 即可。

任务 3-1-4　BTL 乙类互补对称功率放大电路的测试

应用测试

测试要求：按测试程序要求完成所有测试内容，并撰写测试报告。

测试设备与软件：计算机 1 台，Multisim 2001 或其他同类软件 1 套。

测试电路：如图 3-7 所示。R_1=1 kΩ；电源电压为±15 V。

测试程序：

① 按图 3-7 画仿真电路。

② 使 u_i= 0，测试两管 Q_1、Q_3 集电极静态工作电流，并记录：I_{C1}=_____，I_{C3}=____。

结论：BTL 电路的静态功耗_____（基本为 0/仍较大）。

③ 保持步骤②，改变 u_i，使其 f_i=1 kHz，U_{im}=10 V，用示波器（DC 输入端）同时观察 u_i、u_o 的波形，并记录波形。

结论：互补对称电路的输出波形_____（基本不失真/严重失真）。

④ 保持步骤③，增加 u_i，用示波器观察输出电压，测试输出最大不失真电压幅度 U_{om}，计算输出功率 P_o 并记录：$P_o = \frac{1}{2} \times \frac{U_{om}^2}{R_1}$ =_____。

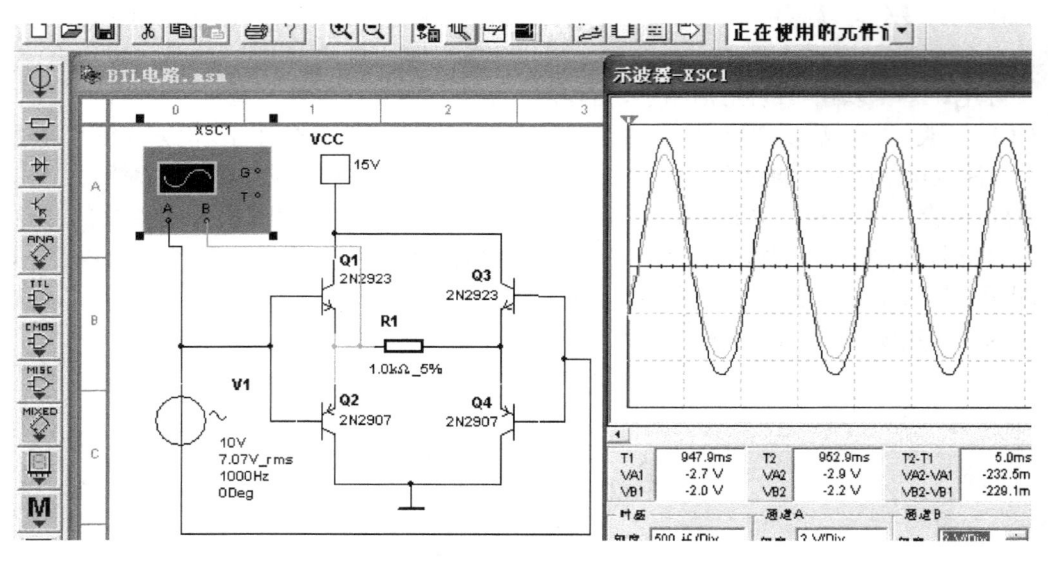

图 3-7　BTL 互补对称功率放大电路

结论：BTL 电路相对于 OCL 放大电路，其输出功率_____（较大/较小/相等）。

⑤ 保持步骤④，用万用表测试电源提供的平均直流电流 I_0 的值，计算电源提供功率 P_V、管耗 P_{VT} 和效率 η，并记录：I_0=_____　I_0=_____，$P_{VT}=P_V-P_o$=_____，

项目 3 功率放大器的测试与应用设计

$\eta = \dfrac{P_\text{o}}{P_\text{V}} = $ _____ %。

结论：BTL 互补对称电路相对于 OCL 放大电路，其效率 _____ （较高/较低/相等）。

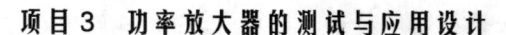

知识链接

BTL 乙类互补对称功率放大电路，相关知识如下所述。

OCL 电路和 OTL 电路的特点是效率高，不足是电源利用率不高，电路中负载上获得的最大输出电压值只有所加电源电压的一半，电路的输出功率将受到电源电压的限制。为了提高电源的利用率，使负载上获得较大的功率，可以采用平衡式无输出变压器电路，又称为 BTL 电路。

BTL 乙类互补对称功率放大电路如图 3-8 所示，VT_1 和 VT_2，VT_3 和 VT_4 分别组成一对互补管，BTL 电路由两组对称电路组成，R_L 为负载；信号从基极输入，从发射极输出。

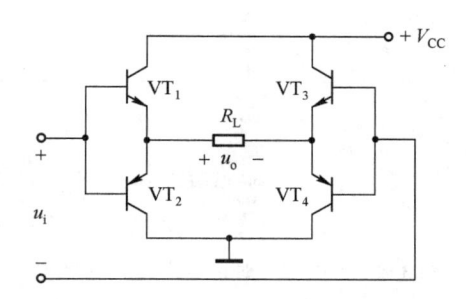

图 3-8　BTL 乙类互补对称功率放大电路

静态时，负载 R_L 上的输出为零。输入信号 u_i 正半周时，晶体管 VT_1 和 VT_4 导通，输出电压最大值约为 V_{CC}，输入信号 u_i 负半周时，晶体管 VT_2 和 VT_3 导通，输出电压最大值约为 V_{CC}。输出功率为

$$P_\text{o} = P_\text{om} = \dfrac{1}{2} \times \dfrac{U_\text{om}^2}{R_L} \approx \dfrac{V_\text{CC}^2}{2R_L}$$

可以证明，在同样大小的电源电压的负载的情况下，BTL 电路的效率近似为 78.5%。最大输出功率是 OTL 电路的 4 倍。其输出也不需要接耦合电容。其缺点是所用的晶体管数目较多。

任务 3-1-5　乙类互补对称电路失真现象的测试

应用测试

测试要求：按测试程序要求完成所有测试内容，并撰写测试报告。

测试设备与软件：计算机 1 台，Multisim 2001 或其他同类软件 1 套。

测试电路：如图 3-9、图 3-10 所示。R_1=1 kΩ；二极管 VD_1、VD_2 为 1N4001；电源电压为±10 V。

153

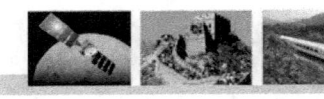

模拟电子技术与应用

测试程序：

① 按图3-9画仿真电路。

② 输入端接入 u_i（f_i =1 kHz，U_{im} =3 V），用示波器（DC 输入端）同时观察 u_i、u_o 的波形，并记录波形。

结论：基本（乙类）互补对称电路的输出波形在过零点处_____（无失真/有明显失真）。

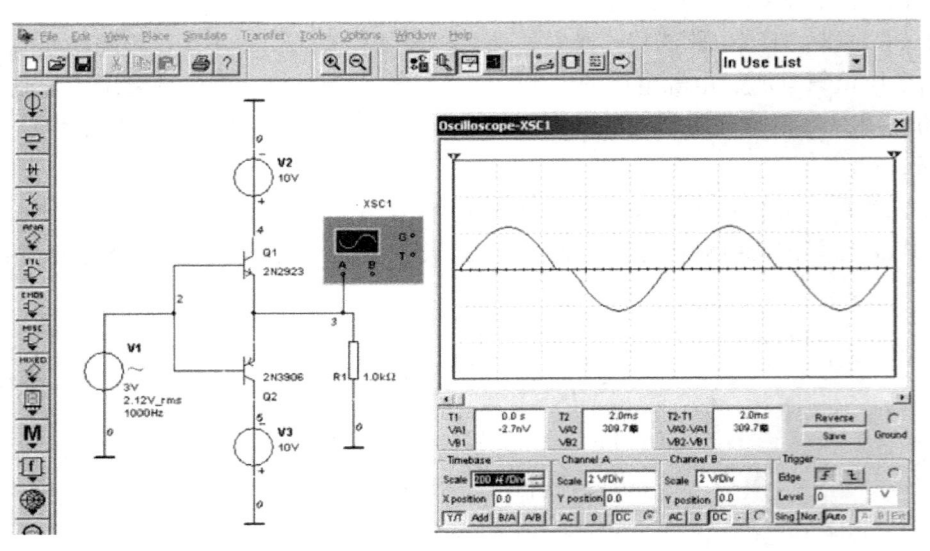

图 3-9　乙类互补对称电路失真的测试

③ 按图3-10画仿真电路。

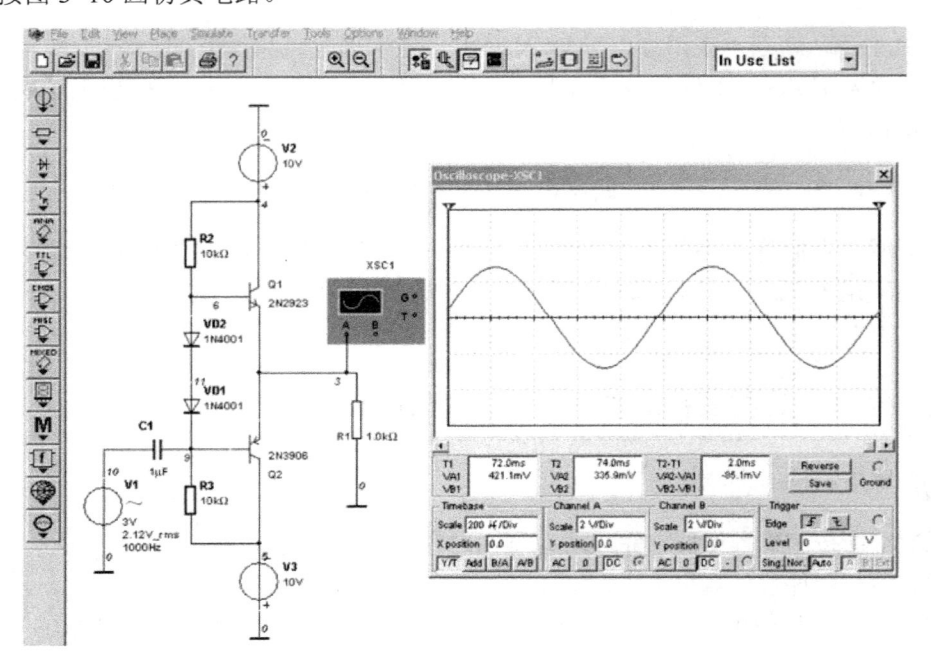

图 3-10　甲乙类互补对称电路失真的测试

项目3 功率放大器的测试与应用设计

④ 输入端接入 u_i（f_i =1 kHz，U_{im} =3 V），用示波器（DC 输入端）同时观察 u_i、u_o 的波形，并记录波形。

结论：相对于基本（乙类）互补对称电路而言，甲乙类互补对称电路的输出波形在过零点处_____（基本无失真/有明显失真）。

知识链接

1．乙类互补对称电路的失真

前面所讨论的乙类互补对称电路（图 3-11（a）所示）在实际应用中还存在一些缺陷，主要是晶体管没有直流偏置电流，因此只当输入电压大于晶体管导通电压（硅管约为 0.7 V，锗管约为 0.2 V）时才有输出电流，当输入信号 u_i 低于这个数值时，VT$_1$ 和 VT$_2$ 都截止，i_{C1} 和 i_{C2} 基本为零，负载 R_L 上无电流通过，出现一段死区，如图 3-11（b）所示，这种现象称为交越失真。解决这一问题的办法就是预先给晶体管提供一较小的基极偏置电流，使晶体管在静态时处于微弱导通状态，即甲乙类状态。

2．甲乙类互补对称电路

图 3-12 所示为采用二极管作为偏置电路的甲乙类双电源互补对称电路。该电路中，VD$_1$、VD$_2$ 上产生的压降为互补输出级 VT$_1$、VT$_2$ 提供了一个适当的偏压，使之处于微导通的甲乙类状态，且在电路对称时，仍可保持负载 R_L 上的直流电压为 0；而 VD$_1$、VD$_2$ 导通后的交流电阻也较小，对放大器的线性放大影响很小。另外，VT$_3$ 通常构成驱动级，为简明起见，其基极偏置电路在这里未画出。

（a）电路

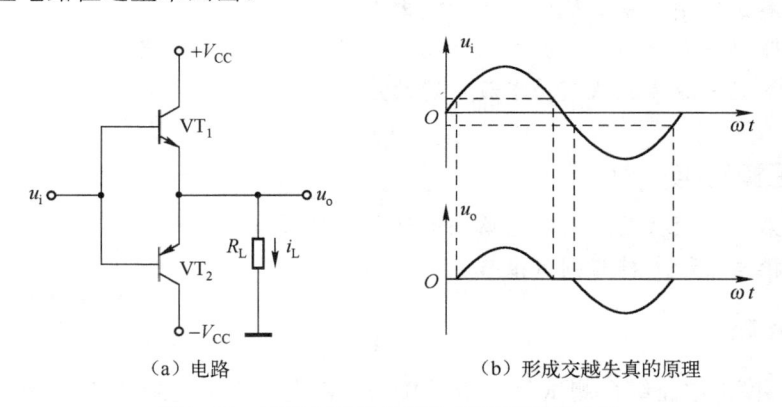

（b）形成交越失真的原理

图 3-11 工作在乙类的双电源互补对称电路

采用二极管作为偏置电路的缺点是偏置电压不易调整。图 3-13 所示为利用恒压源电路进行偏置的甲乙类互补对称电路。该电路中，由于流入 VT$_4$ 基极的电流远小于流过 R_1、R_2 的电流，因此可求出为 VT$_1$、VT$_2$ 提供偏压的 VT$_4$ 管的 $U_{CE4} = (1+R_1/R_2)U_{BE4}$，而 VT$_4$ 管的 U_{BE4} 基本为一固定值，即 U_{CE4} 相当于一个不受交流信号影响的恒定电压源，只要适当调节 R_1 与 R_2 的比值，就可改变 VT$_1$、VT$_2$ 的偏压值，这是集成电路中经常采用的一种方法。

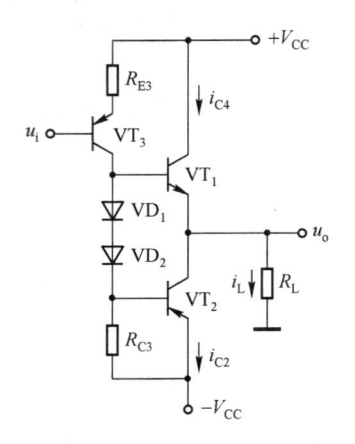

图 3-12 利用二极管进行偏置的电路 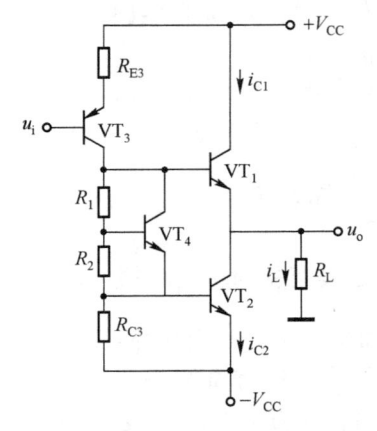　　　　图 3-13 利用恒压源电路进行偏置的电路

思维拓展

1. OTL 电路是为克服 OCL 电路的什么不足而提出的？是如何实现的？
2. 乙类互补对称功率放大电路为什么会产生交越失真？如何消除交越失真？

模块 3-2　集成低频功率放大器的测试

学习目标

◇ 能正确测量集成低频功率放大器电路。
◇ 理解集成低频功率放大器的结构、功能及元器件作用。
◇ 掌握一般集成低频功率放大器的应用。

工作任务

◇ 集成低频功率放大器电路的测试与结果分析。
◇ 撰写设计文档与测试报告。

应用测试

测试设备：模拟电路综合测试台 1 台，0～30 V 直流稳压电源 1 台，函数信号发生器 1 台，双踪示波器 1 台，数字万用表 1 块，耳机 1 副。

测试要求：按测试程序要求完成所有测试内容，并撰写测试报告。

测试电路：图 3-14 所示集成功率放大器的电路，电路中，R_1=100 Ω、R_W=10 kΩ，C_1=1 μF、C_2=100 μF、C_E=10 μF，集成功率放大器为 LM386，喇叭可用 8 Ω-2 W 的电阻代替。

测试程序：

① 接好图 3-14 所示电路，并接入 +V_{CC} = +12 V。
② 保持步骤①，接入 u_{in} 为 0.1 V、1 kHz 的正弦波信号。

项目 3　功率放大器的测试与应用设计

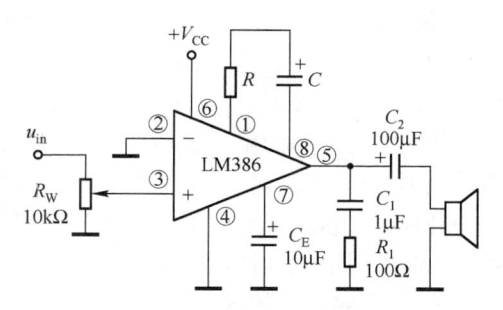

图 3-14　LM386 集成功率放大器的电路

③ 保持步骤②，不接电阻 R 和电容 C，即：①脚和⑧脚之间开路，将函数信号发生器的输出频率调到 1 kHz，输出幅度调到最小，接入电路 u_{in}。喇叭可用 8 Ω-2 W 的电阻代替。观察输出电压波形。逐渐调大函数信号发生器的输出幅度，直至示波器上观察到峰-峰值 4 V 左右的信号。测量输入信号峰-峰值_____，计算电压放大倍数_____，计算输出功率_____。

④ 保持步骤②，①脚和⑧脚之间接入 10 μF 的电容，重复步骤③，测量输入信号峰-峰值_____，计算电压放大倍数_____，计算输出功率_____。

⑤ 保持步骤②，接入 R=1.2 kΩ 的电阻、C=10 μF 的电容时，重复步骤③，测量输入信号峰-峰值_____，计算电压放大倍数_____，计算输出功率_____。

⑥ 保持步骤②，不接电阻 R 和电容 C，即：①脚和⑧脚之间开路，将函数信号发生器的输出频率调到 1 kHz，输出幅度调到最小，接入电路 u_{in}。喇叭可用 8 Ω-2 W 的电阻代替。观察输出电压波形。逐渐调大函数信号发生器的输出幅度，直至示波器上观察到峰-峰值 4 V 左右的信号。保持函数信号发生器输出幅度不变，逐渐调高信号频率，直至示波器上观察到峰-峰值 2.8 V（0.707 倍）左右，记下此时的输入信号频率，即功放的上限频率为_____kHz。

⑦ 输入信号用 MP3 代替，负载电阻换成喇叭，调节电位器 R_W，听一听喇叭中的音乐效果。

知识链接

集成功率放大器，相关知识如下所述。

集成功率放大器由功率放大集成块和一些外部阻容元件构成。它具有线路简单、性能优越、工作可靠、调试方便等优点，额定输出功率从几瓦至几百瓦不等。已经成为音频领域中应用十分广泛的功率放大器。

集成功率放大器中最主要的组件是功率放大集成块，功率放大集成块内部通常包括前置级、推动级和功率级等几部分电路，一般还包括消除噪声、短路保护等一些特殊功能的电路。

功率放大集成块种类繁多，近年来市场上常见的主要有以下三家公司的产品。

（1）美国国家半导体公司（NSC）的产品，其代表芯片有 LM1875、LM1876、LM3876、LM3886、LM4766、LM4860、LM386 等。

（2）荷兰飞利浦公司（PHILIPS）的产品，其代表芯片有 TDA15××系列，比较著名的有 TDA1514、TDA1521。

（3）意-法微电子公司（SGS）的产品，其代表芯片有 TDA20×× 系列，以及 DMOS 管的 TDA7294、TDA7295、TDA7296 等。

美国国家半导体公司的小功率音频功率放大集成电路 LM386 的外围电路比较简单，双列直插式封装，8 个引脚，单电源供电，电源电压范围广（4～12 V 或 5～18 V）；功耗低，在 6 V 电源电压下的静态功耗仅为 24 mW；输入端以地为参考，同时输出端被自动偏置到电源电压的一半；频带较宽（300 kHz），输出功率为 0.3～0.7 W，最大可达 2 W。LM386 主要应用于低电压消费类产品中，特别适用于电池供电的场合。

图 3-15 所示为 LM386 集成功率放大器的内部电路，该电路中由差动放大电路构成输入级，其电路形式为双端输入-单端输出结构。共射放大电路构成中间放大级，VT_9 和 VT_{10} 构成互补对称电路的输出级。采用单电源供电的 OTL 电路形式。内部自带有反馈回路，电阻 R_7 从输出端连接至输入级，与 R_5、R_6 组成反馈网络，形成电压串联交直流负反馈。可以稳定静态工作点，减小失真。VT_8、VD_1、VD_2 的作用是为 VT_9、VT_{10} 提供适当的直流偏置，以防止 VT_9、VT_{10} 产生交越失真。I 为恒流源，作为中间级的负载。

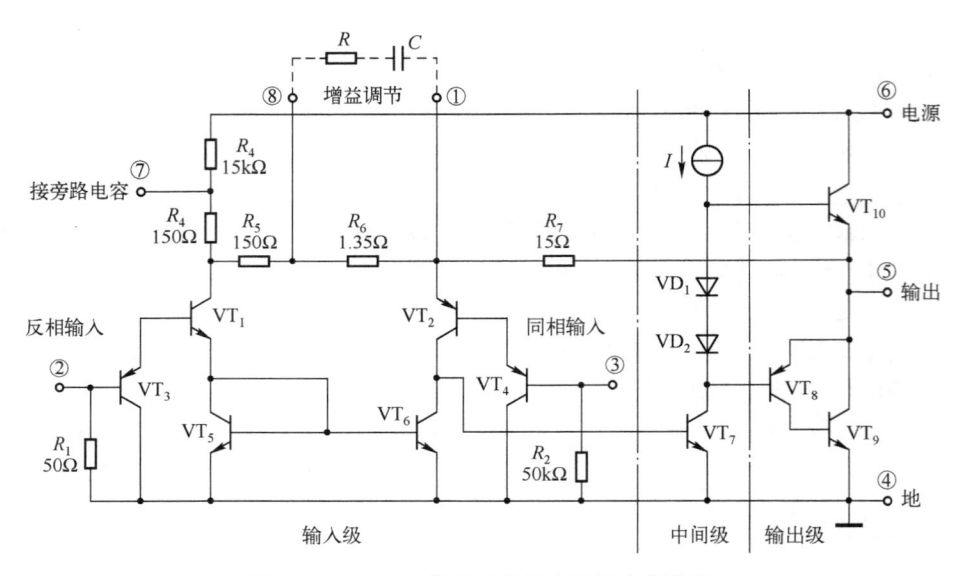

图 3-15 LM386 集成功率放大器的内部电路

图 3-16（a）所示为 LM386 集成功率放大器的引脚图，②脚为反相输入端，③脚为同相输入端，⑤脚为输出端，⑥脚接电源 $+V_{CC}$，④脚接地，⑦脚接一个旁路电容，一般取 10 μF，①脚和⑧脚之间增加一只外接电阻和电容，便可使电压增益调为任意值（LM386 电压增益可调范围为 20～200），最大可调至 200。若①脚和⑧脚之间开路，则电压放大倍数为内置值 20；若①脚和⑧脚之间只接一个 10 μF 的电容，则电压放大倍数可达 200。

如图 3-16（b）所示为 LM386 集成功率放大器的典型应用电路，若 $R=1.2\ k\Omega$，$C=10\ \mu F$，电压放大倍数可达 50；使用时，可通过调节 R 的大小来调节电压放大倍数的大小。

LM386 在和其他电路结合使用时有可能产生自激，对于高频自激，可在输入端和地之间，引脚⑧与地之间加接一个小电容；对于低频自激，可在输入端与地之间加接一电阻，同时加大电源脚（⑥脚）的滤波电容。

项目 3　功率放大器的测试与应用设计

（a）引脚图　　　　　　　　　　（b）典型应用电路

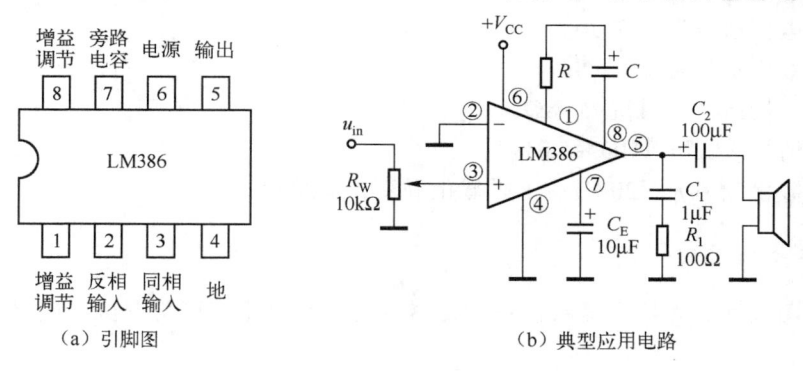

图 3-16　LM386 集成功率放大器的引脚图和典型应用电路

选择功率放大集成块时主要应注意芯片的输出功率、供电类型、最大和最小供电电压及典型供电电压值；其次考虑的因素有放大倍数（增益）的大小、效率的高低，还要考虑芯片总谐波失真的大小、频率特性、输入阻抗和负载电阻的大小，最后还要考虑外围电路的复杂程度。

思维拓展

如果一个集成功率放大器（如 LM4860）内部集成了两个相同的功率放大器，如何组成一个 BTL 电路，以提高功率放大倍数？

实训 3　音频功率放大器的设计

学习目标

◇ 能独立完成音频功率放大器的设计。
◇ 能解决一般电路故障问题。

工作任务

◇ 初选电路，画出电路草图。
◇ 计算电路中各元器件参数，在计算结果的基础上对各元器件进行选型。
◇ 查阅电子元器件手册，并在电路设计过程中正确选用相关元器件。
◇ 进行电路装接、调试、电路图修改和故障处理。
◇ 绘制最终的标准电路图。
◇ 通过上述步骤，独立完成音频功率放大器的设计与制作。

设计案例

1. 设计指标

（1）最大输出功率（单通道）$P_{om} \geqslant 2$ W。

(2) 功放电压增益为 $A_u \geqslant 20$。

(3) 最大效率 $\eta \geqslant 50\%$。

(4) 负载（扬声器）阻抗 $R_L = 8\Omega$。

(5) 输出信号失真度 THD$\leqslant 5.0\%$。

(6) 下限截止频率 $f_L \leqslant 20$ Hz；上限截止频率 $f_H \geqslant 20$ kHz。

2．任务要求

完成原理图设计、元器件参数计算、元器件选型、电路装接与调试、电路性能检测、设计文档编写。

3．设计内容（示例）

1）电路原理图设计

功率放大器的电路原理图如图 3-17 所示。

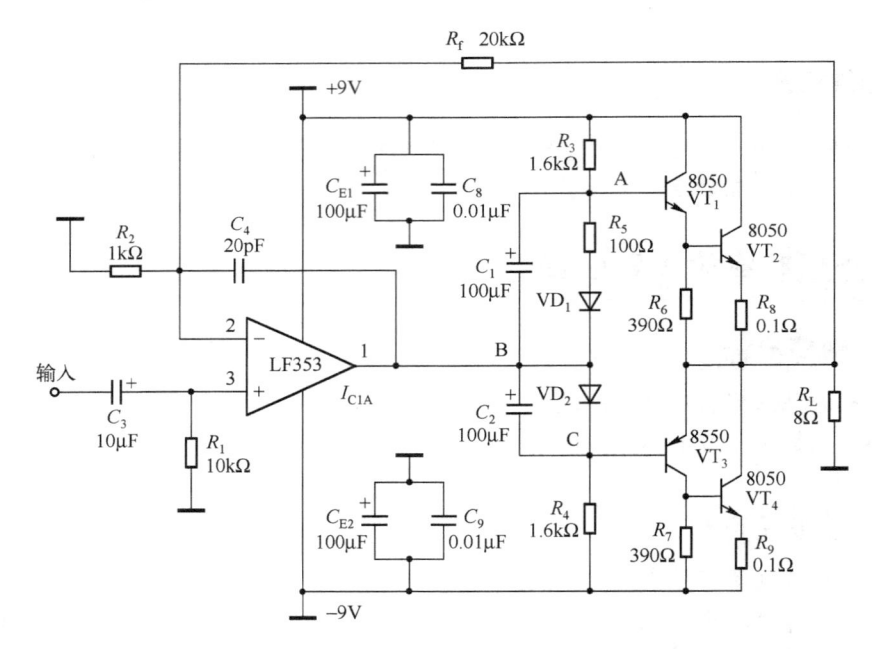

图 3-17 功率放大器的电路原理图

为满足电路的输出功率和效率的要求，功率放大电路采用驱动级和末级功放两级电路组成。驱动级采用运放 LF353 组成的同相比例运放；末级功率放大电路采用复合管构成的乙类推挽功率放大电路。

其中 VT$_1$、VT$_2$ 组成NPN复合管；VT$_3$、VT$_4$ 组成PNP复合管。它们组成了乙类推挽功率放大器。电阻 R_6、R_7 的作用是调整静态工作点；电阻 R_8、R_9 的作用是稳定静态工作点，并且在输出短路时，起到一定的限流保护作用。

二极管 VD$_1$、VD$_2$ 和电阻 R_5 的作用是为复合管提供一定的基极偏置，消除交越失真。二极管 VD$_1$、VD$_2$ 取 1N4007。

电容 C_{E1}、C_{E2} 和 C_8、C_9 为电源滤波电容。电容 C_{E1}、C_{E2} 的容量取值大一些好，选用 100 μF 的电解电容，电容 C_8、C_9 选用 0.01 μF 的瓷片电容。

电容 C_1、C_2 的作用是当交流信号输入时保持 A、B、C 三点电位相同。使 OCL 电路的输入端保持对称的波形，考虑到通频带的要求，电容 C_1、C_2 的容量取值大一些好，选用 100 μF 的电解电容。

电容 C_3 为耦合电容，选用 10 μF 的电解电容。

电容 C_4 为防止运放自激的电容，容量可以小一些，暂取 20 pF 的瓷片电容。

电阻 R_f 引入了交直流负反馈，直流负反馈使直流输出全部返回，保证零输入时有零输出。交流负反馈使驱动级电路成为一个同相比例放大电路。

2）计算电路中各元器件的参数

（1）估算电源电压值

根据设计要求，最大输出功率 $P_{om} \geqslant 2$ W，输出负载电阻 $R_L = 8\ \Omega$，可以得到输出负载上得到的电压。因为根据式 $P_o = U_o I_o = \dfrac{U_{om}^2}{2R_L}$，得到

$$U_{om} = \sqrt{2 \times P_o \times R_L} = \sqrt{2 \times 2 \times 8} \approx 5.7\ \text{V}$$

为减小电路损耗，电阻 R_8、R_9 的值应远远小于电阻 R_L。取 $R_8 = R_9 = 0.1\ \Omega$。由于反馈电阻 R_f 上的电流很小，可以认为通过电阻 R_8、R_9 上的电流近似等于输出电流 I_L。

得

$$I_L = \dfrac{U_{om}}{\sqrt{2} R_L} = \dfrac{5.7\text{V}}{\sqrt{2} \times 8} \approx 0.5\ \text{A}$$

可以计算出电阻 R_8、R_9 的功率为 $P_{R_8} = I_L^2 \times R_8 = 0.025$ W；取常用的 0.125 W 的金属膜电阻即可。

电源电压：

$$V_{CC} = U_{CE_{VT2}} + U_{R_8} + U_{R_L} = 1 + \sqrt{2} \times 0.5 \times 0.1 + 5.7 \approx 6.8\ \text{V}$$

暂取电源电压 V_{CC} 为 9 V。

这里考虑功放管的饱和压降为 1 V，具体的参数要查阅功放管的手册，不同型号的管子饱和压降也不尽相同。

（2）估算偏置电阻值

输出电压最大时，VT_1 的射极电流约等于负载电阻上的电流。

即

$$i_{E2m} = i_{Lm} = \dfrac{U_{om}}{R_L} = 0.71\ \text{A}$$

假定功放管 $\beta = 200$，则可得出

$$i_{B2m} = \dfrac{i_{E2m}}{1+\beta} = \dfrac{0.71\ \text{A}}{201} \approx 3.5\ \text{mA}$$

假设电阻 R_6 上的电流值为 2 mA，则 VT_2 的射极电流约等于

$$i_{E1m} = i_{B2m} + i_{R_6} = 5.5\ \text{mA}$$

则

$$i_{B1m} = \dfrac{i_{E2m}}{1+\beta} = \dfrac{5.5\ \text{mA}}{201} \approx 27.5\ \mu\text{A}$$

模拟电子技术与应用

取静态时二极管上的电流大约为 5 mA 左右，晶体管基极电流很小，可不考虑其影响。取常用的 1N4007 即可满足要求。

则 $2V_{CC}+2V_D=5×(R_3+R_4+R_5)$，可得 $R_3+R_4+R_5=3.32 \text{ k}\Omega$。

可暂取 $R_3=R_4=1.6 \text{ k}\Omega$；$R_5=100 \text{ }\Omega$（$R_5$ 可调节，以消除失真为标准）。

同理可估算出电阻 $R_6=R_7≈390 \text{ }\Omega$。

末级功放电路为射极输出器，没有电压放大作用，所以主要增益在驱动级电路。驱动级电路实质为一个同相比例放大电路，它的电压放大倍数为

$$A_u = 1 + \frac{R_f}{R_2} \geqslant 20$$

取电阻 R_2 为 1 kΩ，电阻 R_f 为 20 kΩ。R_1 为输入端平衡电阻，取 10 kΩ。

实际上，由于电阻 R_8 和 R_9 的存在，可能达不到要求，调试时还可以对 R_f 进行参数调整。

（3）功率管的选择

晶体管的最大集电极电流，晶体管的 c、e 极间的最大压降和它的最大管耗分别为

$$I_{Cm} = \frac{V_{CC}}{R_L} = \frac{9 \text{ V}}{8 \text{ }\Omega} = 1.1 \text{ A}$$

$$U_{CEm} = 2V_{CC} = 18 \text{ V}$$

$$P_{VT1m} ≈ 0.2P_{om} = 0.2 × 2 \text{ W} = 0.4 \text{ W}$$

功率晶体管的最大集电极电流 I_{Cm} 必须大于 1.1 A，功率管的击穿电压 $|V_{BR,CEO}|$ 必须大于 18 V，功率管的最大允许管耗 P_{Cm} 必须大于 0.4 W。查阅附录 F 可以找到小功率三极管 8050（NPN）和 8550（PNP）的最大集电极电流 I_{Cm}=1.5 A、击穿电压 $|V_{BR,CEO}|$=25 V、最大允许管耗 P_{Cm}=1 W、放大倍数 β=60～300，满足设计要求。

3）音频功率放大器仿真

音频功率放大器功放级仿真电路如图 3-18 所示。

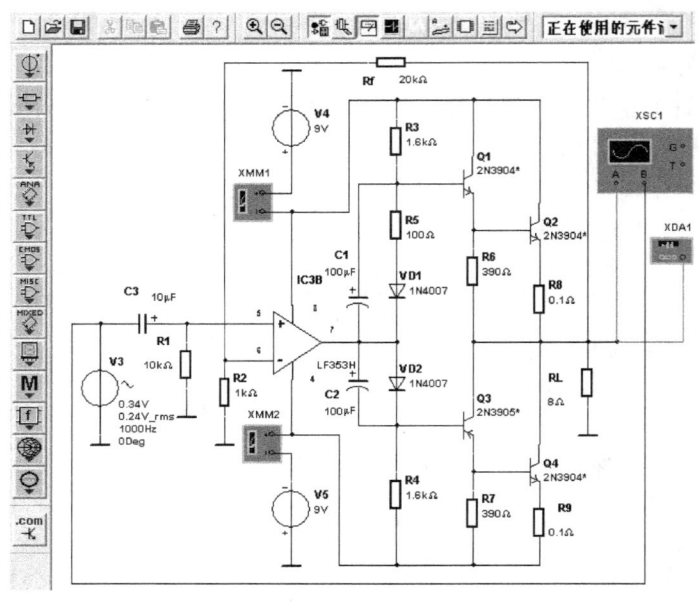

图 3-18 音频功率放大器功放级仿真电路

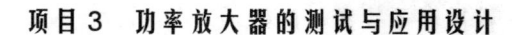

4）电路性能检测

（1）如图 3-19 所示，负载上的输出电压波形无明显失真，测量的输出电压幅值为 7.1 V，可得输出功率为 3.15 W，满足要求。

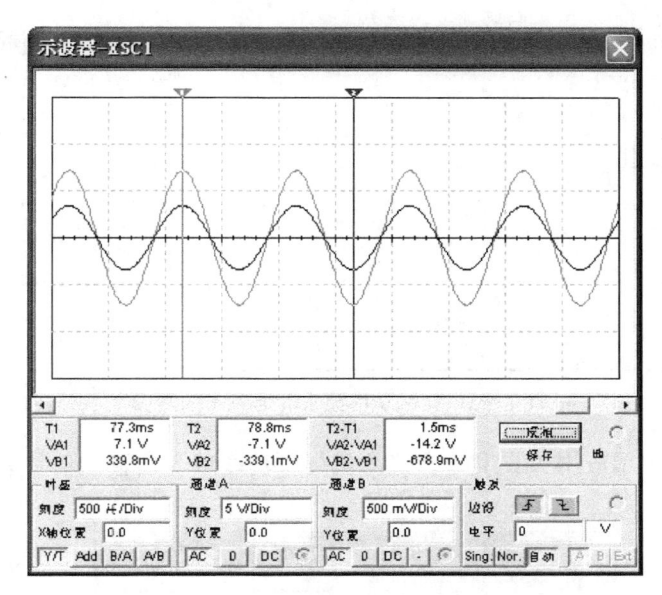

图 3-19　音频功率放大器输出电压测量

（2）如图 3-20 所示，用交流分析可测量得到功率放大器的电压放大倍数为 20.99，满足要求。

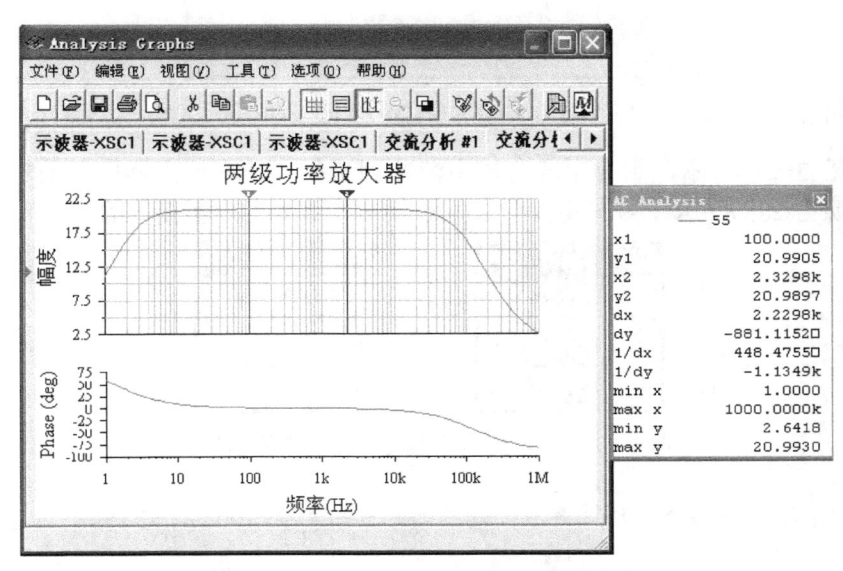

图 3-20　音频功率放大器放大倍数的测量

（3）如图 3-21 所示，用交流分析可测量得到功率放大器的下限截止频率 f_L=1.58 Hz≤20 Hz；上限截止频率 f_H=131 kHz≥20 kHz，满足要求。

模拟电子技术与应用

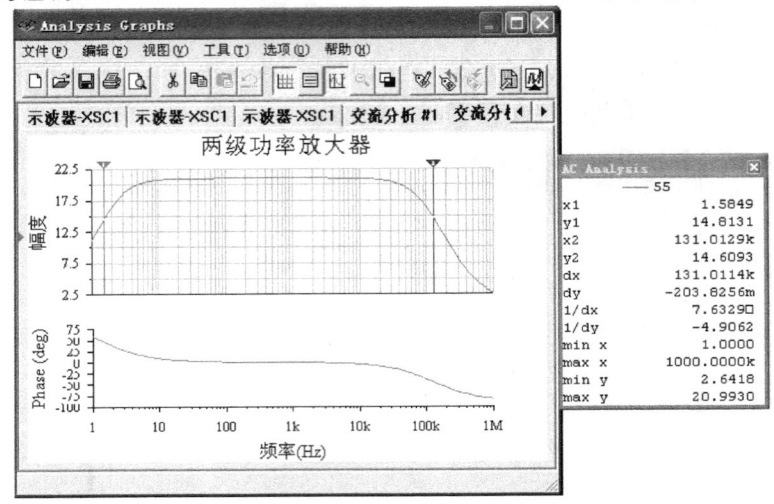

图 3-21 音频功率放大器通频带的测量

（4）如图 3-22 所示，用失真度分析仪测量得到功率放大器输出信号失真度 THD=0.039% ≤5.0%，满足要求。

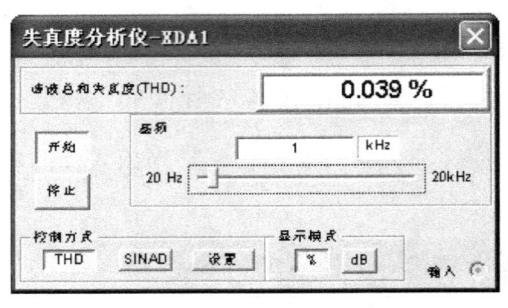

图 3-22 音频功率放大器失真度的测量

（5）如图 3-23 所示，用万用表直流电流挡测量得到功率放大器电源的输出电流分别为：+9 V 电源为 285.8 mA；–9 V 电源为 271.8 mA；可计算的电源提供的功率为 5.01 W。

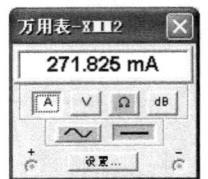

图 3-23 音频功率放大器电源提供功率的测量

由以上测量可得出整个音频功率放大器的效率 $\eta = \dfrac{3.15}{5.01} \times 100\% = 62.8\%$，满足要求。

5）元器件选型

为了保证音质，功率放大器中所选用的元器件应是精选优质品，电容应尽量选音响专用型的优质电容。大容量（如电源滤波及退耦）电容应使用耐压高于电源电压且容量尽可能大的音响专用电解电容，以提高滤波效果；小容量的电容，如电源高频退耦、信号耦合、负反馈网络中的隔直电容等，应尽量选高品质、介质损耗小的聚丙烯电容（CBB）或钽电容（CA）。电阻使用误差精度尽量控制在 1%以下、功率为 0.25 W 的金属膜电阻，一些特殊部位（如功率管的射极电阻或电流负反馈电路的取样电阻）的电阻功率应在 0.5～5 W 之间，以提高整个电路的工作稳定性。

6）电路装接与调试

略。

7）设计文档编写

略。

应用设计

1. 设计指标

（1）最大输出功率（单通道）$P_{om} \geqslant 2$ W。
（2）功放电压增益为 $A_u \geqslant 10$ dB。
（3）最大效率 $\eta \geqslant 50\%$。
（4）负载（扬声器）阻抗 $R_L = 8$ Ω。
（5）输出信号失真度 THD $\leqslant 5.0\%$。
（6）下限截止频率 $f_L \leqslant 20$ Hz；上限截止频率 $f_H \geqslant 20$ kHz。

2. 任务要求

完成原理图设计、元器件参数计算、元器件选型、电路装接与调试、电路性能检测、设计文档编写。

知识梳理与总结

1. 功率放大电路研究的重点是如何在允许的失真情况下，尽量提高输出功率和效率。
2. 功率放大电路的特点是信号的电压和电流的动态范围大，是在大信号下工作的，小信号的分析方法已不再使用，功率放大电路的分析方法通常采用图解法进行分析。
3. 甲类功放电路的效率低，不适合做功放电路。与甲类功率放大电路相比，乙类互补对称功率放大电路的主要优点是效率高，在理想情况下，其最大效率约为 78.5%。为保证晶体管安全工作，双电源互补对称电路工作在乙类时，器件的极限参数必须满足 $P_{Cm} > P_{VT1} \approx 0.2 P_{om}$，$|U_{BR,CEO}| > 2V_{CC}$，$I_{Cm} > V_{CC}/R_L$。
4. 由于晶体管输入特性存在死区电压，工作在乙类的互补对称电路将出现交越失真，克服交越失真的方法是采用甲乙类（接近乙类）互补对称电路。通常可利用二极管或三极管 U_{BE} 扩大电路进行偏置。
5. 集成功放具有体积小、电路简单、安装调试方便等优点而获得广泛的应用。
6. 为了保证器件的安全运行，可从功率管的散热、防止二次击穿、降低使用定额和保护措施等方面来考虑。

思考与练习题 3

1. 如何区分晶体管是工作在甲类、乙类还是甲乙类？画出在三种工作状态下的静态工作点及相应的工作波形。

2. 在甲类、乙类和甲乙类放大电路中，放大管的导通角分别等于多少？它们中哪一类放大电路效率高？

3. 由于功率放大电路中的晶体管常处于接近极限的工作状态，因此，在选择晶体管时必须特别注意哪 3 个参数？

4. 有人说："在功率放大电路中，输出功率最大时，功放管的功率损耗也最大。"这种说法对吗？设输入信号为正弦波，对于工作在甲类的功率放大输出级和工作在乙类的互补对称功率输出级来说，这两种功放分别在什么情况下管耗最大？

5. 与甲类功率放大电路相比，乙类互补对称功率放大电路的主要优点是什么？

6. 乙类互补对称功率放大电路的效率在理想情况可达到多少？

7. 设采用双电源互补对称电路，如果要求最大输出功率为 5 W，则每只功率晶体管的最大允许管耗 P_{Cm} 至少应多大？

8. 在图 3-12 所示电路中，用二极管 VD_1 和 VD_2 的管压降为 VT_1 和 VT_2 提供适当的偏置，而二极管具有单向导电的特性，此时输入的交流信号能否通过此二极管为 VT_1 和 VT_2 供给交流信号？说明理由。

9. 设放大电路的输入信号为正弦波，在什么情况下电路的输出出现饱和及截止的失真？在什么情况下出现交越失真？用波形示意图说明这两种失真的区别。

10. 在输入信号正弦波作用下，互补对称电路输出波形是否有可能出现线性（即频率）失真？为什么？

11. 在图 3-24 所示电路中，设晶体管的 $\beta=100$，$U_{BE}=0.7$ V，$U_{CES}=0$，$I_{CEO}=0$，电容 C 对交流可视为短路，输入信号 u_i 为正弦波。

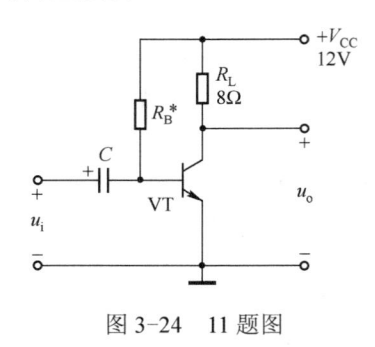

图 3-24 11 题图

① 计算电路可能达到的最大不失真输出功率 P_{om}。

② 此时 R_B 应调节到什么阻值？

③ 此时电路的效率 η 为多少？试与工作在乙类的互补对称电路比较。

12. 双电源互补对称电路如图 3-25 所示，已知 $V_{CC}=12$ V，$R_L=16$ Ω，u_i 为正弦波。

① 求在晶体管的饱和压降 U_{CES} 可以忽略不计的条件下，负载上可能得到的最大输出功率 P_{om}。

② 每个管子允许的管耗 P_{Cm} 至少应为多少？

③ 每个管子的耐压 $|U_{BR,CEO}|$ 应大于多少？

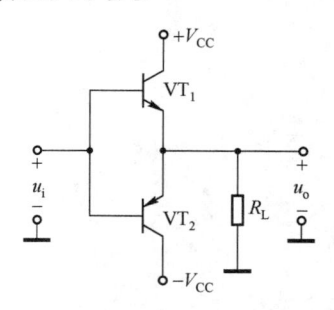

图 3-25　12 题图

13．参见图 3-25 所示电路，设 u_i 为正弦波，R_L=8 Ω，要求最大输出功率 P_{om} = 9 W。晶体管的饱和压降 U_{CES} 可以忽略不计，求：

① 正、负电源 V_{CC} 的最小值。

② 根据所求 V_{CC} 最小值，计算相应的最小值 I_{Cm}、$|U_{BR,CEO}|$。

③ 输出功率最大（P_{om}=9 W）时，电源供给的功率 P_V。

④ 每个管子允许的管耗 P_{CM} 的最小值。

⑤ 当输出功率最大（P_{om}=9 W）时所要求的输入电压有效值。

14．参见图 3-25 所示电路，管子在输入信号 u_i 作用下，在一周内 VT$_1$ 和 VT$_2$ 轮流导通约 180°，电源电压 V_{CC}=20 V，负载 R_L=8 Ω，试计算：

① 在输入信号 U_i=10 V（有效值）时，电路的输出功率、管耗、直流电源供给的功率和效率。

② 当输入信号 U_i 的幅值 $U_{im}=V_{CC}$ =20 V 时，电路的输出功率、管耗、直流电源供给的功率和效率。

15．一单电源互补对称电路如图 3-26 所示，设 u_i 为正弦波，R_L=8 Ω，管子的饱和压降 U_{CES} 可以忽略不计。试求最大不失真输出功率 P_{om}（不考虑交越失真）为 9 W 时，电源电压 V_{CC} 至少应为多大？

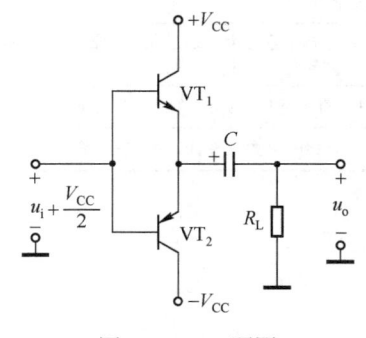

图 3-26　15 题图

16．参见图 3-26 所示单电源互补对称电路，设 V_{CC}=12 V，R_L = 8 Ω，C 很大，u_i 为正弦波，在忽略管子饱和压降 U_{CES} 的情况下，试求该电路的最大输出功率 P_{om}。

项目 4

直流稳压电源的测试与设计

教学导航

教	知识重点	1. 直流稳压电源的组成和工作原理　2. 三端集成稳压器 3. 直流稳压电源的设计
	知识难点	三端集成稳压器的正确使用
	推荐教学方式	从工作任务入手,通过直流稳压电源各组成部分的测试,让学生逐步了解直流稳压电源的电路组成和工作原理,并掌握直流稳压电源的设计方法
	建议学时	8 学时
学	推荐学习方法	从简单任务入手,通过仿真测试,逐步掌握直流稳压电源的电路组成和工作原理,学会直流稳压电源的设计方法
	必须掌握的理论知识	1. 直流稳压电路的组成和工作原理　　2. 三端集成稳压器
	必须掌握的技能	直流稳压电源的设计、测试和调试

项目4 直流稳压电源的测试与设计

学习目标

- ◇ 能正确测量直流稳压电源及其单元电路的基本特性。
- ◇ 理解直流稳压电源的电路构成、工作原理和电路中各元器件的作用。
- ◇ 能对直流稳压电源电路进行分析和计算。
- ◇ 能对电路中的故障现象进行分析判断并加以解决。
- ◇ 能设计和制作直流稳压电源,并能通过调试得到正确结果。

工作任务

- ◇ 直流稳压电源各单元电路的特性测试与结果描述。
- ◇ 直流稳压电源的设计、制作和调试。
- ◇ 撰写设计文档与测试报告。

前面各项目介绍的晶体管放大器、集成运算放大器以功率放大器等,用的都是直流电源供电,而发电厂、变电站输送的是交流电,这就需要将交流电变成直流电。直流稳压电源能够将电网提供的交流电转换成稳定的直流电,作为各种电子电路的直流电源。

对直流电源的主要要求是:①输出电压的幅值稳定,即当电网电压或负载电流波动时输出电压能基本保持不变;②输出电压纹波要小;③交流电变换成直流电时的转换效率要高;④要具有保护功能,若输出电流过大或输入交流电压过高,都会使整流管或电路中的晶体管受到损坏,因此电路应具有必要的自我保护功能。

模块4-1 直流稳压电源各单元电路的测试

学习目标

- ◇ 能正确测量直流稳压电源各单元电路的特性。
- ◇ 理解直流稳压电源各单元电路的结构、功能及元器件的作用。
- ◇ 能对直流稳压电源各单元电路进行分析和计算。

工作任务

- ◇ 直流稳压电源各单元电路的测试与结果描述。
- ◇ 撰写设计文档与测试报告。

知识链接

直流稳压电源的基本组成,相关知识如下所述。

这里所讨论的直流稳压电源实际是一种单相小功率电源,它将频率为 50 Hz、有效值为 220 V 的单相交流电压转换为幅值稳定、输出电流较小的直流电压。

一个性能良好的单相小功率直流稳压电源通常由四部分组成:电源变压器、整流电路、滤波电路和稳压电路。如图 4-1 所示为直流稳压电源的组成框图。

模拟电子技术与应用

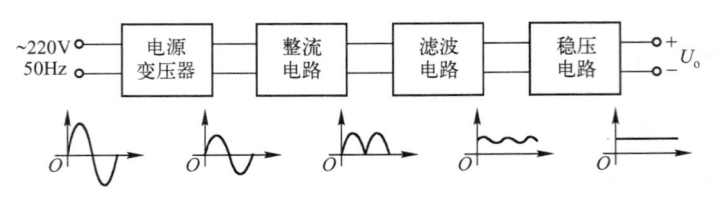

图 4-1 直流稳压电源的组成框图

由于大多数电子设备所需的直流电压一般为几伏至几十伏,而交流电网提供的 220 V(有效值)电压相对较大,变压器的作用是将电网提供的 220 V、50 Hz 的交流电压降压,以满足直流稳压电源的需要。另外,变压器还可以起到将直流电源与电网隔离的作用。

将交流电变为脉动的直流电的过程叫做整流。整流电路的作用是将降压后的交流电压转换为单极性的脉动电压。整流电路的输出是脉动电压,这种脉动电压中虽然含有较大的直流电压成分,但它也含有丰富的交流成分(称为纹波)。这种脉动电压不能作为电子电路的直流电源。需要对脉动电压进行平滑处理,也就是对脉动电压进行滤波。

直流稳压电源常用电容或电感来进行滤波,属于无源滤波电路。滤波电路的作用是对整流电路输出的脉动电压进行滤波,从而得到交变成分很小的直流电压。滤波电路实际为低通滤波器,其截止频率应低于整流输出电压的基波频率。当然,经过滤波后的直流电压不可能只含有直流成分而一点交流成分也没有,只不过想方设法尽量使交流成分减少,以适合电子电路对直流电源的要求。

滤波后的电压虽然变为交流成分较少的直流电压,但是当电网电压波动或负载变化时,其平均值也将随之变化。稳压电路的功能是使输出直流电压基本不受电网电压波动和负载电阻变化的影响,获得足够高的稳定性。

任务 4-1-1 电源变压器的测试

应用测试

测试要求:按测试程序要求完成所有测试内容,并撰写测试报告。

测试设备与软件:计算机 1 台,Multisim 2001 或其他同类软件 1 套。

测试电路:如图 4-2 所示。R_L=100 Ω。

测试程序:

① 按图 4-2 画仿真电路。

② 调用 Multisim,取电源变压器变压比为 10:1,交流电源为 200 V/50 Hz(其中 200 V 应为电压幅值,即峰值,而不是有效值),负载电阻(100 Ω)及示波器组成如图 4-2 所示的电路。

③ 观察变压器输入电压、输出电压波形,并记录:变压器初级输出电压幅值(峰值)约为_____V,变压器次级输出电压幅值(峰值)约为_____V,因此,初级输入电压和次级输出电压之比约为_____:_____。

项目4　直流稳压电源的测试与设计

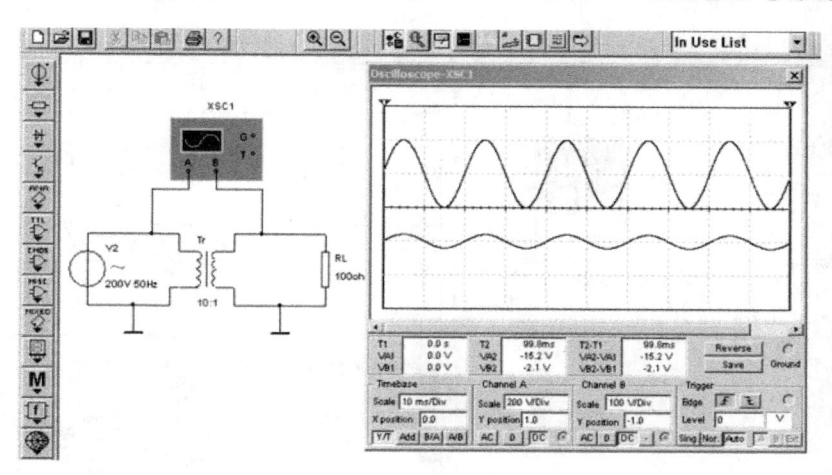

图 4-2　电源变压器基本特性的测试

知识链接

电源变压器的基本特性，相关知识如下所述。

电源变压就是用电源变压器对电网电压进行降压。变压器的实物示意图和符号如图 4-3 所示，图 4-4 所示为其电路图。

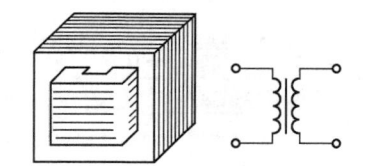

图 4-3　变压器的实物示意图和符号　　　　图 4-4　变压器的电路图

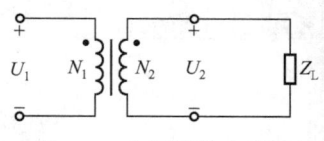

实际上，理想变压器满足 $I_1/I_2=U_2/U_1=N_2/N_1=1/n$，因此有 $P_1=P_2=U_1I_1=U_2I_2$。

任务 4-1-2　整流电路的测试

应用测试

测试要求：按测试程序要求完成所有测试内容，并撰写测试报告。

测试设备与软件：计算机 1 台，Multisim 2001 或其他同类软件 1 套。

测试电路：如图 4-5 所示。二极管取 1N4001；R_L=100 Ω。

测试程序：

① 按图 4-5 画仿真电路。取二极管（理想）1 只并组成图 4-5 所示电路。

② 同时观察半波整流电路的输入电压和输出电压波形，并记录（画在坐标纸上）。

③ 观察该电路并记录：输入电压（指二极管输入）是_____（双极性/单极性），而输出电压是_____（双极性/单极性），且是_____（全波/半波）波形。

④ 观察该电路并记录：输出电压与输入电压的正向幅值_____（基本相等/相差很大）。

171

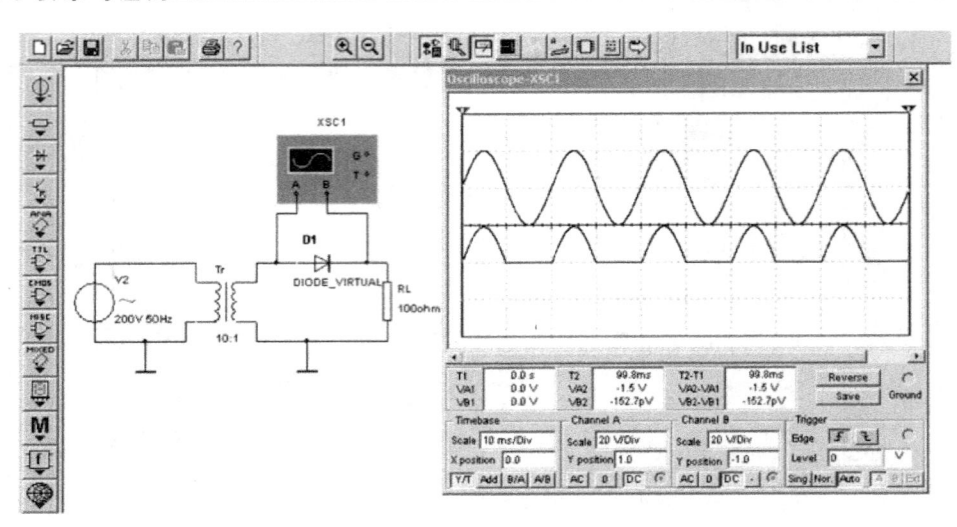

图 4-5　半波整流电路的测试

⑤ 按图 4-6 画仿真电路。取整流桥（理想）1 只并组成如图 4-6 所示的电路。
⑥ 观察全波整流电路的输出电压波形并记录（画在坐标纸上）。
⑦ 观察该电路并记录：输出电压是_____（双极性/单极性），且是_____（全波/半波）波形。

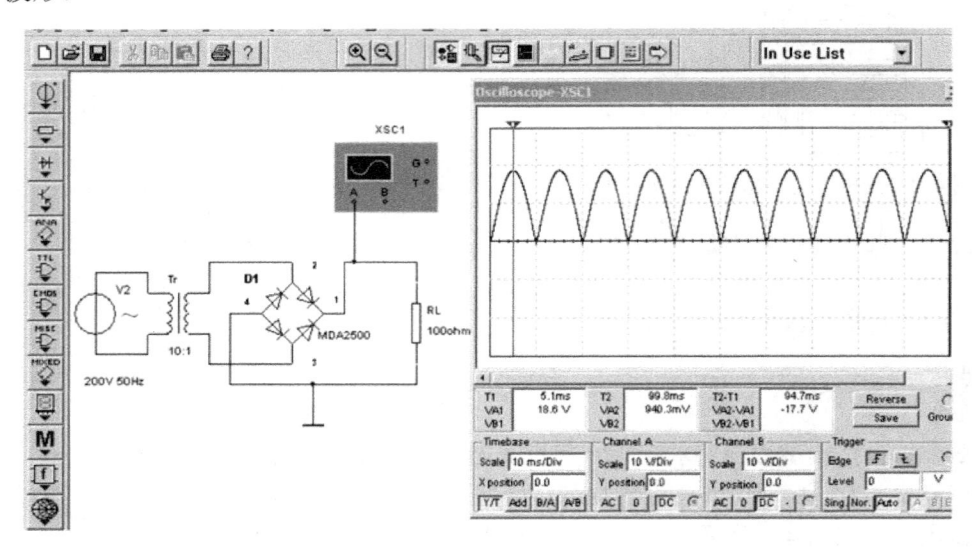

图 4-6　全波桥式整流电路测试

知识链接

1. 半波整流电路

半波整流电路如图 4-7 所示。为分析方便，可设二极管为理想的。

项目 4 直流稳压电源的测试与设计

电路工作原理。设变压器次级电压 $u_2=U_{2m}\sin\omega t=\sqrt{2}U_2\sin\omega t$，其中 U_{2m} 为其幅值，U_2 为有效值。在 u_2 变化的正半周期，二极管 VD 受正向电压偏置而导通，负载上输出电压 $U_L=u_2$；在 u_2 变化的负半周期，二极管 VD 处于反向偏置状态而截止，$U_L=0$。u_2 和 U_L 的波形如图 4-8 所示。显然，输入电压是双极性，而输出电压是单极性，且是半波波形，输出电压与输入电压的幅值基本相等。

由理论分析可得，输出单向脉冲电压的平均值即直流分量为

$$U_{L0}=U_{2m}/\pi=\frac{\sqrt{2}}{\pi}U_2\approx0.45U_2 \tag{4-1}$$

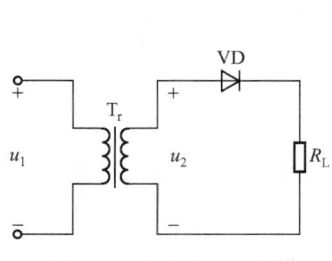

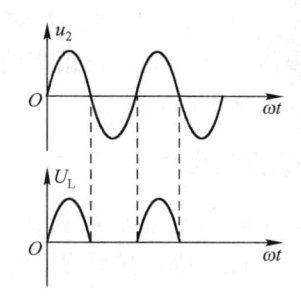

图 4-7 半波整流电路　　　　图 4-8 半波整流电路的波形

显然，输出电压中除了直流成分外，还含有丰富的交流成分基波和谐波（这里可通称为谐波），这些谐波的总和称为纹波，它叠加于直流分量之上。常用纹波系数 γ 来表示直流输出电压相对于纹波电压的大小，即

$$\gamma=\frac{U_{L\gamma}}{U_{L0}} \tag{4-2}$$

式中，$U_{L\gamma}$ 为谐波电压总有效值，其值应为

$$U_{L\gamma}=\sqrt{U_{L1}^2+U_{L2}^2+\cdots}=\sqrt{\frac{1}{2}U_2^2-U_{L0}^2} \tag{4-3}$$

由式（4-1）、式（4-2）和式（4-3）并通过计算可得，$\gamma\approx1.21$。由结果可见，半波整流电路的输出电压纹波较大。

当整流电路的变压器副边电压的有效值 U_2 和负载电阻值确定后，电路对二极管参数的要求也就确定了。半波整流电路中的二极管安全工作条件如下。

① 二极管的最大整流电流必须大于实际流过二极管的平均电流，即

$$I_F>I_{VD0}=U_{L0}/R_L=0.45U_2/R_L$$

② 二极管的最大反向工作电压 U_R 必须大于二极管实际所承受的最大反向峰值电压 U_{RM}，即

$$U_R>U_{RM}=\sqrt{2}U_2$$

【例 4-1】 在如图 4-4 所示的单向半波整流电路中，已知变压器副边电压的有效值 $U_2=20$ V，负载电阻 $R_L=100$ Ω。试求：

① 负载电阻 R_L 上的电压平均值和电流平均值？

② 电网电压波动范围是±10%，二极管承受的最大反向工作电压 U_R 和流过二极管的最

大整流电流各为多少？

解：① 负载电阻 R_L 上的电压平均值为

$$U_{L0} \approx 0.45 U_2 = 0.45 \times 20 = 9 \text{ V}$$

负载电阻 R_L 上的电流平均值为

$$I_{L0} = U_{L0}/R_L = 9 \text{ V}/100 \text{ Ω} = 0.09 \text{ A}$$

② 二极管承受的最大反向工作电压 U_R 为

$$U_R = 1.1 \times \sqrt{2} U_2 = 1.1 \times \sqrt{2} \times 20 \approx 30.8 \text{ V}$$

流过二极管的最大整流电流为

$$I_F = 1.1 \times I_{L0} = 1.1 \times 0.09 \text{ A} \approx 0.1 \text{ A}$$

单相半波整流电路的优点是结构简单，所用元器件数量少；缺点是输出波形脉动大，直流成分比较低，效率不高。

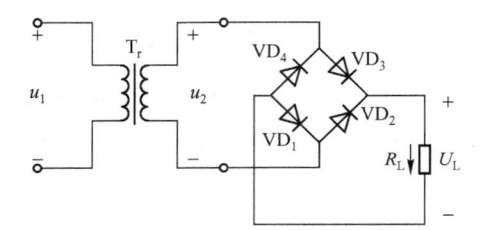

2．全波桥式整流电路

全波桥式整流电路如图 4-9 所示，电路中 4 个二极管接成电桥的形式，故有桥式整流之称。图 4-10 所示为该电路的简化画法。

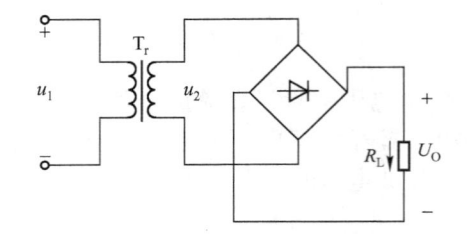

图 4-9 全波桥式整流电路　　　　图 4-10 全波桥式整流电路简化画法

电路工作原理。如图 4-9 所示，设变压器次级电压 $u_2 = U_{2m}\sin\omega t = \sqrt{2} U_2 \sin\omega t$，其中 U_{2m} 为其幅值，U_2 为有效值。在电压 u_2 的正半周期时，二极管 VD_1、VD_3 因受正向偏压而导通，VD_2、VD_4 因承受反向电压而截止；在电压 u_2 的负半周期，二极管 VD_2、VD_4 因受正向偏压而导通，VD_1、VD_3 因承受反向电压而截止。u_2 和 U_L 的波形如图 4-11 所示。显然，输入电压是双极性，而输出电压是单极性，且是全波波形，输出电压与输入电压的幅值基本相等。

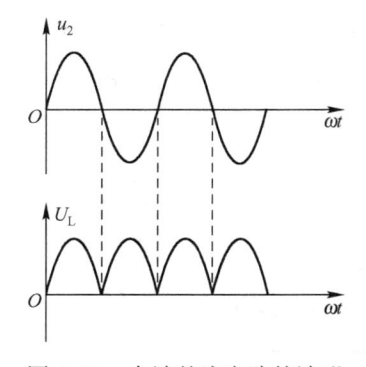

图 4-11 全波整流电路的波形

项目 4　直流稳压电源的测试与设计

由理论分析可得，输出全波单向脉冲电压的平均值即直流分量为

$$U_{L0}=2U_{2m}/\pi=\frac{2\sqrt{2}}{\pi}U_2 \approx 0.9U_2 \qquad (4-4)$$

其纹波系数 γ 为

$$\gamma=\frac{U_{L\gamma}}{U_{L0}} \qquad (4-5)$$

式中，$U_{L\gamma}$ 为谐波（只有偶次谐波）电压总有效值，其值应为

$$U_{L\gamma}=\sqrt{U_{L2}^2+U_{L4}^2+\cdots}=\sqrt{U_2^2-U_{L0}^2} \qquad (4-6)$$

由式（4-4）、式（4-5）和式（4-6）并通过计算可得 $\gamma \approx 0.48$。由结果可见，全波整流电路的输出电压纹波比半波整流电路小得多，但仍然较大，故需用滤波电路来滤除纹波电压。

全波整流电路中的二极管安全工作条件如下。

（1）二极管的最大整流电流必须大于实际流过二极管的平均电流。由于 4 个二极管是两两轮流导通的，因此有

$$I_F > I_{VD0}=0.5U_{L0}/R_L=0.45U_2/R_L$$

（2）二极管的最大反向工作电压 U_R 必须大于二极管实际所承受的最大反向峰值电压 U_{RM}，即

$$U_R > U_{RM}=\sqrt{2}\,U_2$$

单相桥式整流电路与半波整流电路相比，具有输出电压高、变压器利用率高和脉动小等优点，因此得到相当广泛的应用。它的缺点是所需二极管的数量多，由于实际上二极管的正向电阻不为零，必然使得整流电路内阻较大，电路损耗也就较大。

任务 4-1-3　电容滤波电路的测试

应用测试

测试要求：按测试程序要求完成所有测试内容，并撰写测试报告。
测试设备与软件：计算机 1 台，Multisim 2001 或其他同类软件 1 套。
测试电路：如图 4-12 所示。二极管用 1N4001；$R_L=100\ \Omega$；$C_1=1000\ \mu F$。
测试程序：

① 按图 4-12 画仿真电路。取电容（1000 μF）1 只并组成如图 4-12 所示的电路。
② 观察电容滤波电路的输出电压波形，并记录（画在坐标纸上）。
③ 观察该电路输出电压波形，并记录：输出电压直流分量为＿＿＿＿V，纹波分量峰-峰值（用 AC 输入端测量）为＿＿＿＿mV。
④ 观察该电路输出电压波形并记录：输出电压纹波＿＿＿＿（已消失/仍存在），但滤波后的纹波要比滤波前＿＿＿＿（大得多/小得多）。
⑤ 观察该电路输出电压波形并记录：滤波后输出电压的直流分量＿＿＿＿（大于/等于/小于）滤波前输出电压的直流分量。
⑥ 按表 4-1 所列 C 的容量改变电容，并记录仿真结果。

模拟电子技术与应用

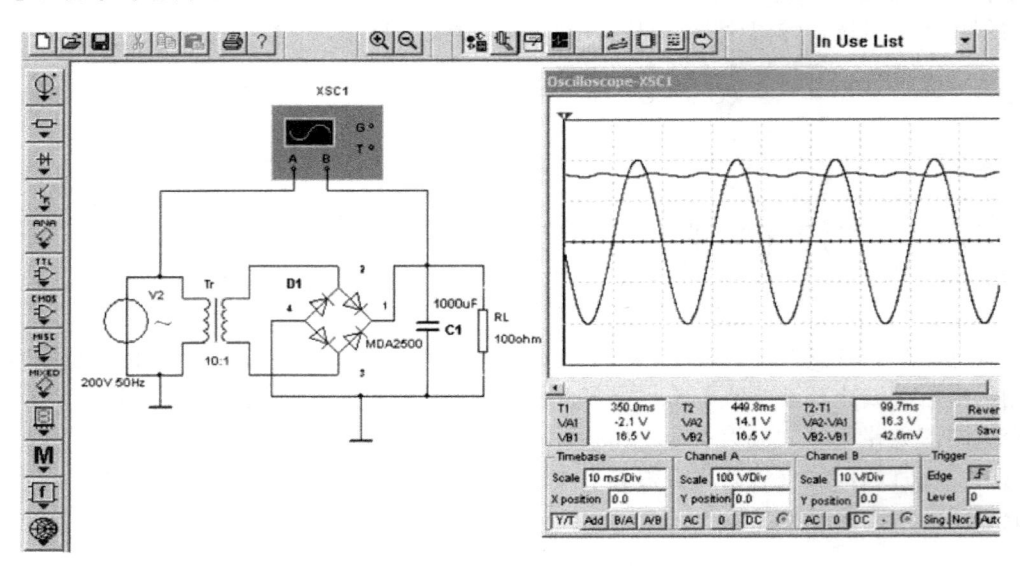

图 4-12 电容滤波电路测试

表 4-1 电容 C 变化的影响（R_L=100 Ω）

	C=500 μF	C=1000 μF	C=2000 μF
直流分量/V			
纹波（有效值）/mV			

⑦ 按表 4-2 所列 R_L 的阻值改变负载电阻，并记录仿真结果。

表 4-2 负载电阻 R_L 变化的影响（C=1000 μF）

	R_L=50 Ω	R_L=100 Ω	R_L=200 Ω
直流分量/V			
纹波（有效值）/mV			

结论：电容 C 越大，输出电压纹波_____（越大/越小）；负载电阻 R_L 越大，输出电压纹波_____（越大/越小）。

知识链接

电容滤波电路，相关知识如下所述。

虽然全波整流的纹波系数相对于半波整流而言有很大改善，但与实际要求仍然相差较大，需采用滤波电路进一步减小纹波。滤波通常是利用电容或电感的能量存储作用来实现的。滤波电路种类很多，有电容滤波电路、电感滤波电路和复合滤波电路，首先介绍电容滤波电路。

利用电容的充、放电特性，可以构成滤波电路。电容滤波电路如图 4-13 所示，滤波电容一般容量较大，约在 1000 μF 以上，常用电解电容。

项目 4 直流稳压电源的测试与设计

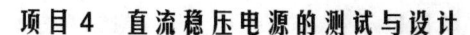

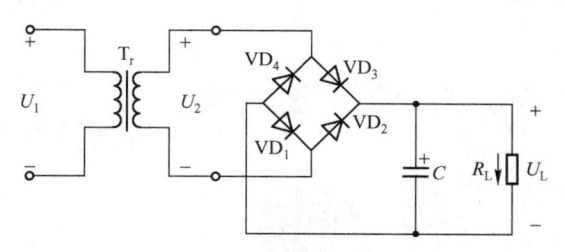

图 4-13 电容滤波电路

电路工作原理。设 $u_2=U_{2m}\sin\omega t=\sqrt{2}\,U_2\sin\omega t$，由于是全波整流，因此不管是在正半周期还是在负半周期，电源电压 u_2 一方面向 R_L 供电，另一方面对电容 C 进行充电，由于充电时间常数很小（二极管导通电阻和变压器内阻很小），所以，很快充满电荷，使电容两端电压 U_C 基本接近 U_{2m}，而电容上的电压是不会突变的。现假设某一时刻 u_2 的正半周期由零开始上升，因为此时电容上电压 U_C 基本接近 U_{2m}，因此 $u_2<U_C$，VD_1、VD_2、VD_3、VD_4 均截止，电容 C 通过 R_L 放电，由于放电时常数 $\tau_d=R_LC$ 很大（R_L 较大时），因此放电速度很慢，U_C 下降很小。与此同时，u_2 仍按 $\sqrt{2}\,U_2\sin\omega t$ 的规律上升，一旦当 $u_2>U_C$ 时，VD_1、VD_3 导通，$u_2 \to VD_3 \to C \to VD_1$ 对 C 充电。然后，u_2 又按 $\sqrt{2}\,U_2\sin\omega t$ 的规律下降，当 $u_2<U_C$ 时，二极管均截止，故 C 又经 R_L 放电。不难理解，在 u_2 的负半周期也会出现与上述情况基本相同的结果。这样，在 u_2 的不断作用下，电容上的电压不断进行充、放电，周而复始，从而得到一近似于锯齿波的电压 $U_L=U_C$，使负载电压的纹波大为减小。

如图 4-13 所示，电容 C 和负载电阻 R_L 的变化对输出电压的作用如下所述。

（1）R_LC 越大，电容放电速度越慢，负载电压中的纹波成分越小，负载平均电压越高。为了得到平滑的负载电压，一般取

$$R_LC \geq (3\sim 5)\frac{T}{2} \tag{4-7}$$

式中，T 为交流电源电压的周期。

（2）R_L 越小，输出电压越小。若 C 值一定，当 $R_L \to \infty$ 即空载时，有

$$U_{L0}=\sqrt{2}\,U_2 \approx 1.4U_2$$

当 $C=0$ 即无电容时，有

$$U_{L0} \approx 0.9U_2$$

当整流电路的内阻不太大（几欧）且电阻 R_L 和电容 C 取值满足式（4.7）时，有

$$U_{L0} \approx (1.1\sim 1.2)U_2 \tag{4-8}$$

这种简单的全波整流滤波电路输出电压高，滤波效能高，但带负载能力差，适用于电压变化范围不大、负载电流小的设备。

任务 4-1-4 电感滤波电路的测试

应用测试

测试要求：按测试程序要求完成所有测试内容，并撰写测试报告。
测试设备与软件：计算机 1 台，Multisim 2001 或其他同类软件 1 套。

测试电路：如图 4-14 所示。

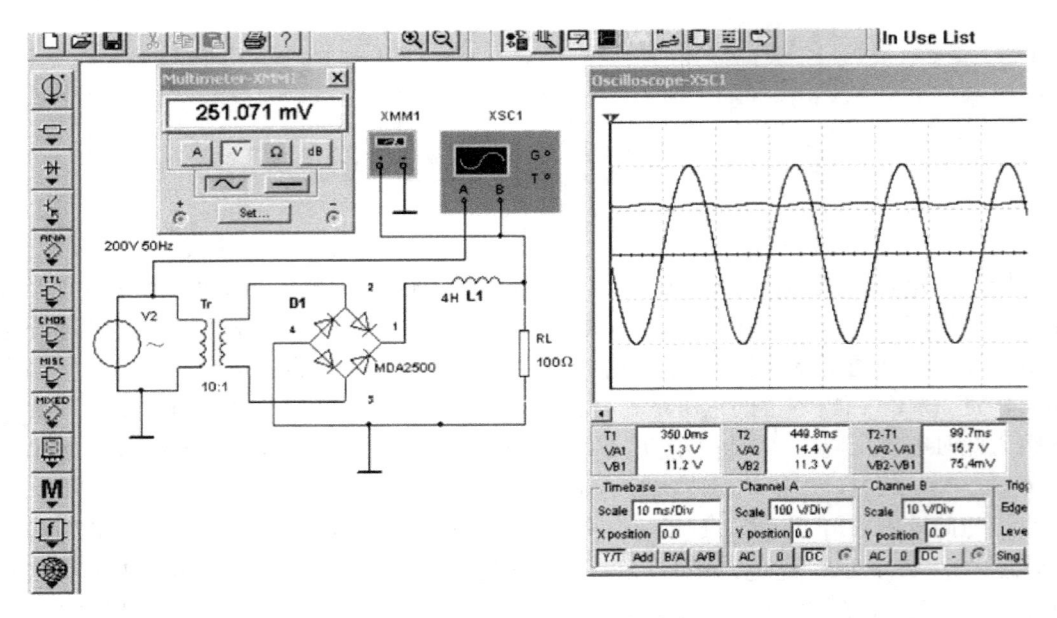

图 4-14　电感滤波电路的测试

测试程序：

① 按图 4-14 画仿真电路。

② 观察滤波电路的输出电压波形并记录（画在坐标纸上）。

③ 观察该电路输出电压波形并记录：输出电压直流分量为_____V，纹波分量峰-峰值（用 AC 输入端测量）为_____mV。

④ 观察该电路输出电压波形并记录：输出电压纹波_____（已消失/仍存在），但滤波后的纹波要比滤波前_____（大得多/小得多）。

⑤ 观察该电路输出电压波形并记录：滤波后的输出电压的直流分量_____（大于/等于/小于）滤波前的输出电压的直流分量。

⑥ 按表 4-3 所列 L 的电感量改变电感，并记录仿真结果。

⑦ 按表 4-4 所列 R_L 的阻值改变负载电阻，并记录仿真结果。

表 4-3　电感 L 变化的影响（R_L=100 Ω）

	L=2H	L=4H	L=8H
直流分量/V			
纹波（有效值）/mV			

表 4-4　负载电阻 R_L 变化的影响（L=4H）

	R_L=50 Ω	R_L=100 Ω	R_L=200 Ω
直流分量/V			
纹波（有效值）/mV			

项目4 直流稳压电源的测试与设计

结论：电感 L 越大，输出电压纹波_____（越大/越小）；负载电阻 R_L 越大，输出电压纹波_____（越大/越小）。

知识链接

1．电感滤波电路

电感滤波电路如图 4-15 所示，由于市电交流电频率较低（50 Hz），电路中电感 L 一般取值较大，约几亨以上。

电感滤波电路是利用电感的储能来减小输出电压纹波的。当电感中电流增大时，自感电动势的方向与原电流方向相反，自感电动势阻碍了电位的增加同时也将能量储存起来，使电流的变化减小；反之当电感中电流减小时，自感电动势的作用是阻碍电流的减小，同时释放能量，使电流变化减小，因此，电流的变化小，电压的纹波得到抑制。

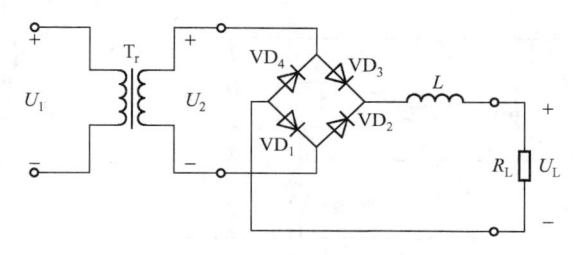

图 4-15 电感滤波电路

电感滤波电路有如下特点：

（1）电感滤波电路中 L 越大、R_L 越小，输出电压纹波越小。忽略电感内阻，$U_{L0}=0.9U_2$（理论值）。

（2）电感滤波适用于低电压、大电流的场合。且工频电感体积大，重量重，价格高，损耗大，电磁辐射强，因此一般较少使用。

2．其他滤波电路

此外，为了进一步减小负载电压中的纹波，电感后面可再接一电容而构成倒 L 形滤波电路或采用 π 形滤波电路，分别如图 4-16 和图 4-17 所示。

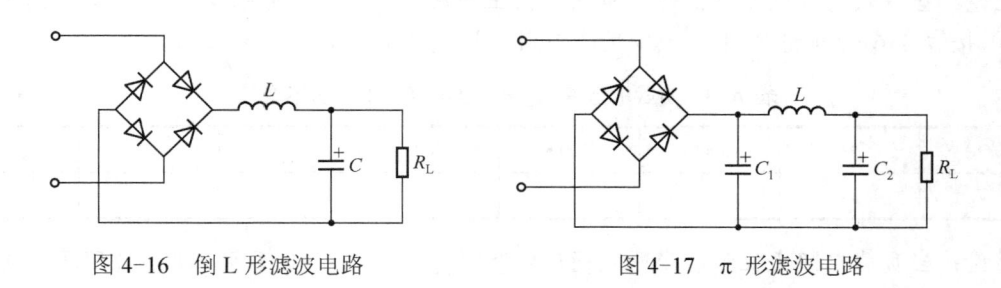

图 4-16 倒 L 形滤波电路　　　　图 4-17 π 形滤波电路

179

任务 4-1-5　串联式稳压电路的测试

应用测试

测试要求：按测试程序要求完成所有测试内容，并撰写测试报告。

测试设备与软件：计算机 1 台，Multisim 2001 或其他同类软件 1 套。

测试电路：如图 4-18 所示。稳压二极管取 1N4370A；R_1=3.3 kΩ；$R=R_2$=1 kΩ；R_L=10Ω；VT 取三极管 9013；IC 取运放 TL082。

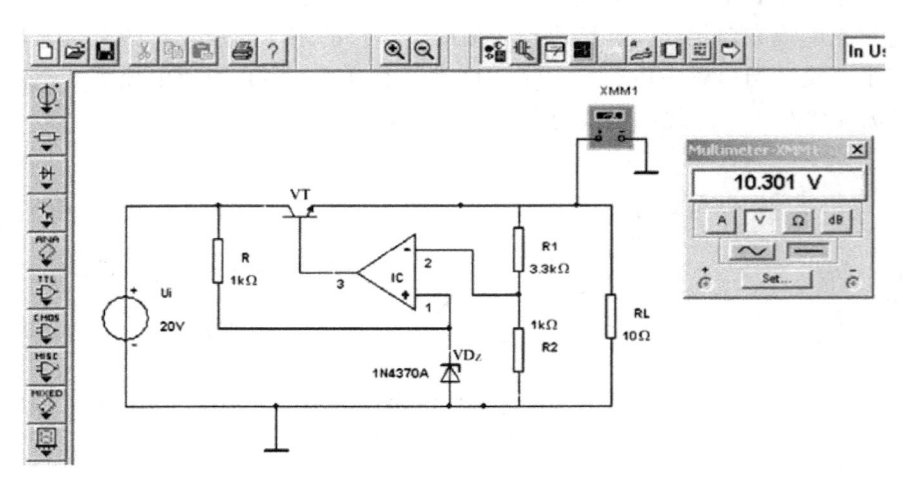

图 4-18　串联式稳压电路的测试

测试程序：

① 按图 4-18 画仿真电路。

② 按表 4-5 所列的 U_I 电压值改变输入电压，并记录仿真结果。

表 4-5　输入电压变化的结果（其他参数不变）

U_I/V	30	25	20	15	9	5	1
U_O/V							

结论：当输入电源电压变化时，串联式稳压电路_____（可以/不可以）实现稳压。

③ 按表 4-6 所列的 R_L 阻值改变负载电阻，并记录仿真结果。

表 4-6　负载电阻 R_L 变化的结果（其他参数不变）

R_L/Ω	∞	5000	1000	200	20	10	5
U_O/V							

结论：当负载电阻变化时，串联式稳压电路_____（可以/不可以）实现稳压，同时，其最大可能的输出电流_____（远大于/基本等于/远小于）简单稳压管稳压电路。

项目 4　直流稳压电源的测试与设计

④ 按表 4-7 所列的 R_1 阻值改变取样电阻,并记录仿真结果。

表 4-7　取样电阻 R_1 变化的结果（其他参数不变）

R_1/Ω	∞	10 000	6200	3300	1000	100	0
U_O/V							

结论：当取样电阻变化时，串联式稳压电路_____（可以/不可以）实现输出电压的可调作用，且取样电阻 R_1 与 R_2 的比值越大，输出电压_____（越大/基本不变/越小）；输出电压的最小值为_____，_____（基本等于 U_Z/与 U_Z 相差很大），此时 R_1=_____；输出电压的最大值为_____，当输出电压等于最大输入电压时，电路_____（仍可以/不可以）实现稳压。

知识链接

串联反馈式稳压电路的工作原理，相关知识如下所述。

项目 1 中介绍的稳压管稳压电路尽管电路简单，使用方便，但在使用时存在两方面的问题：一是电网电压和负载电流变化较大时，电路将失去稳压作用，适应范围小；二是稳压值只能由稳压管的型号决定，不能连续可调，稳压精度不高，输出电流也不大，很难满足对电压精度要求高的负载的需要。为解决这一问题，往往采用串联反馈式稳压电路。

图 4-19 所示为串联反馈式稳压电路的一般结构图，这是一个由负反馈电路组成的自动调节电路。当输出电压或负载电流有一定的变化时，通过负反馈的自动调节输出直流电压基本保持稳定不变。

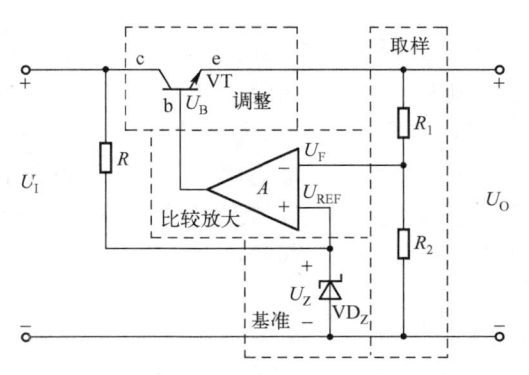

图 4-19　串联反馈式稳压电路

这个稳压电路分为四个部分：取样电路、比较放大电路、基准电压和调整电路。其中 U_I 是整流滤波电路的输入电压，VT 为调整管，A 为比较放大电路，U_{REF} 为基准电压，它由稳压管 VD_Z 与限流电阻 R 串联所构成的简单稳压电路获得，R_1 与 R_2 组成反馈网络，是用来反映输出电压变化的取样环节。这种稳压电路的主回路是起调整作用的三极管 VT 与负载串联，故称为串联式稳压电路。

参见图 4-19，串联式稳压电路利用输出电压的变化量由反馈网络取样经比较放大电路（A）放大后去控制调整管 VT 的 c-e 极间的电压降，从而达到稳定输出电压 U_O 的目的。稳压原理可简述为，当输入电压 U_I 增加（或负载电流 I_O 减小）时，导致输出电压 U_O 增加,反馈电压 $U_F = R_2U_O/(R_1+R_2) = F_uU_O$ 也随之增加(F_u 为反馈系数)。U_F 与基准电压 U_{REF} 相比较,其差值电压经比较放大电路放大后使 U_B 和 I_C 减小,调整管 VT 的 c-e 极间电压 U_{CE} 增大,使 U_O 下降,从而维持 U_O 基本恒定。

同理,当输入电压 U_I 减小(或负载电流 I_O 增加)时,也将使输出电压基本保持不变。

从反馈放大电路的角度来看,这种电路属于电压串联负反馈电路。调整管 VT 连接成电压跟随器,因此可得

$$U_B = A_u(U_{REF} - F_uU_O) \approx U_O$$

或

$$U_O = U_{REF}\frac{A_u}{1+A_uF_u} \qquad (4-9)$$

式(4-9)中 A_u 是比较放大电路的电压增益,考虑了所带负载的影响,与开环增益 A_{uO} 不同。在深度负反馈条件下,$|1+A_uF_u| \geq 1$ 时,可得

$$U_O \approx \frac{U_{REF}}{F_u} = U_{REF}\left(1+\frac{R_1}{R_2}\right) \qquad (4-10)$$

式(4-10)表明,输出电压 U_O 与基准电压 U_{REF} 近似成正比,与反馈系数 F_u 成反比。当 U_{REF} 及 F_u 已定时,U_O 也就确定了,因此它是设计稳压电路的基本关系式。

值得注意的是,调整管 VT 的调整作用是依靠 U_F 和 U_{REF} 之间的偏差来实现的,必须有偏差才能调整。如果 U_O 绝对不变,调整管的 U_{CE} 也绝对不变,那么电路也就不能起调整作用。所以 U_O 不可能达到绝对稳定,只能是基本稳定。因此,图 4-19 所示的系统是一个闭环有差调整系统。

由以上分析可知,反馈越深,调整作用越强,输出电压 U_O 也越稳定,电路的稳压系数 γ 和输出电阻 R_O 也越小。

应当指出的是,基准电压 U_{REF} 是稳压电路的一个重要组成部分,它直接影响稳压电路的性能。为此要求基准电压输出电阻小、温度稳定性好、噪声低。目前用稳压管组成的基准电压源虽然电路简单,但它的输出电阻大。故常采用带隙基准电压源(电路介绍从略),这种基准电压源的电压值较低,温度稳定性好,故适用于低电压的电源中。

值得注意的是,在实际的稳压电路中,如果输出端过载或者短路,将使调整管的电流急剧增大,为使调整管安全工作,必须加过流保护电路。

思维拓展

1. 单相桥式整流电路中,如果一个二极管不小心接反了,会出现什么情况?
2. 电容和电感为什么能起滤波作用?
3. 串联稳压电路由几部分组成?各部分起什么作用?

模块 4-2 直流稳压电源的测试

学习目标

◇ 能正确测量集成三端式稳压器电路。
◇ 理解三端式稳压器电路的结构、功能及元器件的作用。

项目 4　直流稳压电源的测试与设计

工作任务

◆ 集成三端式稳压器电路的测试与结果分析。
◆ 撰写设计文档与测试报告。

任务 4-2-1　三端式稳压器的测试

应用测试

测试要求：按测试程序要求完成所有测试内容，并撰写测试报告。
测试设备与软件：计算机 1 台，Multisim 2001 或其他同类软件 1 套。
测试电路：如图 4-20 所示。三端式稳压器取 MC78L12ACD。

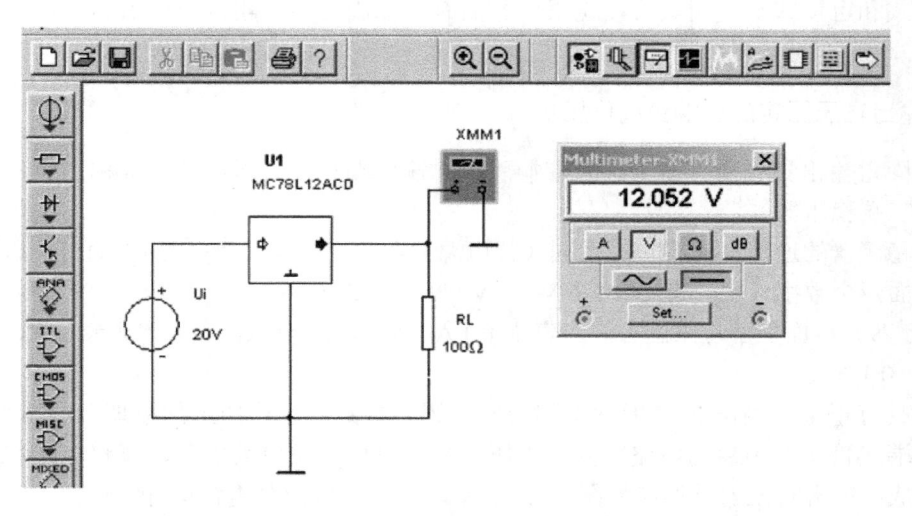

图 4-20　三端式稳压器电路的测试

测试程序：
① 按图 4-20 画仿真电路。
② 按表 4-8 所列的 U_I 电压值改变输入电压，并记录仿真结果。

表 4-8　输入电压 U_I 变化的结果（R_L=100 Ω）

U_I/V	30	25	20	15	9	5	1
U_O/V							

结论：当输入电源电压在一定范围内变化时，三端式稳压器_____（可以/不可以）实现稳压。
③ 按表 4-9 所列的 R_L 阻值改变负载电阻，并记录仿真结果。

表 4-9　负载电阻 R_L 变化的结果（U_I=20 V）

R_L/Ω	∞	5000	1000	200	20	10	5
U_O/V							

结论：当负载电阻变化时，串联式稳压电路_____（可以/不可以）实现稳压。

结论：实际的三端式稳压器的稳压作用_____（是完全理想的/不是完全理想的）。

知识链接

三端式集成稳压器，相关知识如下所述。

随着集成电路的发展，在许多电子设备中，通常采用集成稳压器作为直流稳压电源部件。集成稳压器体积小，外围元件少，性能稳定可靠，使用十分方便。

集成稳压器的类型很多，按结构可分为串联型、并联型和开关型；按输出电压类型可以分为固定式和可调式。使用最方便也很广泛的有三端固定输出集成稳压器、三端可调式集成稳压器。

1. 输出电压固定的三端集成稳压器

三端固定输出集成稳压器由于只有输入端、输出端和公共引出端，故称之为三端式稳压器（简称三端稳压器）。

三端稳压器的通用产品有 78 系列（正电源）和 79 系列（负电源），输出电压由具体型号中的后面两个数字代表，有 5 V、6 V、8 V、9 V、12 V、15 V、18 V、24 V 等。输出电流以 78（或 79）后面加字母来区分。L 表示 0.1 A，M 表示 0.5 A，无字母表示 1 A，如 78L05 表示 5 V、0.1 A。

现以具有正电压输出的 78L×× 系列为例介绍三端式稳压器的工作原理。电路如图 4-21 所示，三端式稳压器由启动电路、基准电压电路、取样比较放大电路、调整电路和保护电路等部分组成。三端稳压器外形图如图 4-22 所示，下面对各部分电路进行简单介绍。

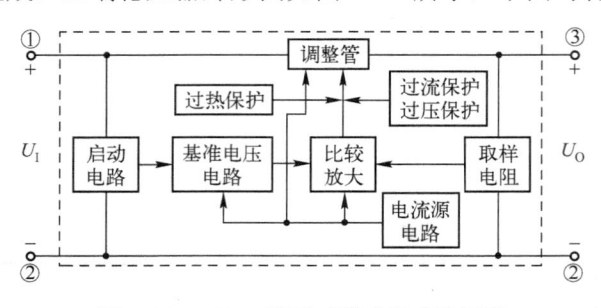

图 4-21　78L×× 系列三端式集成稳压器

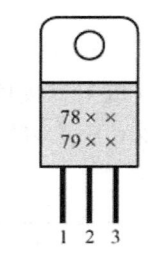

图 4-22　三端稳压器外形图

1）启动电路

在 78×× 系列集成稳压器中，常采用许多恒流源，当输入电压 U_I 接通后，这些恒流源难以自行导通，以致输出电压较难建立。因此，必须用启动电路给调整管、取样比较放大电路和基准电源等建立起各自的工作电流。当整个稳压电路进入正常工作状态时，启动电路被断开，以免影响稳压电路的性能。

项目 4　直流稳压电源的测试与设计

2）基准电压电路

在 78×× 系列集成稳压器中，基准电压电路采用了零温漂的能带间隙的基准源，可使基准电压 U_{REF} 基本上不随温度变化。因此，基准源的稳定性大大提高，从而保证基准电压不受输入电压波动的影响。

3）取样比较放大电路和调整电路

在 78×× 系列集成稳压器中，取样电路由两个分压电阻组成，它将输出电压变化量的一部分送到放大电路的输入端。

78×× 系列三端稳压器的调整管采用复合管结构，具有很大的电流放大系数，接在输入端和输出端之间，放大电路为共射极接法，并采用有源负载，从而获得较高的电压放大倍数。

4）保护电路

在 78×× 系列集成稳压器中，有限流保护电路、过热保护电路和过压保护电路。需要指出的是，当出现故障时，上述几种保护电路是互相关联的。

2．使用注意事项

图 4-23 所示为以 78×× 系列为核心组成的典型直流稳压电路，正常工作时，稳压器的输入、输出电压差为 2～3 V，使调整管保证工作在放大区。但压差取得大时，又会增加集成块的功耗，所以，两者应兼顾，即既保证在最大负载电流时调整管不进入饱和，又不致功耗偏大。电路中接入电容 C_2，C_3 用来实现频率补偿，防止稳压器产生高频自激振荡并抑制电路引入高频干扰，C_4 是电解电容，以减小稳压电源输出端由输入电源引入的低频干扰。VD_5 是保护二极管，当输入端短路时，给输出电容 C_3 一个放电通路，防止 C_3 两端电压作用于调整管的 be 结，造成调整管 be 结击穿而损坏。

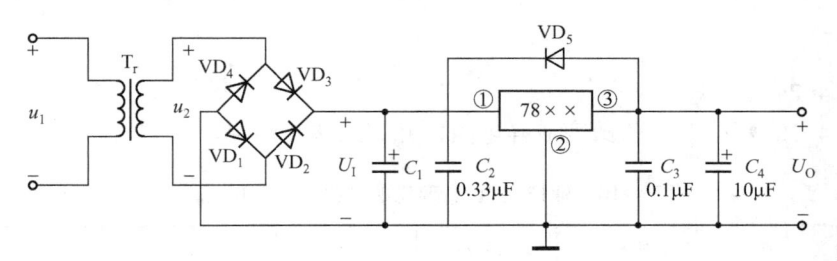

图 4-23　典型 78×× 直流稳压电路原理图

7800 系列是与 7900 系列相对应的三端固定负输出集成稳压器，其外形与 7800 系列完全相同，但它们的引脚有所不同，两者的输出端相同（均为第③脚），而输入端及接地端恰好相反。7800 系列三端稳压器的外形及引脚如图 4-23 所示，其中①脚为输入端、③脚为输出端、②脚为公共端（地），输出较大电流时需加装散热器。7900 系列的①脚为公共端、③脚为输出端、②脚为输入端。

应该着重说明的是，7800 系列稳压器的散热部分（壳体金属部分）是与接地引脚（②脚）内部相连的，因此安装散热器时散热器可连接电路板的公共地线；7900 系列的散热部分（壳体金属部分）不与接地引脚相连，而与输入电压引脚相连，所以实际安装时必须注意散热器不可接地，或者使用云母或其他绝缘耐热薄片垫在稳压器的壳体与散热器之间，使两者保持电绝缘，但又容易导热。7900 系列的电压挡级与 7800 系列相呼应，不同的是输出为负电压。

任务 4-2-2　可调三端式稳压器的测试

应用测试

测试要求：按测试程序要求完成所有测试内容，并撰写测试报告。

测试设备与软件：计算机 1 台，Multisim 2001 或其他同类软件 1 套。

测试电路：如图 4-24 所示。三端式稳压器取 LM117HVH。R_1=100 Ω，R_2=500 Ω。

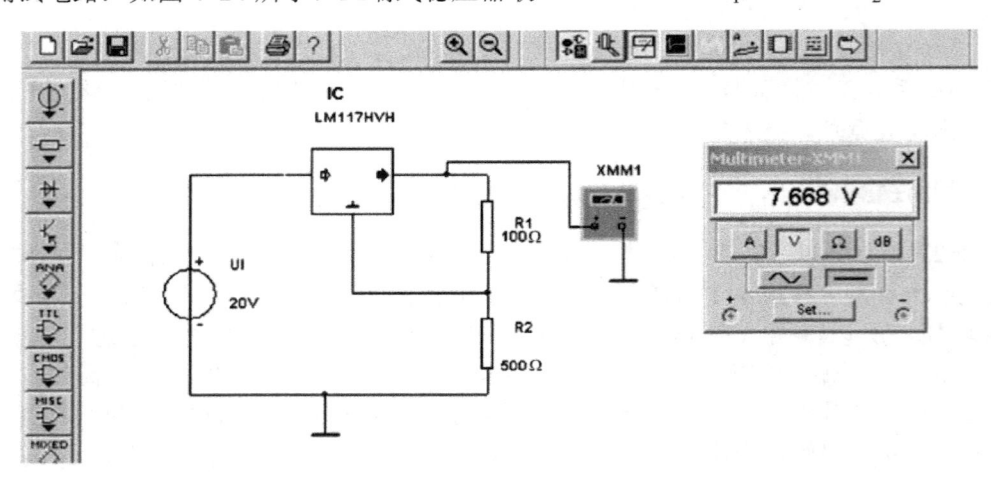

图 4-24　可调式三端稳压器电路的测试

测试程序：

① 按图 4-24 画仿真电路。

② 按表 4-10 所列 R_2 的值改变取样电阻，并记录仿真结果。

表 4-10　取样电阻 R_2 变化的结果（R_1=100 Ω）

R_2	∞	10 kΩ	2 kΩ	1 kΩ	500 Ω	100 Ω	0
U_O/V							

结论：当取样电阻变化时，可调式三端稳压器_____（可以/不可以）实现输出电压的调节作用，且取样电阻 R_2 与 R_1 的比值越大，输出电压_____（越大/基本不变/越小）；输出电压的最小值为_____，该值_____（基本等于1.2 V/与 1.2 V 相差很大），此时 R_1=_____；输出电压的最大值为_____。

知识链接

输出电压可调的三端式集成稳压器，相关知识如下所述。

CW78××和 CW79××系列为输出电压固定的三端稳压器。但有些场合要求扩大输出电压的调节范围，故使用它很不方便。现介绍一种采用很少元件就能工作的三端可调式集成稳压器，它的三个接线分别称为输入端 U_I、输出端 U_O 和调整端 adj。以 LM317 为例，三端可调式稳压器电路如图 4-25 所示。

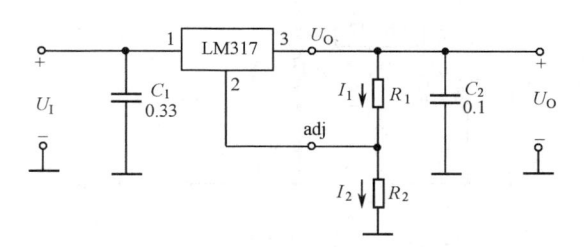

图 4-25 三端可调式稳压器电路

它的内部电路有比较放大器、偏置电路（图 4-25 中未画出）、恒流源电路和带隙基准电压 U_{REF} 等，它的公共端改接到输出端，器件本身无接地端。所以消耗的电流都从输出端流出，内部的基准电压（约 1.25 V）接至比较放大器的同相端和调整端之间。若接上外部的调整电阻 R_1、R_2 后，输出电压为

$$U_O = U_{REF} + \left(\frac{U_{REF}}{R_1} + I_{adj}\right)R_2 \qquad (4-11)$$

$$= U_{REF}\left(1 + \frac{R_2}{R_1}\right) + I_{adj}R_2 \qquad (4-12)$$

LM317 的 U_{REF}=1.2 V，I_{adj}=50 μA，由于调整管电流 $I_{adj} \ll I_1$，故可以忽略，式（4-12）可简化为

$$U_O \approx U_{REF}\left(1 + \frac{R_2}{R_1}\right) \qquad (4-13)$$

LM337 稳压器是与 LM317 对应的负压三端可调集成稳压器，它的工作原理和电路结构与 LM317 相似。

【例 4-2】 如图 4-25 所示电路，若 R_1=240 Ω，输出电压最大为 30 V，求 R_2 的取值范围。

解： 由式（4-13）得

$$30 = \left(1 + \frac{R_2}{240}\right) \times 1.25$$

得

$$R_2 = 5520 \text{ Ω} \approx 5.6 \text{ kΩ}$$

所以，R_2 的取值范围为 0～5.6 kΩ。

当 R_2=0 Ω 时，输出电压 U_O=1.25 V。所以，输出电压的调节范围为 1.25～30 V。

值得注意的是，虽然 LM317 具有很好的电压输出精度和稳定性，但在实际应用中有一些需要注意的问题，如图 4-26 所示。

电容 C_1 是输入滤波电容，一般可取 0.33 μF，且安装时应靠近 LM317。为了减小的纹波电压，可在电阻 R_2 两端并联一个 10 μF 的电容。为了保护稳压器，可加保护二极管 VD_1 和 VD_2，提供一个放电回路。电阻 R_1 决定了 LM317 的工作电流，不可任意取值，否则可能会

模拟电子技术与应用

导致输出电压精度下降甚至不能工作,一般取 240 Ω左右,且安装时应靠近芯片输出端,否则输出电流可能较大,导线电阻上的压降可能会造成输出精度下降。

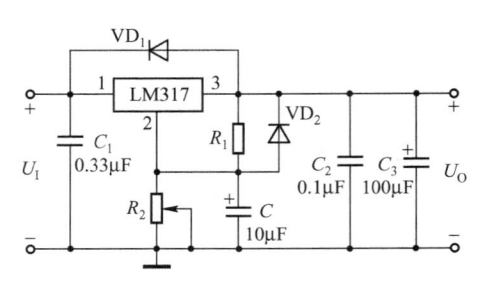

图 4-26 三端稳压器外加保护电路

思维拓展

图 4-26 所示电路中,R_1 为什么不能取任意值?

知识拓展

开关式直流稳压电路,相关知识如下所述。

串联反馈式稳压电路,由于调整管工作在线性放大区,因此在负载电流较大时,调整管的集电极损耗($P_{VT}=u_{CE}i_O$)相当大,电源效率($\eta =P_O/P_i=U_OI_O/U_II_O$)较低,一般为 40%~60%,有时还要配备庞大的散热装置。为了克服上述缺点,可采用串联开关式稳压电路,电路中的串联调整管工作在开关状态,即调整管主要工作在饱和导通和截止状态。由于管子饱和导通时管压降 U_{CES} 和截止时管子的电流 I_{CEO} 都很小,管耗主要发生在状态转换过程中,电源效率可提高到 80%~90%,所以其体积小、重量轻,且适应交流电网电压波动的性能好,适应范围可达 150~280 V。它的主要缺点是输出电压中所含纹波较大,对电子设备的干扰较大,而且电路比较复杂,对元器件要求较高。目前正在寻求克服这些缺点的方法。但由于优点突出,已成为宇航、计算机、通信和功率较大的电子设备中电源的主流,应用日趋广泛。

开关式稳压电路原理框图如图 4-27 所示。它和串联反馈式稳压电路相比,电路增加了由 LC 滤波电路及产生固定频率的三角波电压(u_T)发生器和比较器 A_C 组成的控制电路。

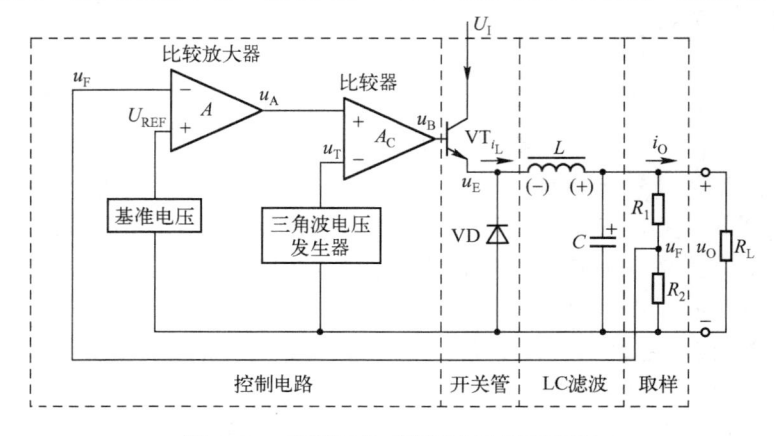

图 4-27 串联开关式稳压电路原理框图

项目 4 直流稳压电源的测试与设计

电路中，U_I 是整流滤波电路的输出电压，即串联开关式稳压电路的输入电压。u_B 是比较器的输出电压。该电路利用 u_B 控制调整管 VT，将输入电压 U_I 变成断续的矩形波电压 u_E。当 $u_A > u_T$ 时，u_B 为高电平，VT 饱和导通，输入电压 U_I 经 VT 加到二极管 VD 的两端，电压 u_E 等于 U_I（忽略管 VT 和饱和压降），此时二极管 VD 承受反向电压而截止，负载中有电流 i_O 流过，电感 L 储存能量，同时向电容 C 充电。输出电压 u_O 略有增加。当 $u_A < u_T$ 时，u_B 为低电平，VT 由导通变为截止，滤波电感产生自感电动势（极性如图 4-27 所示），使二极管 VD 导通，于是电感中储存的能量通过 VD 使负载 R_L 继续有电流通过，因而常称 VD 为续流二极管。此时电压 u_E 等于 $-U_{VD}$（二极管正向压降）。由此可见，虽然调整管处于开关工作状态，但由于二极管 VD 的续流作用和 L、C 的滤波作用，输出电压是比较平稳的。图 4-28 画出了电流 i_L 及电压 u_T、u_A、u_B、$u_E(u_D)$ 和 u_O 的波形。其中 t_{on} 是调整管 VT 的导通时间，t_{off} 是调整管 VT 的截止时间，$T = t_{on} + t_{off}$ 是开关转换周期。显然，在忽略滤波电感 L 的直流压降的情况下，输出电压的平均值为

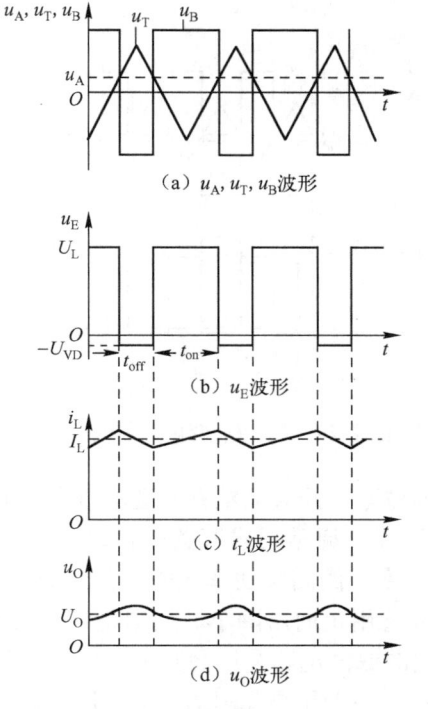

$$U_O = \frac{t_{on}}{T}(U_I - U_{CES}) + (-U_{VD})\frac{t_{off}}{T} \approx U_I \frac{t_{on}}{T} = qU_I \qquad (4-14)$$

图 4-28 开关式稳压电路的电压、电流波形

式中，$q = t_{on}/T$ 称为脉冲波形的占空比。由式（4-14）可见，对于一定的 U_I 值，通过调节占空比即可调节输出电压 U_O（u_O 的直流分量）。故称此电路为脉宽调制（PWM）式开关稳压电路。

在闭环情况下，电路能自动地调整输出电压。设在某一正常工作状态时，输出电压为某一预定值 U_{set}，反馈电压 $U_F = F_u U_{set} = U_{REF}$，比较放大器输出电压 u_A 为零，比较器 A_C 输出脉冲

电压 u_B 的占空比 $q=50\%$，u_T、u_B、u_E 的波形如图 4-29（a）所示。当输入电压 U_I 增加致使输出电压 U_O 增加时，$U_F > U_{REF}$，比较放大器输出电压 u_A 为负值，u_A 与固定频率三角波电压 u_T 相比较，得到 u_B 的波形，其占空比 $q<50\%$，使输出电压下降到预定的稳压值 U_{set}，此时，u_A、u_T、u_B、u_E 的波形如图 4-29（b）所示。同理，U_I 下降时，U_O 也下降，$U_F<U_{REF}$，u_A 为正值，U_B 的占空比 $q>50\%$，输出电压 U_O 上升到预定值。总之，当 U_I 或负载 R_L 变化使 U_O 变化时，可自动调整脉冲波形的占空比，使输出电压维持恒定。

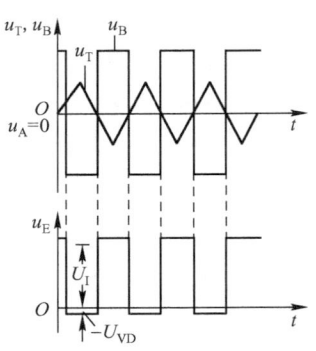

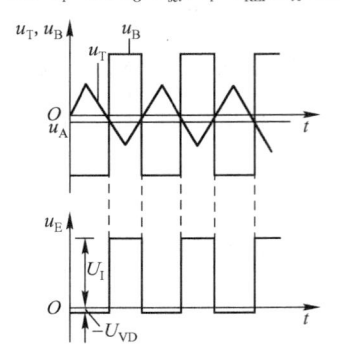

（a）U_I 一定，$U_O=U_{set}$，$U_F=U_{REF}$，$u_A=0$ 时

（b）U_I 增加，$U_O>U_{set}$，$U_F>U_{REF}$，$u_A<0$ 时

图 4-29　U_I、U_O 变化时各电压波形

为了提高开关稳压电源的效率，开关调整管应选取饱和压降 U_{CES} 及穿透电流 I_{CEO} 均较小的功率三极管，而且为减小管耗，通常要求开关转换时间 $t_s \leqslant 0.01T$，开关调整管一般选用 $f_T \geqslant 10\beta f_k$（$f_k=1/T$，称为开关频率）的高频功率三极管；续流二极管的选择也要考虑导通、截止和转换三部分的损耗，所以选用正向压降小、反向电流小及存储时间短的开关二极管，一般选用肖特基二极管。输出端的滤波电容使用高频电解电容。

开关稳压电源的控制电路一般使用电压-脉冲宽度调制器（简称脉宽调制器）。目前这类产品种类很多，典型产品有 CW3420/CW3520、CW296 和 X63 等。

开关频率 f_k 对开关式稳压器的性能影响也很大。f_k 越高，需要使用的 L、C 值越小。这样，系统的尺寸和重量将会减小，成本将随之降低。另一方面，开关频率的增加将使开关调整管单位时间转换的次数增加，使开关调整管的功耗增加，而效率将降低。目前，随着开关三极管、电容、电感材料性能及工艺的改进，f_k 可提高到 500 kHz 以上（一般开关调整管的 f_k 为 15～500 kHz）。

项目 4　直流稳压电源的测试与设计

实训 4　直流稳压电源的设计

📂 **学习目标**

◇ 能独立完成直流稳压电源的设计。
◇ 能解决一般电路故障问题。

📂 **工作任务**

◇ 初选电路，画出电路草图。
◇ 计算电路中各元器件参数，在计算结果的基础上对各元器件进行选型。
◇ 查阅电子元器件手册，并在电路设计过程中正确选用相关元器件。
◇ 进行电路装接、调试、电路图修改和故障处理。
◇ 绘制最终的标准电路图。

设计案例

1．设计指标

（1）输出电压 U_O=15±0.5 V。
（2）最大输出电流 I_{Omax}=0.5 A。
（3）输出纹波（峰-峰值）小于 4 mV（I_{Omax}=0.5 A 时）。
（4）其他指标要求同三端式稳压器。

2．任务要求

完成原理图设计、元器件参数计算、元器件选型、电路装接与调试、电路性能检测、设计文档编写。

3．设计内容（示例）

1）固定式直流稳压电源原理图

固定式直流稳压电源原理图如图 4-30 所示。该电路是 78×× 系列作为输出电压 U_O 固定的典型电路，正常工作时，输入、输出电压差为 2～3 V。电路中接有电容 C_2、C_3，用来实现频率补偿，防止稳压器产生高频自激振荡和抑制电路引入高频干扰，C_4 是电解电容，以减小稳压电源输出端由输入电源引入的低频干扰。VD_5 是保护二极管，当输入端短路时，给输出电容 C_3 一个放电通路，防止 C_3 两端电压作用于调整管的 be 结，造成调整管 be 结击穿而损坏。

2）元器件及参数选择
（1）三端稳压器
三端稳压器选 7815，其输出电压和输出电流均满足指标要求。

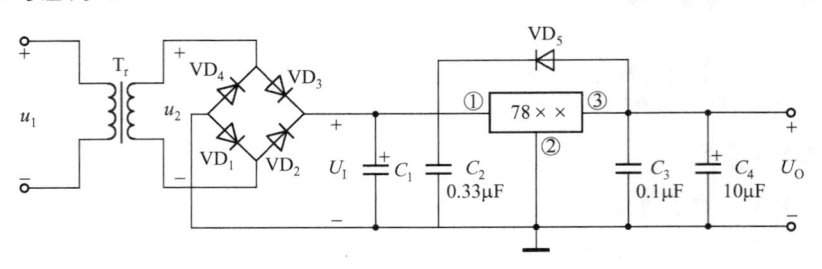

图 4-30 固定式直流稳压电源原理图

(2) 电容 C_2、C_3 和 C_4

C_2、C_3 和 C_4 的值如图 4-30 所示（根据指标要求调试时可适当变化），其中，C_2、C_3 一般为瓷片电容，C_4 一般为电解电容，耐压可取 25 V（大于输出电压的 1.5 倍）。

(3) 电压 U_I 和 U_2

U_I 和 U_2 的取值决定了相关元器件及参数的选择。一般情况下，U_I 应比 U_O 高 3 V 左右（太小影响稳压；太大稳压器功耗大，易受热损坏），所以可取 U_I =18 V，考虑电网电压 10% 的波动，最终取 U_I =19.8 V。

由式（4-8）可取变压器次级电压有效值 U_2 为

$$U_2 = \frac{U_I}{1.1} = \frac{19.8}{1.1} \text{ V} = 18 \text{ V}$$

受变压器规格的限制，取变压器匝数比 12∶1，取变压器次级电压有效值 U_2 为 18.33 V。

(4) 滤波电容 C_1

由式（4-7）可暂定 $R_L C_1 = 5T/2$，则

$$C_1 = \frac{5T}{2R_L}$$

式中，T 为市电交流电源的周期，T=20 ms；R_L 为 C_1 右边的等效电阻，应取最小值，由于 I_{Omax}=0.5 A，因此，$R_{Lmin} = \frac{U_I}{I_{Omax}} = \frac{1.1 \times 19.8}{0.51} = 43.6 \text{ Ω}$。所以取

$$C_1 = \frac{5T}{2R_{Lmin}} = \frac{5 \times 20 \times 1000}{2 \times 43.6} \text{ μF} \approx 1147 \text{ μF}$$

可见，C_1 容量较大，应选电解电容。受规格的限制，实际容量应选为 2200 μF，其耐压值可取 25 V。C_1 的最后取值还需根据纹波电压的要求调整并确定。

(5) 整流二极管 $VD_1 \sim VD_4$、VD_5

整流二极管的参数应满足：

最大整流电流 $I_F > 1.5 I_{Omax}$=0.75 A（暂定）

最大反向电压 $U_R > 2\sqrt{2} U_2 \approx 51.8$ V

特别应该指出的是，电容滤波使得电路被接通的一瞬间整流管的实际电流远大于 I_{Omax}（称为浪涌电流），如果 I_F 较小，很可能在电路被接通时就已经损坏，因此，一般取

$$I_F > 5 I_{Omax} = 2.5 \text{ A}$$

查手册可选定整流二极管 $VD_1 \sim VD_4$，可选小功率二极管 1N4007，二极管 VD_5 也可选小功率二极管 1N4007。

项目 4　直流稳压电源的测试与设计

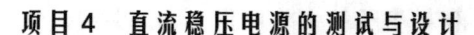

（6）变压器 T_r

由 U_2 值选变压器输出电压为 18.33 V。

考虑电网电压 10%的波动，稳压电路的最大输入功率为

$$P_{Imax}=1.1U_I I_{Omax}=1.1\times1.1U_2 I_{Omax}==1.1\times1.1\times18.33\times0.5 \text{ W}=11.1 \text{ W}$$

考虑变压器和整流电路的效率并保留一定的裕量，选变压器输出功率为 15 W。

3）电路仿真调试

固定式直流稳压电源的仿真调试如图 4-31 所示。

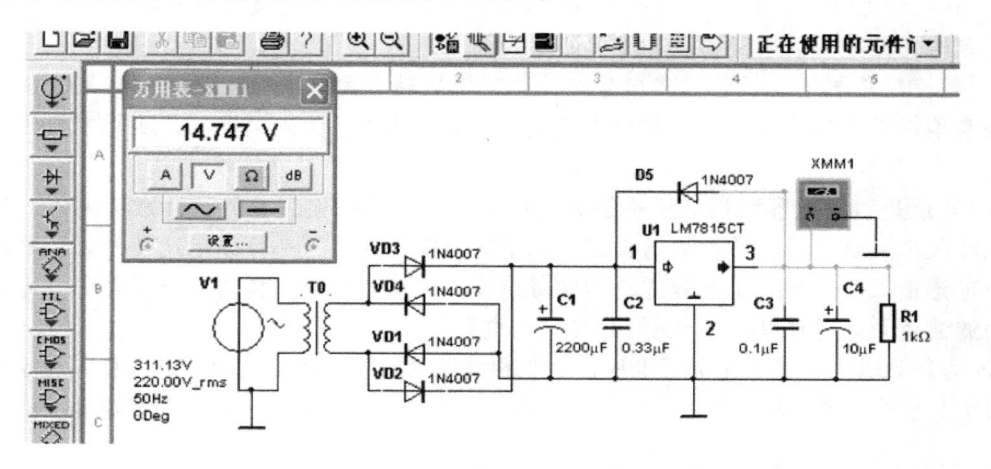

图 4-31　固定式直流稳压电源的仿真调试

4）元器件选型

略。

5）电路装接与调试

略。

6）电路性能检测

略。

7）设计文档编写

略。

应用设计

1．设计指标

（1）输出电压 $U_O=9\pm0.5$ V。

（2）最大输出电流 $I_{Omax}=1$ A。

（3）输出纹波（峰-峰值）小于 4 mV（$I_{Omax}=1.5$ A 时）。

（4）其他指标要求同三端式稳压器。

2. 任务要求

完成原理图设计、元器件参数计算、元器件选型、电路装接与调试、电路性能检测、设计文档编写。

知识梳理与总结

1. 在电子系统中，经常需要将交流电网电压转换为稳定的直流电压，为此，要通过整流、滤波和稳压等环节来实现。

2. 整流电路利用二极管的单向导电性将交流电转变为脉动的直流电。常见的小功率整流电路有单相半波整流全波整流和桥式整流。桥式整流由于优点突出，在实际中得到了广泛应用。

3. 滤波是利用电容两端电压不能突变或电感中电流不能突变的特性来实现的。在直流输出电流较小且负载变化不大的场合，宜采用电容输入式；而在负载电流大的大功率场合，宜采用电感输入式。如果将电容滤波和电阻滤波二者结合起来，接成复合型电路，可以获得较好的滤波效果。还可以接成多级 LC 型滤波电路。

4. 为保证输出电压不受电网电压、负载和温度的变化而产生波动，可再接入稳压电路，在小功率系统中，多采用串联反馈式稳压电路，而中、大功率稳压电源一般采用开关式稳压电路。

5. 串联反馈式稳压电路的调整管工作在线性放大区，利用控制调整管的管压降来调整输出电压，它是一个带负反馈的闭环有差调整系统。具有输出电流大、带负载能力强等特点，由于串联式稳压电路的调整管始终工作在线性区，功耗较大，因而电路的效率较低。

6. 集成稳压电路具有体积小、重量轻、性能稳定可靠等优点。其中三端稳压器最常用，三端稳压器包括输出固定式（78××系列和 79××系列）和输出可调式（LM317 和 LM337）。

7. 开关式稳压电路的调整管工作在开关状态，通过控制调整管导通与截止时间的比例来稳定输出电压，它也是反馈控制系统，只不过这种反馈是非线性的。

思考与练习题 4

1. 常用的小功率直流稳压电源系统由哪几部分组成？试述各部分的作用。
2. 整流二极管的反向电阻不够大，而正向电阻较大时，对整流效果会产生什么影响？
3. 在整流电路中，二极管的选择应考虑哪些参数值？
4. 电路如图 4-5 所示，试分析该电路出现故障时，电路会出现什么现象？①二极管 VD$_1$ 的正负极性接反；②VD$_1$ 击穿短路；③VD$_1$ 开路。
5. 在整流滤波电路中，采用滤波电路的主要目的是什么？就其结构而言，滤波电路有电容输入式和电感输入式两种，各有什么特点？各应用于何种场合？图 4-13、图 4-15、图 4-16 和图 4-17 各属于何种滤波电路？

6. 电路如图 4-13 所示，电路中 u_2 的有效值 $U_2=20$ V。

① 电路中 R_L 和 C 增大时，输出电压是增大还是减小？为什么？

② 在 $R_LC=(3\sim5)\dfrac{T}{2}$ 时，输出电压 U_L 与 U_2 的近似关系如何？

③ 若将二极管 VD_1 和负载电阻 R_L 分别断开，各对 U_L 有什么影响？

④ 若 C 断开时，U_L 的值是多少？

7. 衡量稳压电路的质量指标有哪几项，其含义是什么？

8. 串联反馈式稳压电路由哪几部分组成？各部分的功能是什么？

9. 试用反馈原理定性分析图 4-19 所示电路的稳压原理，分两种情况讨论。①当 U_I 波动时。②当 R_L 改变时。在此系统中，若反馈深度（$1+A_uF_u$）越深，则稳定性能越好，何故？

10. 在图 4-19 所示的电路中，若已知电路参数和基准电压 U_{REF}，求下列 3 种情况下的输出电压。①R_1 短路；②R_2 开路；③$R_1=R_2$。

11. 分别列举出两种输出电压固定和输出电压可调的三端稳压器应用电路，并说明电路中接入元器件的作用。

12. 开关式稳压电源与串联反馈式线性稳压电源的主要区别是什么？两者相比各有什么优缺点？

13. 电路如图 4-32 所示，稳压管 VD_Z 的稳定电压 $U_Z=6$ V，$U_I=18$ V，$C=1000$ μF，$R=1$ kΩ，$R_L=1$ kΩ。

① 电路中稳压管接反或限流电阻 R 短路，会出现什么现象？

② 求变压器次级电压有效值 U_2 和输出电压 U_O 的值。

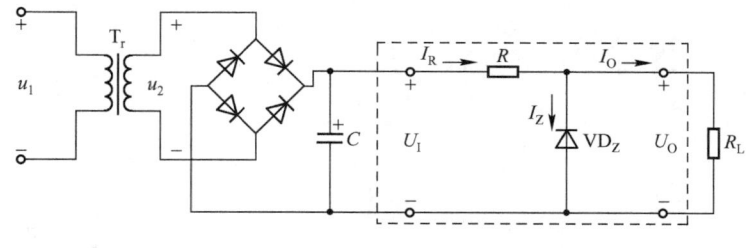

图 4-32 13 题图

③ 若稳压管 VD_Z 的动态电阻 $r_Z=20$ Ω，求稳压电路的内阻 R_o 及 $\Delta U_O/\Delta U_I$ 的值。

④ 将电容器 C 断开，试画出 u_I、u_O 及电阻 R 两端电压 u_R 的波形。

14. 稳压电源电路如图 4-33 所示。

① 在原有电路结构基础上（设 VT_2、VT_3 是正确连接的），改正图中的错误。

② 设变压器次级电压的有效值 $U_2=20$ V，求 U_I。说明电路中 VT_1、R_1、VD_{Z2} 的作用。

③ 当 $U_{Z1}=6$ V，$U_{BE}=0.7$ V，电位器 RP 在中间位置时，试计算 A、B、C、D、E 点的电位和 U_{CE3} 的值。

④ 计算输出电压的调节范围。

模拟电子技术与应用

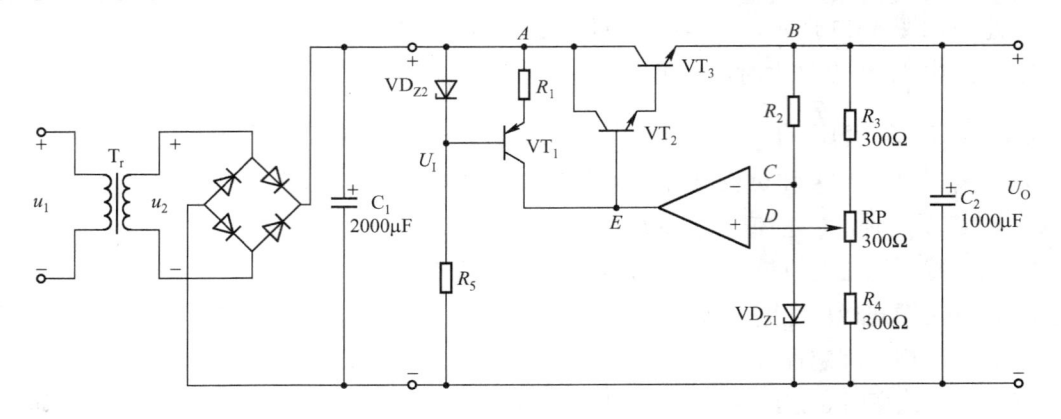

图 4-33　14 题图

196

项目 5 函数信号发生器的测试与设计

教学导航

教	知识重点	1. RC 正弦波振荡电路　　2. LC 正弦波振荡电路 3. 石英晶体正弦波振荡电路　　4. 非正弦波发生电路
	知识难点	LC 正弦波振荡电路
	推荐教学方式	从工作任务入手，通过对各种波形发生电路的测试，让学生逐步了解各种电路的工作原理，让学生了解函数信号发生器的设计方法
	建议学时	8 学时
学	推荐学习方法	从简单任务入手，通过仿真测试，逐步掌握各种波形发生电路的组成和工作原理，了解函数信号发生器的设计方法
	必须掌握的理论知识	LC 正弦波振荡器的电路组成和工作原理
	必须掌握的技能	正弦波振荡器的测试

模拟电子技术与应用

学习目标

- 能正确理解各类波形发生电路的组成原则、工作原理。
- 能正确测量正弦波发生器和非正弦波发生器的基本特性。
- 能对电路中的故障现象进行分析判断并加以解决。
- 能正确查阅各种元器件的资料。
- 能设计和测试函数信号发生器,并能通过调试得到正确结果。

工作任务

- 正弦波发生器和非正弦波发生器电路的测试。
- 函数信号发生器的设计、制作和调试。
- 撰写设计文档与测试报告。

在实践中,广泛采用各种类型的信号产生电路,信号产生电路通常也称振荡器,用于产生一定频率和幅度的信号。按输出信号波形的不同可分为两大类,即正弦波振荡电路和非正弦波振荡电路。

目前,常用的正弦波振荡电路有 RC 正弦波振荡电路、LC 正弦波振荡电路和石英晶体振荡电路等。

非正弦波振荡电路按信号形式不同可分为方波振荡电路、三角波振荡电路和锯齿波振荡电路等。

振荡电路的性能指标主要有两个:一是要求输出信号的幅度要准确而且稳定;二是要求输出信号的频率要准确而且稳定。此外,输出波形的失真度、输出功率和效率也是较重要的指标。

模块 5-1　正弦波振荡器的测试

学习目标

- 能正确测量正弦波振荡电路的基本性能。
- 理解振荡的概念。
- 正确理解各类波形发生电路的组成原则、工作原理。

工作任务

- RC 正弦波振荡器的测试。
- RC 正弦波振荡器的电路性能分析。
- 撰写设计文档与测试报告。

项目 5　函数信号发生器的测试与设计

任务 5-1-1　RC 正弦波振荡器的测试

知识链接

正弦波振荡电路的振荡条件，相关知识如下所述。

正弦波振荡电路用来产生一定频率和幅度的正弦交流信号，正弦波振荡器由放大电路、反馈网络、选频网络和稳幅环节四部分组成。由负反馈放大电路一章的讨论可知，当负反馈太深时，可能使电路的负反馈变为正反馈，从而使电路产生自激振荡。在放大电路中，自激振荡是不允许的，必须设法消除它。而本节讨论的振荡电路，正是利用自激振荡产生一定幅度和一定频率的正弦波。但是由于附加相移引起的自激振荡是不稳定的，不能作为正弦波振荡电路，实际的正弦波振荡电路必须引入正反馈电路和选频网络电路。

从结构上看，正弦波振荡电路就是一个没有输入信号的带选频网络的正反馈放大电路。图 5-1（a）表示接成正反馈时，放大电路在输入信号 $\dot{X}_i=0$ 时的方框图，改画一下，便得图 5-1（b）。由图可知，如果在放大电路的输入端（1 端）外接一定频率、一定幅度的正弦波信号 $\dot{X}_a$，经过基本放大电路和反馈网络所构成的环路传输后，在反馈网络的输出端（2 端）得到反馈信号 $\dot{X}_f$，如果 $\dot{X}_f$ 与 $\dot{X}_a$ 在大小和相位上都一致，那么，可以除去外接信号 $\dot{X}_a$，而将 1、2 两端连接在一起（如图中的虚线所示）而形成闭环系统，其输出端可能继续维持与开环时一样的输出信号。

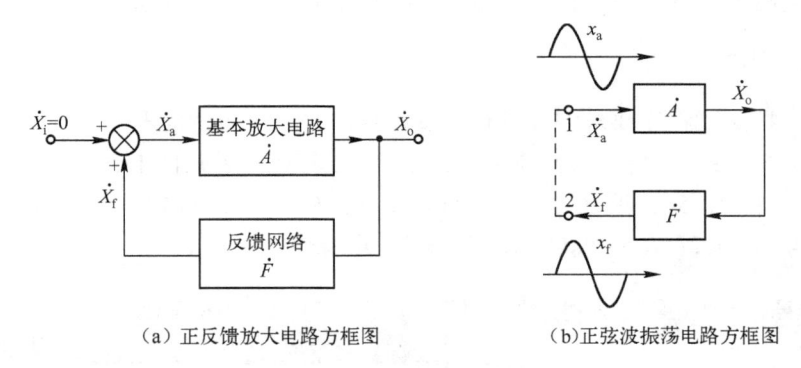

（a）正反馈放大电路方框图　　（b）正弦波振荡电路方框图

图 5-1　正弦波振荡电路方框图

这样，由于 $\dot{X}_f = \dot{X}_a$，便有

$$\frac{\dot{X}_f}{\dot{X}_a} = \frac{\dot{X}_o}{\dot{X}_a} \cdot \frac{\dot{X}_f}{\dot{X}_o} = 1$$

或

$$\dot{A}\dot{F} = 1 \qquad (5-1)$$

在式（5-1）中，设 $\dot{A} = A\angle\varphi_a$，$\dot{F} = F\angle\varphi_f$，则可得

$$\dot{A}\dot{F} = AF\angle(\varphi_a + \varphi_f) = 1$$

即

$$|\dot{A}\dot{F}| = AF = 1 \qquad (5-2)$$

和

$$\varphi_a + \varphi_f = 2n\pi, \quad (n=0,1,2,\cdots) \tag{5-3}$$

式（5-2）称为**振幅平衡**条件，而式（5-3）则称为**相位平衡**条件，这是正弦波振荡电路产生持续振荡的两个条件。

振荡电路的振荡频率 f_0 是由式（5-3）的相位平衡条件决定的。一个正弦波振荡电路只在一个频率下满足相位平衡条件，这个频率就是 f_0，这就要求在 $\dot{A}\dot{F}$ 环路中包含一个具有选频特性的网络，简称**选频网络**。它可以设置在放大电路 $\dot{A}$ 中，也可设置在反馈网络 $\dot{F}$ 中，它可以用 R、C 元件组成，也可用 L、C 元件组成。用 R、C 元件组成选频网络的振荡电路称为 RC 振荡电路，一般用来产生 1 Hz～1 MHz 范围内的低频信号；而用 L、C 元件组成选频网络的振荡电路称为 LC 振荡电路，一般用来产生 1 MHz 以上的高频信号。

另一方面，式（5-2）所表示的振幅平衡条件，是针对振荡电路已进入稳态振荡而言的。

欲使振荡电路能自行建立振荡，就必须满足 $|\dot{A}\dot{F}|>1$ 的条件。这样，在接通电源后，振荡电路就有可能自行起振，或者说能够自激。振荡电路起振后，输出电压瞬间增大，但由于有源器件或外围电路的限幅作用，输出电压并不会无限制增大且最终趋于稳态平衡。

综上所述，正弦波振荡电路一般由放大电路、正反馈网络、选频网络和稳幅电路四部分组成。放大电路保证电路能够有从起振到平衡的过程，使电路获得一定幅度的输出，实现能量的控制。正反馈网络使放大电路的输入信号等于反馈信号。选频网络使电路产生单一频率的振荡，确定电路的振荡频率。稳幅电路的作用是使输出信号幅值稳定。

应用测试

测试要求：按测试程序要求完成所有测试内容，并撰写测试报告。

测试设备与软件：计算机 1 台，Multisim 2001 或其他同类软件 1 套。

测试电路：如图 5-2 所示。$C_1=C_2=1$ nF；$R_1=R_3=R_5=15.9$ kΩ；二极管 VD$_1$、VD$_2$ 取 1N4148；运放取 TL082；$R_2=10$ kΩ；$R_4=5.1$ kΩ；电源电压为±5V。

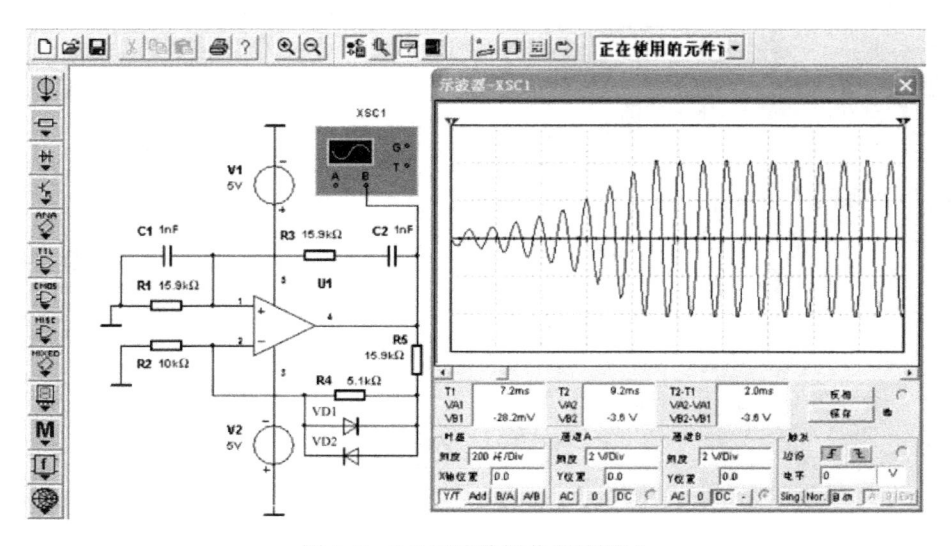

图 5-2 RC 正弦波振荡器的测试

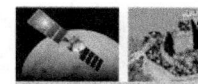

项目 5　函数信号发生器的测试与设计

测试程序：

① 按图 5-2 画仿真电路。观察示波器上的输出电压波形，测试输出电压幅度，此时应有 U_{om}=_____，测试输出电压频率，此时应有 f=_____。与理论值相比较，分析误差原因。

② 保持步骤①，改变电容 C_1、C_2 值为 10 nF，测试输出电压幅度，此时应有 U_{om}=_____，测试输出电压频率，此时应有 f=_____。

③ 保持步骤①，改变电阻 R_1、R_3 值为 5.1 kΩ，测试输出电压幅度，此时应有 U_{om}=_____，测试输出电压频率，此时应有 f=_____。

结论：RC 振荡器的频率主要和_____（电容 C_1、C_2 和电阻 R_1、R_3）有关。

④ 保持步骤①，改变电阻 R_5 的值为 5.1 kΩ，观察电路能否起振，逐渐增大 R_5 的值，观察电路的起振情况。

⑤ 保持步骤①，在输入的一端加入正弦信号，观察电路的谐振特性，如图 5-3 所示，进行交流分析，设置频率范围为 1～30 kHz，测量出谐振频率为 10.0000 kHz。符合要求，若频率太高或太低，可以调节电阻 R_1 和 R_3 的值。

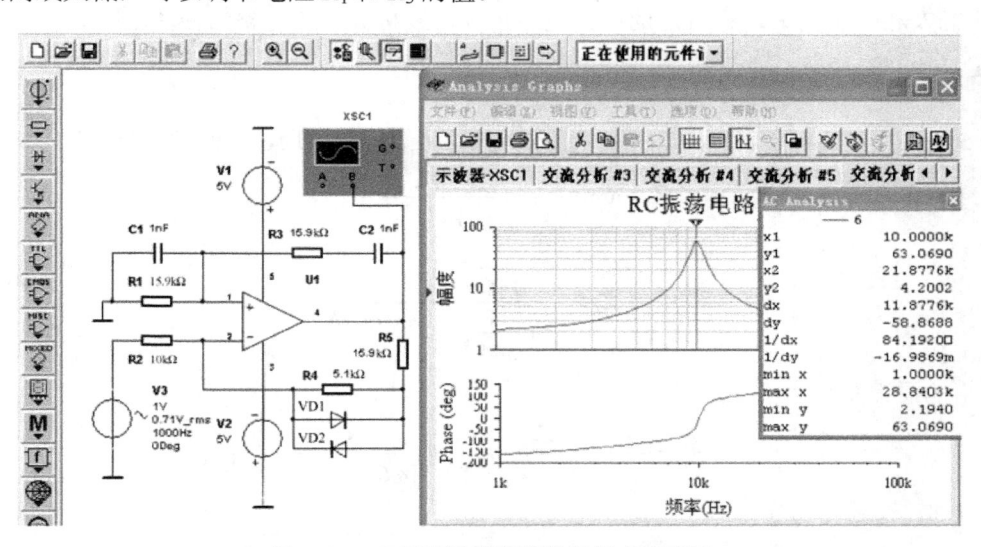

图 5-3　RC 正弦波振荡器的谐振点的测试

知识链接

RC 正弦波振荡电路，相关知识如下所述。

RC 正弦波振荡电路有桥式振荡电路、双 T 网络式振荡电路和移相式振荡电路等类型，这里重点讨论桥式振荡电路。

1．电路原理图

图 5-4 所示是 RC 桥式振荡电路原理图，这个电路由两部分组成，即放大电路和选频网络。

放大电路为由集成运放和电阻 R_1、R_f 所组成的电压串联负反馈放大电路，用来使集成运放工作在线性状态并稳定输出电压和减小非线性失真。同时，串联负反馈还可以提高输入阻抗和降低输出阻抗，以减小放大电路对选频特性的影响，使振荡频率几乎仅仅取决于选频网络。

模拟电子技术与应用

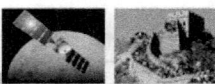

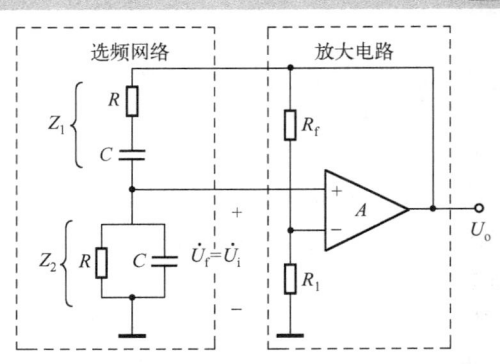

图 5-4 RC 桥式振荡电路原理图

选频网络由 Z_1、Z_2 组成，同时兼做正反馈网络。由图可知，Z_1、Z_2 和 R_1、R_f 正好形成一个四臂电桥，电桥的对角线顶点接到放大电路的两个输入端，桥式振荡电路的名称即由此得来。

下面首先分析 RC 串并联选频网络的选频特性，然后根据正弦波振荡电路的两个条件（振幅平衡及相位平衡）选择合适的放大电路指标，以构成一个完整的振荡电路。

2．RC 串并联选频网络的选频特性

图 5-4 中用虚线框所表示的 RC 串并联选频网络具有选频作用，它的频率响应是不均匀的。

由图 5-4，有

$$Z_1 = R + \frac{1}{j\omega C} = \frac{1+j\omega CR}{j\omega C}$$

$$Z_2 = \frac{R \cdot \frac{1}{j\omega C}}{R + \frac{1}{j\omega C}} = \frac{R}{1+j\omega CR}$$

反馈网络的反馈系数为

$$\dot{F}_u = \frac{\dot{U}_f}{\dot{U}_o} = \frac{Z_2}{Z_1+Z_2} = \frac{j\omega CR}{1+3j\omega CR+(j\omega CR)^2}$$

$$= \frac{j\omega RC}{(1-\omega^2 R^2 C^2)+j3\omega RC} \tag{5-4}$$

若令 $\omega_0 = \dfrac{1}{RC}$，则式（5-4）变为

$$\dot{F}_u = \frac{1}{3+j\left(\dfrac{\omega}{\omega_0}-\dfrac{\omega_0}{\omega}\right)} \tag{5-5}$$

由此可得 RC 串并联选频网络的幅频响应及相频响应：

$$F_u = \frac{1}{\sqrt{3^2+\left(\dfrac{\omega}{\omega_0}-\dfrac{\omega_0}{\omega}\right)^2}} \tag{5-6}$$

$$\varphi_f = -\arctan\frac{\left(\dfrac{\omega}{\omega_0}-\dfrac{\omega_0}{\omega}\right)}{3} \tag{5-7}$$

由式（5-6）及式（5-7）可知，当

$$\omega = \omega_0 = \frac{1}{RC} \quad \text{或} \quad f = f_0 = \frac{1}{2\pi RC} \tag{5-8}$$

时，幅频响应的幅值为最大，即

$$F_{u\max} = \frac{1}{3} \tag{5-9}$$

而相频响应的相位角为零，即

$$\varphi_f = 0 \tag{5-10}$$

这就是说，当 $\omega = \omega_0 = \frac{1}{RC}$ 时，反馈电压的幅值最大，并且反馈电压是输出电压的 1/3，同时，反馈电压与输出电压同相。根据式（5.6）、式（5.7）画出串并联选频网络的幅频响应曲线及相频响应曲线，如图 5-5 所示。

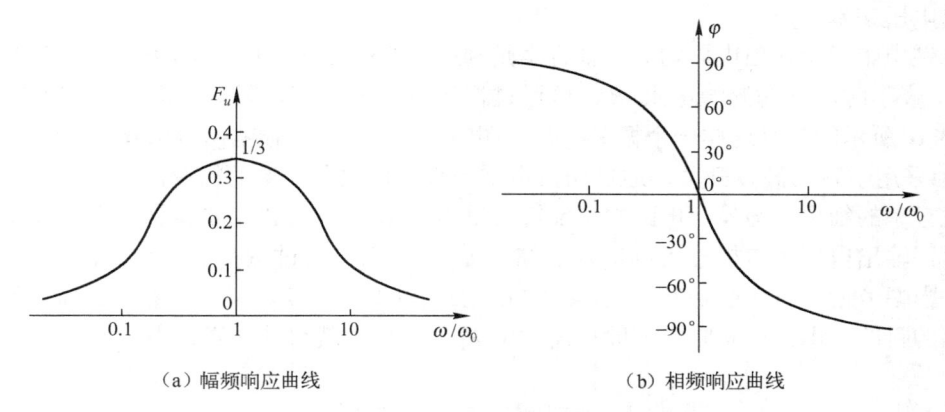

(a) 幅频响应曲线

(b) 相频响应曲线

图 5-5　RC 串并联选频网络的幅频响应曲线及相频响应曲线

3．振荡的建立与稳定

由图 5-5 可知，在 $\omega = \omega_0 = \frac{1}{RC}$ 时，经 RC 选频网络传输到运放同相端的电压 $\dot{U}_f$ 与 $\dot{U}_o$ 同相，即有 $\varphi_f = 0$ 和 $\varphi_a + \varphi_f = 2n\pi$。这样，放大电路和由 Z_1、Z_2 组成的反馈网络刚好形成正反馈系统，可以满足式（5-3）的相位平衡条件，因而有可能振荡。

所谓建立振荡，就是要使电路自激，从而产生持续的振荡，由直流电变为交流电。对于 RC 振荡电路来说，直流电源即能源。那么自激开始时的交流信号从何而来呢？由于电路中存在噪声，它的频谱分布很广，其中也包括 $\omega = \omega_0 = \frac{1}{RC}$ 这样一个频率成分。这种微弱的信号，经过放大，通过正反馈的选频网络，使输出幅度愈来愈大，最后受电路中非线性元件的限制，使振荡幅度自动稳定下来，开始时，$\dot{A}_u = 1 + R_f / R_1$ 略大于 3，达到稳定平衡状态时，$\dot{A}_u = 3$、$\dot{F}_u = 1/3$ [$\omega = \omega_0 = 1/(RC)$]。

4．振荡频率与振荡波形

前已提及，从正弦稳态的工作情况来看，振荡频率是由相位平衡条件所决定的，这是一个重要的概念。从式（5.8）～式（5.10）可知，只有当$\omega=\omega_0=1/(RC)$，$\varphi_f=0$，$\varphi_a=0$ 时，才满足相位平衡条件，所以振荡频率由式（5-8）决定，即 $f=1/(2\pi RC)$。当适当调整负反馈的强弱，使 A_u 的值略大于 3 时，其输出波形为正弦波，若 A_u 的值远大于 3，则因振幅的增加，致使放大器件工作在非线性区域，波形将产生严重的非线性失真。

5．稳幅措施

为了进一步改善输出电压幅度的稳定问题，可以在放大电路的负反馈回路里采用非线性元件来自动调整反馈的强弱，以维持输出电压恒定。例如，在图 5-5 所示的电路中，R_f 可用一温度系数为负的热敏电阻代替，当输出电压 $|\dot{U}_o|$ 升高时，通过负反馈回路的电流 $|\dot{I}_f|$ 也随之增加，结果使热敏电阻的阻值减小，负反馈加强，放大电路的增益下降，从而使输出电压 $|\dot{U}_o|$ 下降；反之，当 $|\dot{U}_o|$ 下降时，由于热敏电阻的自动调整作用，将使 $|\dot{U}_o|$ 回升，因此，可以维持输出电压基本恒定。

非线性电阻稳定输出电压的另一种方案是利用 JFET 工作在可变电阻区。当 JFET 的漏源电压 U_{DS} 较小时，它的漏源电阻 R_{DS} 可通过栅源电压来改变。因此，可利用 JFET 进行稳幅，图 5-6 所示的就是这样一个振荡电路。图中，$C_{11}=C_{21}$，$C_{12}=C_{22}$，$C_{13}=C_{23}$，$R_1=R_2$，$R_{P1}=R_{P2}$，图中采用了双刀波段开关，通过切换电容器来实现振荡频率的粗调，再通过双联同轴电位器实现频率的细调。另外，电路中负反馈网络由 R_{P3}、R_3 和 JFET 的漏源电阻 R_{DS} 组成。正常工作时，输出电压经二极管 VD 整流和 R_4、C_3 滤波后，通过 R_5、R_{P4} 为 JFET 栅极提供控制电压。当幅值增大时，U_{GS} 变负，R_{DS} 将自动加大以加强反馈。反之亦然。这样，就可达到自动稳幅的目的。电路调整时，一般只需调整 R_{P3} 或 R_{P4}，就可使失真最小。

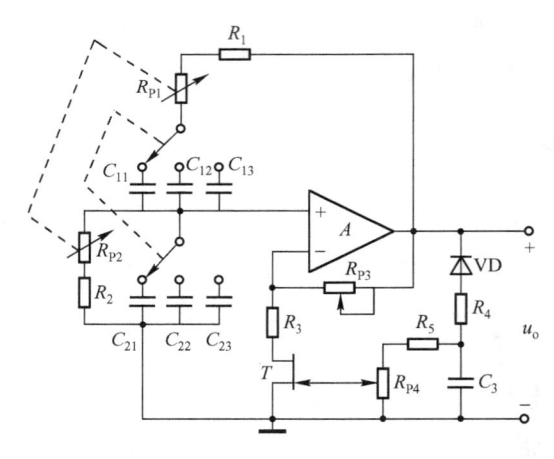

图 5-6　RC 桥式振荡电路中的 JFET 稳幅电路

任务 5-1-2　LC 正弦波振荡器的测试

应用测试

测试要求：按测试程序要求完成所有测试内容，并撰写测试报告。

测试设备与软件：计算机 1 台，Multisim 2001 或其他同类软件 1 套。

项目 5　函数信号发生器的测试与设计

测试电路：如图 5-7 所示。$C_3=C_6=10$ nF； $C_4=30$ pF； $C_5=470$ pF； $R_1=20$ kΩ； $R_6=6.8$ kΩ； $R_7=2$ kΩ； $R_8=3$ kΩ； $L_1=12$ μH；电源电压为 12 V。

测试程序：

① 按图 5-7 画仿真电路。观察示波器上的输出电压波形，用数字存储示波器观察电感 L1 两端的输出电压波形，用频率计测量其输出频率，记录所测频率并与计算值 f_0 进行比较。此时应有 $f_0 =$ _____。

结论：反馈式 LC 正弦波振荡电路 _____（能/不能）在无外加输入信号的情况下产生正弦波信号。从接通电源到振荡电路输出较稳定的正弦波振荡信号 _____（需要/不需要）经过一段时间，即 LC 正弦波振荡器 _____（存在/不存在）起振与平衡两个阶段。

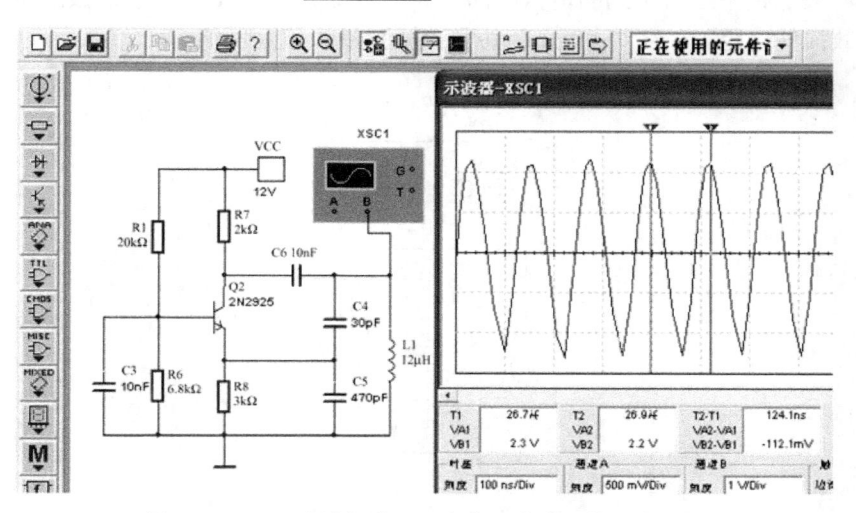

图 5-7　LC 正弦波振荡器（电容三点式）的仿真测试

② 短接电感 L_1，使振荡器停振，并测量三极管的发射极电压；然后调节电位器 R_W 的值以调整静态工作点，使 $U_E=1$ V，并计算出电流 I_E（$I_E≈1$ V/1 kΩ）。

③ 频率可调范围的测量：改变 C_5，调整振荡器的输出频率，并找出振荡器的最高频率 f_{max} 和最低频率 f_{min}，将结果填入表 5-1 中。

表 5-1　电容 C_5 对频率的影响

C_2(pF)	100	300	1000	2000	2500
f(kHz)					
	$f_{max}=$_____			$f_{min}=$_____	

结论：电容三点式振荡器 _____（能/不能）在无外加输入信号的情况下产生正弦波信号。电容三点式振荡器的频率可调范围 _____（较小/较大），适合做 _____（变频/固频）振荡器，输出信号的频率稳定度 _____（较好/较差）。当改变电容大小，调整振荡频率时，输出信号的振幅稳定度 _____（较好/较差）。

知识链接

LC 正弦波振荡电路，相关知识如下所述。

LC 振荡电路主要用来产生高频正弦波信号，一般在 1 MHz 以上。LC 和 RC 振荡电路产生正弦振荡的原理基本相同，它们在电路组成方面的主要区别是，RC 振荡电路的选频网络由电阻和电容组成，而 LC 振荡电路的选频网络则由电感和电容组成。各自的名称说明了它们之间的差别。

下面首先讨论组成 LC 正弦波振荡电路的基础——LC 选频放大电路。

1．LC 选频放大电路

1）并联谐振回路

在选频放大电路中经常用到的谐振回路是如图 5-8 所示的 LC 并联谐振回路。图中 R 表示回路的等效损耗电阻。由图可知，LC 并联谐振回路的等效阻抗为

$$Z = \frac{\frac{1}{j\omega C}(R+j\omega L)}{\frac{1}{j\omega C}+R+j\omega L} \tag{5-11}$$

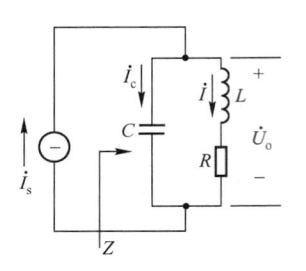

图 5-8 LC 并联谐振回路

注意到，通常有 $R \ll \omega L$。所以

$$Z \approx \frac{-j\frac{1}{\omega C} \cdot j\omega L}{R+j\left(\omega L - \frac{1}{\omega C}\right)} = \frac{L/C}{R+j\left(\omega L - \frac{1}{\omega C}\right)} \tag{5-12}$$

由式（5-11）可知，LC 并联谐振回路具有如下特点。

（1）回路的谐振频率为

$$\omega_0 = \frac{1}{\sqrt{LC}} \text{ 或 } f_0 = \frac{1}{2\pi\sqrt{LC}} \tag{5-13}$$

（2）谐振时，回路的等效阻抗为纯电阻性质，其值最大，即

$$Z_0 = \frac{L}{RC} = Q\omega_0 L = \frac{Q}{\omega_0 C} \tag{5-14}$$

式中，$Q = \omega_0 L/R = 1/\omega_0 CR = (1/R)\sqrt{L/C}$，称为回路**品质因数**，是用来评价回路损耗大小的指标，一般，Q 值在几十到几百范围内。由于谐振阻抗呈纯电阻性质，所以信号源电流 $\dot{I}_s$ 与 $\dot{U}_o$ 同相。

（3）输入电流 $|\dot{I}_S|$ 和回路电流 $|\dot{I}_L|$ 或 $|\dot{I}_C|$ 的关系。

由图 5-8 和式（5-13）有

$$\dot{U}_o = \dot{I}_S Z_0 = \dot{I}_S Q/(\omega_0 C)$$

$$|\dot{I}_C| = \omega_0 C |\dot{V}_o| = Q|\dot{I}_S| \tag{5-15}$$

通常 $Q \gg 1$，所以 $|\dot{I}_C| \approx |\dot{I}_L| \gg |\dot{I}_S|$。可见谐振时，LC 并联电路的回路电流 $|\dot{I}_C|$ 或 $|\dot{I}_L|$ 比输入电流 $|\dot{I}_S|$ 大得多，即 $\dot{I}_S$ 的影响可忽略。这个结论对于分析 LC 正弦波振荡电路的相位关系十分有用。

（4）回路的频率响应可简要介绍如下。根据式（5-12）有

$$Z = \frac{\dfrac{L}{RC}}{1 + j\dfrac{\omega L}{R}\left(1 - \dfrac{\omega_0^2}{\omega^2}\right)} = \frac{\dfrac{L}{RC}}{1 + j\dfrac{\omega L}{R} \cdot \dfrac{(\omega + \omega_0)(\omega - \omega_0)}{\omega^2}} \tag{5-16}$$

在式（5-16）中，如果所讨论的关联等效阻抗只局限于 ω_0 附近，则可认可 $\omega \approx \omega_0$，$\omega L/R \approx \omega_0 L/R = Q$，$\omega + \omega_0 \approx 2\omega_0$，$\omega - \omega_0 = \Delta\omega$，则式（5-15）可改写为

$$Z = \frac{Z_0}{1 + jQ\dfrac{2\Delta\omega}{\omega_0}} \tag{5-17}$$

从而可得阻抗的模为

$$|Z| = \frac{Z_0}{\sqrt{1 + \left(Q\dfrac{2\Delta\omega}{\omega_0}\right)^2}} \tag{5-18a}$$

或

$$\frac{|Z|}{Z_0} = \frac{1}{\sqrt{1 + \left(Q\dfrac{2\Delta\omega}{\omega_0}\right)^2}} \tag{5-18b}$$

其相角（阻抗角）为

$$\varphi = -\arctan Q\dfrac{2\Delta\omega}{\omega_0} \tag{5-19}$$

式中，$|Z|$ 为角频率偏离谐振角频率 ω_0 时（即 $\omega_0 = \omega_0 + \Delta\omega$ 时）的回路等效阻抗；$Z_0 = L/(RC) = Q^2 R$ 为谐振阻抗；$2\Delta\omega/\omega_0$ 为相对失谐量，表明信号角频率偏离回路谐振角频率 ω_0 的程度。

图 5-9 绘出了 LC 并联谐振回路的频率响应曲线，从图中的两条曲线可以得出如下结论。

(a) 幅频响应曲线

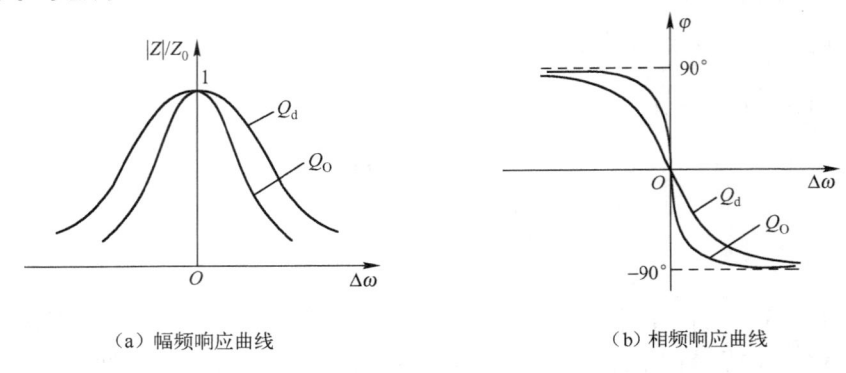

(b) 相频响应曲线

图 5-9 LC 并联谐振回路的幅频响应曲线及相频响应曲线

（1）从幅频响应曲线可见，当外加信号角频率 $\omega=\omega_0$（即 $2\Delta\omega/\omega_0=0$）时，产生并联谐振，回路等效阻抗达曲线最大值 $Z_0=L/(RC)=Q^2R$。当角频率 ω 偏离 ω_0 时，$|Z|$ 将减小，而 $\Delta\omega$ 愈大，$|Z|$ 愈小。

（2）从相频响应曲线可知，当 $\omega>\omega_0$ 时，相对失谐（$2\Delta\omega/\omega_0$）为正，等效阻抗为电容性，因此 Z 的相角为负值，即回路输出电压 $\dot{U}_\text{o}$ 滞后于 $\dot{I}_\text{S}$。反之，当 $\omega<\omega_0$ 时，等效阻抗为电感性，因此 φ 为正值，$\dot{U}_\text{o}$ 超前于 $\dot{I}_\text{S}$。

（3）谐振曲线的形状与回路的 Q 值有密切的关系，Q 值越大，谐振曲线越尖锐，相角变化越快，在 ω_0 附近 $|Z|$ 值和 φ 值变化更为急剧。

2）选频放大电路

一个由 BJT 组成的单回路小信号选频放大电路如图 5-10 所示。图中，由 LC 组成并联谐振回路通过 L 的抽头与电源正端相连，从而有利于实现阻抗匹配。

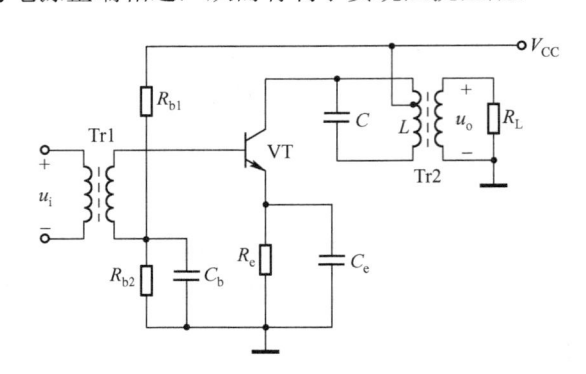

图 5-10 单回路小信号选频放大电路

值得指出的是，选频放大电路是构成 LC 正弦波振荡器的基础，由于调谐回路的选频作用，它不仅可工作在甲类，而且当输入信号较大时还可工作在乙类或丙类。

进一步分析可发现，小信号选频放大电路的幅频响应具有与图 5-9（a）类似的曲线。

2．LC 三点式振荡电路

选频网络采用 LC 谐振回路的反馈式正弦波振荡器，称为 LC 正弦波振荡器。按照反馈网络的不同，LC 振荡器可分为变压器反馈式振荡器和三点式振荡器，三点式振荡器有电感

三点式和电容三点式两种。

LC 三点式振荡电路的结构特点是：均从 LC 谐振回路引出三个端子，分别接三极管的三个电极，其高频交流等效通路如图 5-11 所示。

（a）电感三点式电路　　　　（b）电容三点式电路

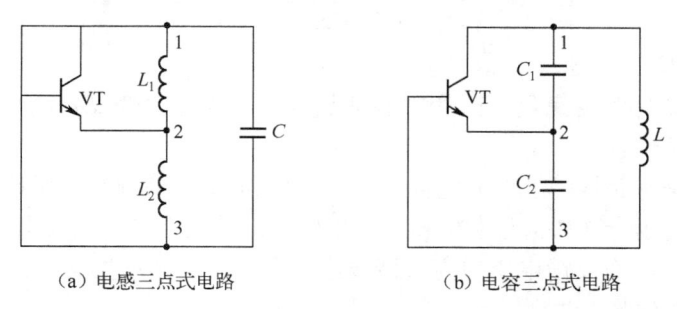

图 5-11　LC 三点式振荡电路的结构示意图（高频交流等效通路）

由图 5-11 可见：① 电感三点式电路是从电感引出三个端子，分别接三极管的三个电极；电容三点式则是从电容引出三个端子，分别接三极管的三个电极。

② 三极管 b、e 极和 c、e 极间电抗必须同性质（或同为电感，或同为电容），而 b、c 间电抗性质则与之相反。即相同元件的之间的中心抽头（图 5-11 中的 2）必须接到 e 极。

③ 由于谐振时 LC 谐振回路内的电流远高于回路外的电流，可忽略外界影响，因此，中心抽头 2 的电位必定介于 1、3 之间。三端中有一端交流接地。对谐振频率 f_0 信号而言，若 2 端接地，则 1、3 两端反相；若 1 端或 3 端接地，则另两端必然同相。

1）电感三点式电路

图 5-12 所示为一实际电感三点式振荡电路。显然，该电路的交流通路属于图 5-11（a）所示结构。放大器采用了共基极接法，R_{b1}、R_{b2} 和 R_e 构成直流偏置电路。C_b 用于交流旁路。C_e 用于隔直，避免发射极 e 直流电位经电感接到电源，从而与集电极等电位，使三极管截止，无法起振。

参见图 5-12，若从 F 点断开，在三极管基极加频率为 f_0 对地为正的信号，则三极管集电极（1 点）对地的电位必为负，则 2 点的电位对地也为负，反馈到三极管发射极电位对地也同样为负，而基极与地交流同电位，相对于发射极的电位应为正。显然，该电路可以满足正反馈的条件。

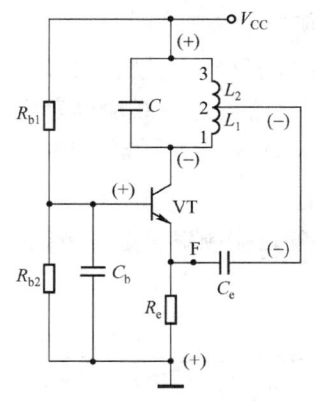

图 5-12　电感三点式振荡电路

模拟电子技术与应用

该电路的振荡频率由谐振回路的谐振频率决定。谐振回路的等效电感为 L_1+L_2+2M，其中 M 为 L_1、L_2 的互感。因此，振荡频率为

$$\omega = \omega_0 \approx \frac{1}{\sqrt{(L_1+L_2+2M)C}} = \frac{1}{\sqrt{LC}} \qquad (5-20)$$

式中，$L = L_1+L_2+2M$。

该电路的振幅条件容易满足，改变中心抽头位置，就能改变 L_2 上所取回的反馈量的大小，从而满足起振条件。

该电路的优点是易起振，且调节电容 C 可方便地调节振荡频率，而不影响起振条件，因而在需要改变频率的场合（如信号发生器）应用较广。其缺点是：反馈电压取自电感 L_2，它对高次谐波阻抗大，因而反馈电压中高次谐波成分大，输出波形失真大。它适用于振荡频率在几十兆赫兹以下的信号发生器。

2）电容三点式电路

图 5-13 所示为一实际电容三点式振荡电路。其中放大器采用了共基极接法。

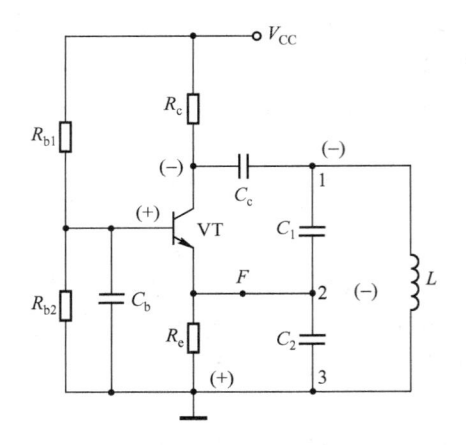

图 5-13　电容三点式振荡电路

电路中，R_{b1}、R_{b2} 和 R_e 构成直流偏置电路。C_b 用于交流旁路；C_c 用于隔直，避免集电极直流电位经电感接到地，从而使集电极直流电位为 0，使三极管饱和，无法起振。显然，该电路的交流通路属于图 5-11（b）所示结构。

参见图 5-13，若从 F 点断开，在三极管基极加频率为 f_0 对地为正的信号，则三极管集电极（1 点）对地的电位必为负，则 2 点的电位对地也为负，反馈到三极管发射极电位对地也同样为负，而基极与地交流同电位，相对于发射极的电位应为正。显然，该电路可以满足正反馈的条件。

该电路的振荡频率由谐振回路的谐振频率决定。谐振回路的等效电容为 $C = \dfrac{C_1 C_2}{C_1+C_2}$。

因此，振荡频率为

$$f = f_0 \approx \frac{1}{2\pi\sqrt{L\dfrac{C_1 C_2}{C_1+C_2}}} = \frac{1}{2\pi\sqrt{LC}} \qquad (5-21)$$

项目 5　函数信号发生器的测试与设计

与电感三点式电路相比，该电路的反馈信号取自电容 C_2，而电容对高次谐波的阻抗较小，故反馈电压中高次谐波成分小，输出波形好，最高振荡频率可达 100 MHz 以上。

这种电路的缺点是：调节 C_1 或 C_2 来改变振荡频率时（一般不能调节电感），反馈系数也将改变，从而导致振荡器工作状态的变化，因此这个电路只适于做固频振荡器。但只要将电路稍加改进组成串联改进型电容三点式振荡器或并联改进型电容三点式振荡器，就可克服上述电路的不足，由于篇幅有限，请读者查阅有关书籍。

任务 5-1-3　晶体振荡器的测试

应用测试

测试要求：按测试程序要求完成所有测试内容，并撰写测试报告。

测试设备与软件：计算机 1 台，Multisim 2001 或其他同类软件 1 套。

测试电路：如图 5-14 所示。C_1=1 nF；C_2=10 nF；C_3=50 pF；C_4=50 pF；R_1=15 kΩ；R_2=2 kΩ；R_3=470 Ω；L_1=10 mH；晶振 X_1 取 11 MHz；电源电压为 9 V。

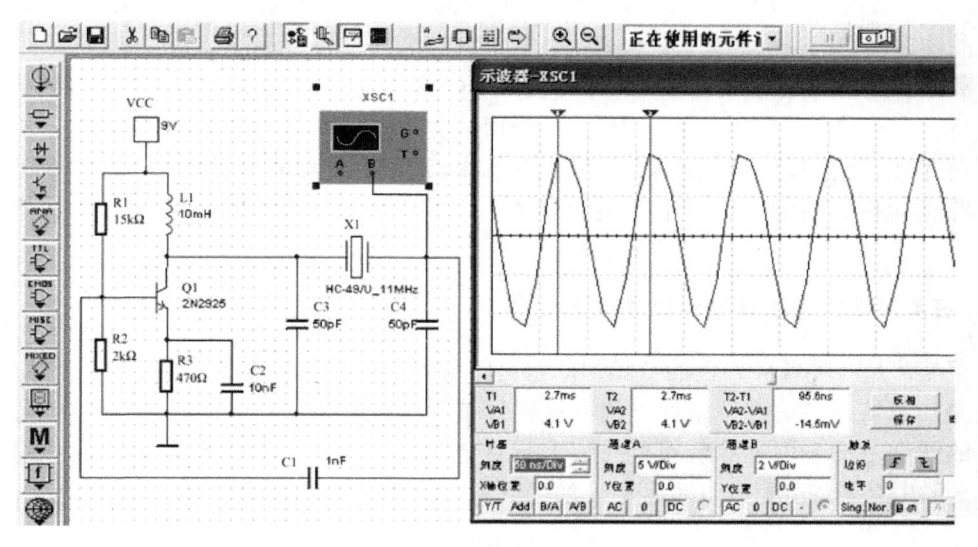

图 5-14　晶体振荡器的仿真测试

测试程序：

① 按图 5-14 画仿真电路。

② 保持步骤①，断开三极管与晶振之间的连接线，用万用表测量三极管的静态工作点，并记录：U_{BE}=_____V，U_{CE}=_____V。

③ 保持步骤②，连接晶体与三极管，接通电源。用示波器观察振荡器的起振过程，并用万用表监测三极管的工作点，待振荡稳定后截取波形并记录，用数字存储示波器的测量功能，测量振幅和频率并记录：U_{om}=_____V，f_0=_____MHz。

④ 改变电容 C_4 的值为 1 μH，测试输出电压幅度，此时应有 U_{om}=_____V，测试输出电压频率，此时应有 f_0 =_____MHz。

结论：晶体振荡器的频率主要和_____（电容 C_4/晶体频率）有关。

211

模拟电子技术与应用

知识链接

石英晶体振荡电路，相关知识如下所述。

1. 正弦波振荡电路的频率稳定问题

在工程应用中，例如在实验用的低频及高频信号产生电路中，往往要求正弦波振荡电路的振荡频率有一定的稳定度，有时要求振荡频率十分稳定，如通信系统中的射频振荡电路、数字系统的时钟产生电路等。因此，有必要引用频率稳定度来作为衡量振荡电路的质量指标之一。频率稳定度一般用频率的相对变化量 $\Delta f/f_0$ 来表示，f_0 为振荡频率，Δf 为频率偏移。频率稳定度有时附加时间条件，如一小时或一日内的频率相对变化量。

影响 LC 振荡电路振荡频率 f_0 的因素主要是 LC 关联谐振回路的参数 L、C 和 R。LC 谐振回路的 Q 值对频率稳定也有较大的影响，可以证明，Q 值越大，频率稳定度越高。由电路理论知道，$Q = \omega_0 L / R = \frac{1}{R} \cdot \sqrt{L/C}$。为了增大 Q 值，应尽量减小回路的损耗电阻 R 并加大 L/C 值。但一般的 LC 振荡电路，其 Q 值只可达数百，在要求频率稳定度高的场合，往往采用石英晶体振荡电路。

石英晶体振荡电路，就是用石英晶体取代 LC 振荡电路中的 L、C 元件所组成的正弦波振荡电路。它的频率稳定度可高达 10^{-9} 甚至 10^{-11}。

石英晶体振荡电路之所以具有极高的频率稳定度，主要是由于采用了具有极高 Q 值的石英晶体元件。下面首先了解石英晶体的构造和它的基本特性，然后再分析具体的振荡电路。

2. 石英晶体的基本特性与等效电路

石英晶体是一种各向异性的结晶体，它是硅石的一种，其化学成分是二氧化硅（SiO_2）。从一块晶体上按一定的方位角切下的薄片称为晶片（可以是正方形、矩形或圆形等），然后在晶片的两个对应表面上涂敷银层并装上一对金属板，就构成了石英晶体产品，如图 5-15 所示，一般用金属外壳密封，也有用玻璃壳封装的。

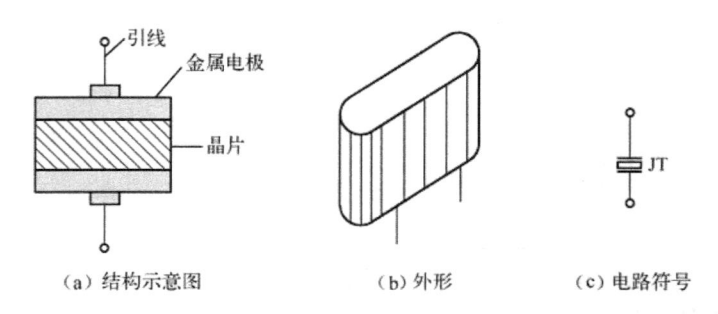

（a）结构示意图　　（b）外形　　（c）电路符号

图 5-15　石英晶体结构、外形及电路符号

石英晶片之所以能做振荡电路是基于它的**压电效应**，从物理学中知道，若在晶片的两个极板间加一电场，会使晶体产生机械变形；反之，若在极板间施加机械力，又会在相应的方向上产生电场，这种现象称为压电效应。若在极板间所加的是交变电压，就会产生机械变形

振动，同时机械变形振动又会产生交变电场。一般来说，这种机械振动的振幅是比较小的，其振动频率则是很稳定的。但当外加交变电压的频率与晶片的固有频率（取决于晶片的尺寸）相等时，机械振动的幅度将急剧增加，这种现象称为压电谐振，因此石英晶体又称为石英晶体谐振器。

石英晶体的压电谐振现象可以用图 5-16 所示的等效电路来模拟。等效电路中的 C_0 为切片与金属板构成的静电电容，L 和 C 分别模拟晶体的质量（代表惯性）和弹性，而晶片振动时，因摩擦而造成的损耗则用电阻 R 来等效。石英晶体的一个可贵的特点在于它具有很高的质量与弹性的比值（等效于 L/C），因而它的品质因数 Q 高达 $10^4 \sim 5 \times 10^5$。例如，一个 4 MHz 的石英晶体的典型参数为：L=100 mH，C=0.015 pF，C_0=5 pF，R=100 Ω，Q=25 000。

图 5-13 所示为石英晶体的符号、等效电路和电抗特性。

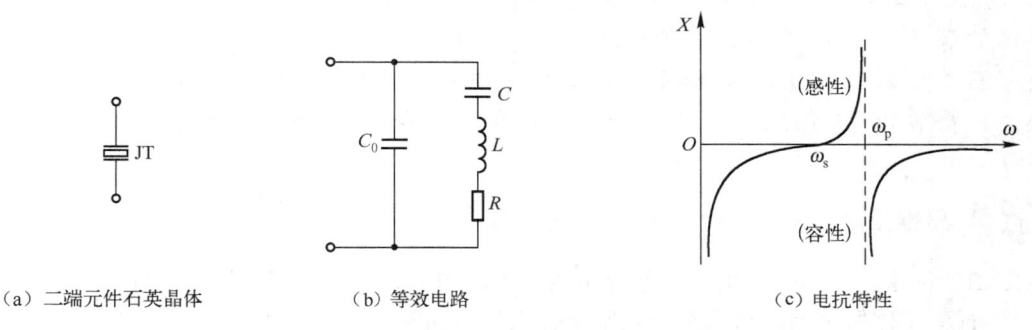

（a）二端元件石英晶体　　　　（b）等效电路　　　　（c）电抗特性

图 5-16　石英晶体的等效电路与电抗特性

由等效电路可知，石英晶体有两个谐振频率。

（1）当 R、L、C 支路发生串联谐振时，其串联谐振频率为

$$f_s = \frac{1}{2\pi\sqrt{LC}} \tag{5-22}$$

由于 C_0 很小，它的容抗比 R 大得多，因此，串联谐振的等效阻抗近似为 R，呈纯阻性，且其阻值很小。

（2）当频率高于 f_s 时，R、L、C 支路呈感性，当与 C_0 发生并联谐振时，其振荡频率为

$$f_p = \frac{1}{2\pi\sqrt{LC}}\sqrt{1+\frac{C}{C_0}} = f_s\sqrt{1+\frac{C}{C_0}} \tag{5-23}$$

由于 $C \ll C_0$，因此 f_s 与 f_p 很接近。

通常石英晶体产品所给出的标称频率既不是 f_s 也不是 f_p，而是外接一小电容 C_s 时校正的振荡频率，其目的是使晶体工作在电感区域内，而在该区域内，谐振频率必然介于 f_s 和 f_p 之间，由于 f_s 与 f_p 几乎相等，因此，频率稳定度很高。利用 C_s 可使石英晶体的谐振频率在一个小范围内调整。C_s 的值应选择得比 C 大。

3. 石英晶体振荡器

石英晶体振荡器电路的形成是多种多样的，但其基本电路只有两类，即并联晶体

振荡器和串联晶体振荡器，前者中石英晶体以并联谐振的形式出现，而后者中则以串联谐振的形式出现。现以图 5-17 所示并联晶体振荡器为例，对石英晶体振荡器进行简要介绍。

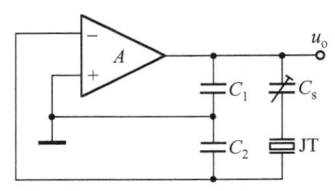

图 5-17　并联型晶体振荡器

由图 5-17 和图 5-16（c）可知，从相位平衡的条件出发来分析，这个电路的振荡频率必须在石英晶体的 f_s 与 f_p 之间，也就是说，晶体在电路中起电感的作用。显然，图 5-17 属于电容三点式 LC 振荡电路，振荡频率由谐振回路的参数（C_1、C_2、C_s 和石英晶体的等效电感 L_{eq}）决定。但应注意，由于 $C_1 \gg C_s$ 和 $C_2 \gg C_s$，所以振荡频率主要取决于石英晶体与 C_s 的谐振频率。石英晶体作为一个等效电感，其 L_{eq} 很大，而 C_s 又很小，使得等效 Q 值极高，其他元件和杂散参数对振荡频率的影响极小，故频率稳定度很高。

思维拓展

1. RC 正弦波振荡电路由哪几部分组成？电路中器件选择的基本原则是什么？
2. 石英晶体振荡器电路的组成原则是什么？电路有什么优缺点？

模块 5-2　非正弦波振荡器的测试

学习目标

◇ 能正确测量非正弦波振荡电路的基本性能。
◇ 理解集成运放组成的方波电路、矩形波电路的工作原理。
◇ 正确理解各类波形发生电路的组成原则。

工作任务

◇ 三角波、方波电路的测试。
◇ 撰写设计文档与测试报告。

任务 5-2-1　方波发生器的测试

应用测试

测试要求：按测试程序要求完成所有测试内容，并撰写测试报告。
测试设备与软件：计算机 1 台，Multisim 2001 或其他同类软件 1 套。
测试电路：如图 5-18 所示。$C_1 = 0.033\ \mu F$；$R_1 = 4.7\ k\Omega$；$R_2 = 5.1\ k\Omega$；$R_3 = 1\ k\Omega$

项目 5　函数信号发生器的测试与设计

R_{f1}=6.8 kΩ；电位器 R_{f2}=100 kΩ；稳压二极管 VD$_1$、VD$_2$ 取 1N4740A；运放为 TL082CD；电源电压为±15 V。

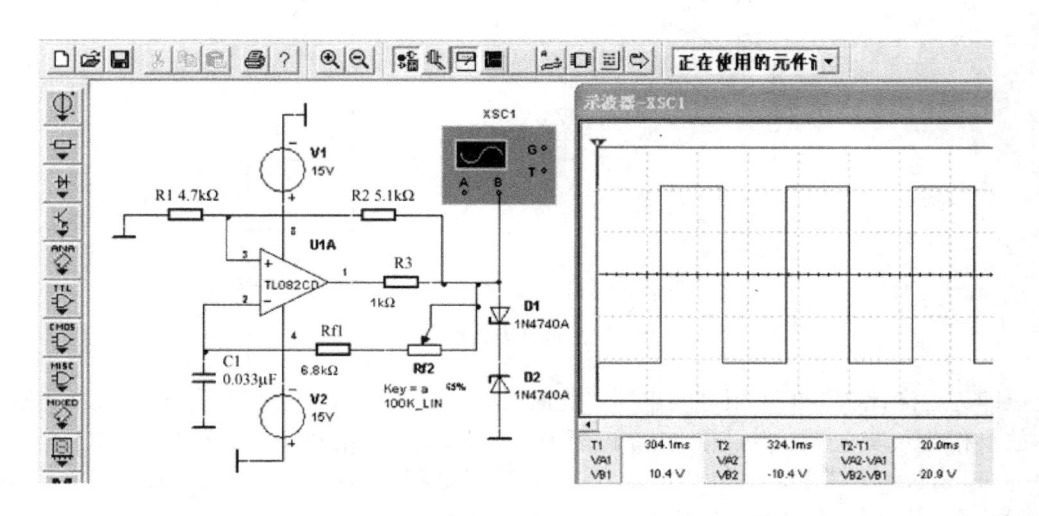

图 5-18　方波信号发生器的仿真调试

测试程序：

① 按图 5-18 画仿真电路。用示波器观察振荡器波形为_____（正弦波/方波/三角波），用数字存储示波器的测量功能，测量振幅和频率并记录：U_{om}=_____V，f_0=_____MHz。

② 改变电容 C_1 的值为 1 μH，测试输出电压频率，此时应有 f_0=_____。

③ 调节电位器 R_{f2}，用示波器观察振荡器波形频率的变化情况。

结论：方波振荡器的频率主要取决于_____（电容 C_1/反馈电阻 R_{f2}/都有关）。

知识链接

方波（矩形波）发生器电路，相关知识如下所述。

方波发生器电路如图 5-19（a）所示。它是在迟滞比较器的基础上增加了一个由 R_f、C 组成的积分电路，其中的 R_f、C 支路由输出引入到反相输入端，实际上起到了负反馈并具有延迟作用。通过 R_f、C 充放电实现输出状态的自动转换。

参见图 5-19（a），设在接通电源的瞬间，电容器两端电压 u_C=0，输出电压可能为 u_O=U_Z 或 u_O=$-U_Z$（纯属偶然），假设为 u_O=U_Z，则加到运放同相输入端的电压为

$$u_P = U_{TH1} = \frac{R_2}{R_1+R_2}U_Z = FU_Z$$

式中，F=R_2/(R_1+R_2)。该电压即为迟滞比较器的上限触发电平。此时 u_O=U_Z，通过 R_f 向 C 充电，使运放反相输入端电压 u_N=u_C 由 0 逐渐上升。参见图 5-19（b），在 u_N＜U_{TH1} 以前，u_O=U_Z 保持不变。假设在 t=t_1 时刻，u_N 上升到 u_N=U_{TH1}^+ 时，u_O 由高电平迅速翻转为低电平，即变为 u_O=$-U_Z$。当 u_O=$-U_Z$ 时，加到运放同相输入端的电压为

$$u_P = U_{TH2} = -\frac{R_2}{R_1+R_2}U_Z = -FU_Z$$

215

模拟电子技术与应用

(a) 电路　　　　　　　　(b) u_C与u_O的波形

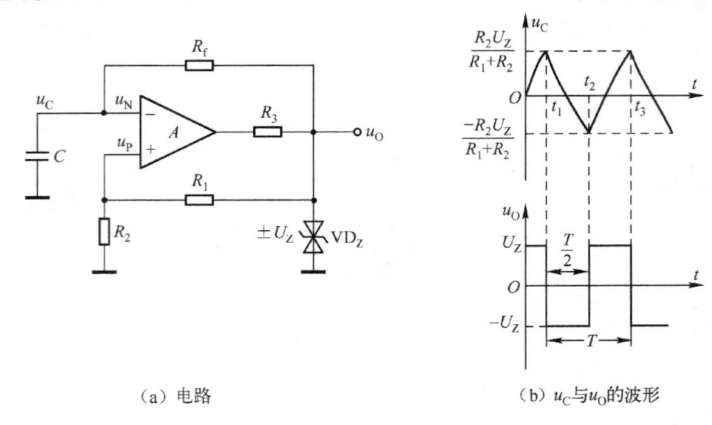

图 5-19　矩形波（方波）发生器电路

该电压即为迟滞比较器的下限触发电平。此时 $u_O= -U_Z$，通过 R_f 使 C 放电（或反向充电），使运放反相输入端电压 $u_N=u_C$ 由 U_{TH1} 逐渐下降。在 $u_N>U_{TH2}$ 以前，$u_O=-U_Z$ 保持不变。假设在 $t=t_2$ 时刻，u_N 下降到 $u_N = U_{TH2}^-$ 时，u_O 又由低电平翻转为高电平，即变为 $u_O=U_Z$，重新回到了原始状态。如此周而复始，循环不已，形成周期性方波输出。

容易理解，积分电路的时间常数 R_fC 的大小决定了充放电速度的快慢，即决定了电路输出电平的转换速度，而输出电平转换速度或时长即为输出信号的频率 f 或周期 T（1/f）。分析表明，该电路的振荡周期为

$$T = t_3 - t_1 = 2R_fC\ln\left(1+\frac{2R_2}{R_1}\right)$$

若适当选取 R_1、R_2 的值，使 $F=R_2/(R_1+R_2)=0.47$，则 $T=2R_fC$，于是振荡频率为

$$f_0 = \frac{1}{T} = \frac{1}{2R_fC}$$

需要指出的是，方波发生器产生的是高、低电平所占时间相等的波形，若要得到高、低电平所占时间不相等的矩形波，只要适当改变电容正、反向充电时间常数即可。图 5-20 所示为一矩形波发生器电路，该电路中，由于二极管的单向导电性，使电容充放电电阻分别为 R_5+R_1 和 R_6+R_1，只要选择 $R_5 \neq R_6$，使电容充放电时间常数不相等，即可得到矩形波输出。

矩形波的占空比是指矩形波正脉冲所占的时间 T_K 与矩形波的周期 T 之比。方波的占空比是 50%。

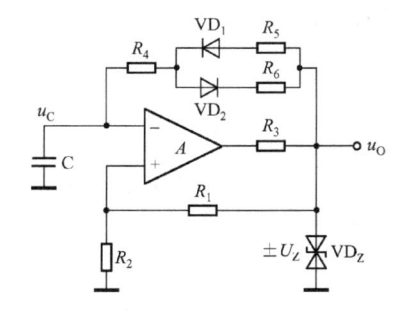

图 5-20　矩形波发生器电路

项目5　函数信号发生器的测试与设计

任务 5-2-2　三角波发生器的测试

应用测试

测试要求：按测试程序要求完成所有测试内容，并撰写测试报告。

测试设备与软件：计算机 1 台，Multisim 2001 或其他同类软件 1 套。

测试电路：如图 5-21 所示。C_1=0.033 μF；R_1=R_2=10 kΩ；R_3=1 kΩ；R_4=4.7 kΩ；R_{f1}=3.3 kΩ；R_{f2}=50 kΩ；稳压二极管 VD_1、VD_2 取 1N4740A；运放为 TL082CD；电源电压为±15 V。

测试程序：

① 按图 5-21 画仿真电路。用示波器观察振荡器波形为_____（正弦波/方波/三角波），用数字存储示波器的测量功能，测量振幅和频率并记录：U_{om}=_____V，f_0=_____MHz。

② 改变电容 C_1 的值为 1 μH，测试输出电压频率，此时应有 f_0 =_____MHz。

③ 调节电位器 R_{f2}，用示波器观察振荡器波形频率的变化情况。

结论：方波振荡器的频率主要取决于_____（电容 C_1/反馈电阻 R_{f2}/都有关）。

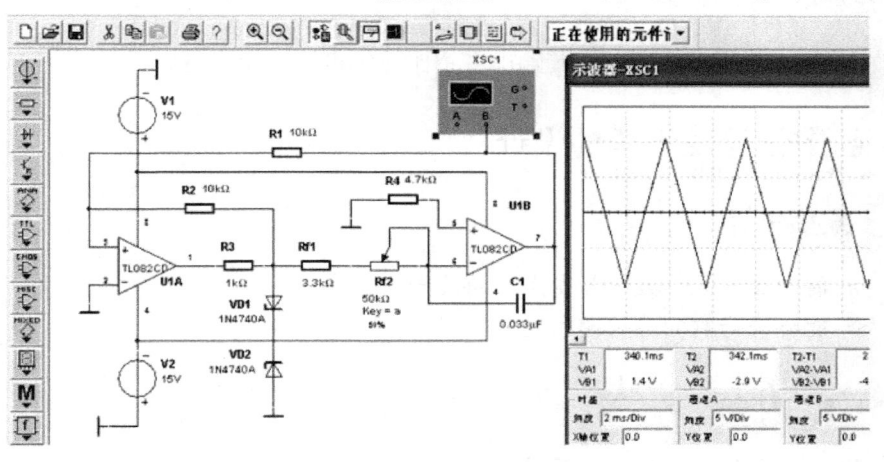

图 5-21　三角波信号发生器的仿真调试

知识链接

三角波发生电路，相关知识如下所述。

三角波发生器如图 5-22（a）所示，该电路由同相迟滞比较器（A_1）和反相积分器（A_2）组成。

参见图 5-22（a），设 t =0 时，比较器 A_1 输出电压 $u_{O1}(0)=U_Z$ 为高电平，电容两端电压为 $u_C(0)=0$，则积分电路输出电压 $u_O(0)=-u_C(0)=0$。此时电容被充电，u_O 由 0 开始线性下降，u_{P1} 也下降。参见图 5-22（b），假设在 $t=t_1$ 时，$u_{P1}=U_{N1}^-=0^-$，则 u_{O1} 从 U_Z 突跳到$-U_Z$，同时 u_{P1} 也跳变到比 0 更小的值。$t=t_1$ 后，由于 $u_{O1}=-U_Z$，故电容放电（或反相充电），于是 u_O 线性上升，u_{P1} 也上升。假设在 $t=t_2$ 时，$u_{P1}=U_{N1}^+=0^+$，则 u_{O1} 又从$-U_Z$ 突跳到 U_Z，同时 u_{P1} 跳

217

变到比 0 更大的值。显然，电路将周而复始，循环不已，从而形成周期性三角波输出。

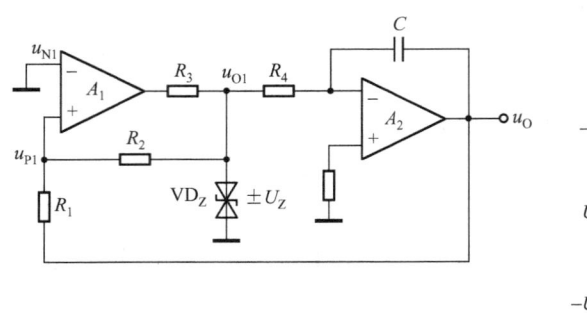

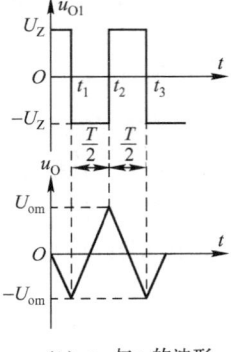

(a) 电路

(b) u_{O1} 与 u_O 的波形

图 5-22　三角波发生电路

分析表明，该电路的振荡周期为

$$T = 2(t_2 - t_1) = \frac{4R_1R_4C}{R_2}$$

思维拓展

怎样改变图 5-20 所示电路，使其输出占空比连续可调的矩形波？

实训 5　函数信号发生器的设计

学习目标

◇ 能独立完成函数信号发生器的设计。
◇ 能解决一般电路故障问题。

工作任务

◇ 初选电路，画出电路草图。
◇ 计算电路中各元器件参数，在计算结果的基础上对各元器件进行选型。
◇ 查阅电子元器件手册，并在电路设计过程中正确选用相关元器件。
◇ 进行电路制作、调试、电路图修改和故障处理。
◇ 通过上述步骤，独立完成函数信号发生器的测试与设计。

设计案例

1. 设计指标

（1）输出为方波和三角波两种波形，用开关切换输出；
（2）均为双极性；

(3) 输出阻抗均为 50 Ω；
(4) 输出为方波时，输出峰值为 0～5 V 可调，输出频率为 200 Hz～2 kHz 可调；
(5) 输出为锯齿波时，输出峰值为 0～5 V 可调，输出频率为 200 Hz～2 kHz 可调。

2．任务要求

完成原理图设计、元器件参数计算、元器件选型、电路装接与调试、电路性能检测、设计文档编写。

3．设计内容（示例）

1）方波信号发生器
（1）电路原理图的设计

方波信号发生器电路原理图如图 5-23 所示。该电路在基本的方波信号发生器电路的基础上增加了一级放大器，目的是实现输出电压可调和输出阻抗为 50 Ω。

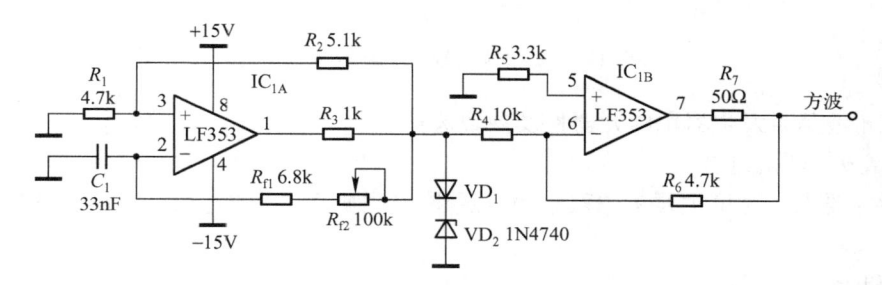

图 5-23 方波信号发生器电路原理图

（2）方波信号发生器电路元器件及参数选择
① 运算放大器的选择。

根据指标要求，这里主要考虑双电源、通用、无须调零型的运放，可选择 LF353。
② R_1 和 R_2 的选择。R_1 和 R_2 一般在几千欧到几十千欧之间，这里选 R_1=4.7 kΩ，R_2=5.1 kΩ。
③ R_{f1}、R_{f2} 和 C 的选择。

当满足 $R_1/(R_1+R_2)$=0.47 时，$f_0 \approx 1/(2R_fC)$= 1/[2 $(R_{f1}+R_{f2})C$]。

若 f_0 不是很低，C 可选 1 μF 以下，R_{f1} 可选几千欧，图中，R_{f2} 应为电位器。

设 C =0.033 μF，当 R_{f2}=0 时，应有 $f_0 \approx 1/(2R_fC)$=2000 Hz，由此可得 R_{f1}=7.5 kΩ；当 R_{f2} 最大时，应有 $f_0 \approx 1/[2(R_{f1}+R_{f2})C]$=200 Hz，由此可得 R_{f2}=68.4 kΩ。

暂取 R_{f1}=6.8 kΩ 和 R_{f2}=100 kΩ 的电位器。
④ 电源电压的选择。取 LF353 的电源电压为 15 V 左右。
⑤ 稳压二极管的选择。考虑输出电压和电源电压的要求，可选稳压二极管为 1N4740，其稳压值约为 10 V。
⑥ R_3、R_4、R_5 和 R_6 的选择。

R_4 和 R_6 一般在几千欧到几十千欧之间，为实现输出电压可调，R_6 应为可调电位器。由于输入电压约为 10 V，而输出电压要求最大为 5 V，因此，可选 R_4=10 kΩ，R_6=4.7 kΩ 的电位器。R_5 为平衡电阻，$R_5 = R_4 // R_6 ≈ 3.3$ kΩ。R_3 为稳压二极管限流电阻，暂取 $R_3 = 1$ kΩ。

2）三角波信号发生器

（1）电路原理图的设计

三角波信号发生器电路原理图如图 5-24 所示。该电路在基本的三角波信号发生器电路的基础上增加了一级放大器，目的是实现输出电压可调和输出阻抗为 50 Ω。

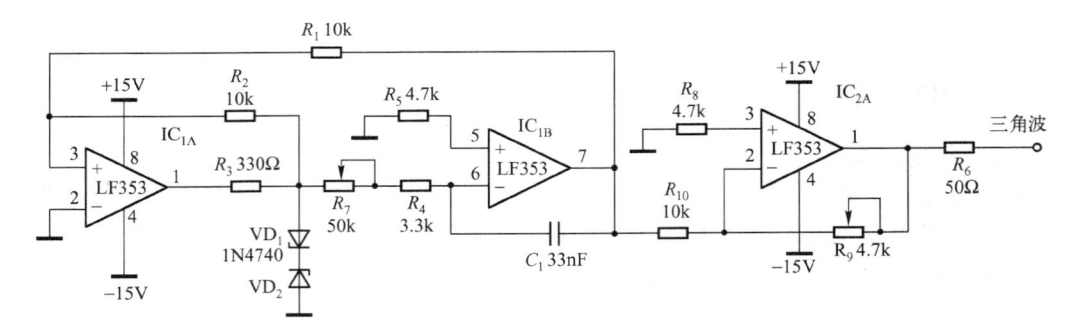

图 5-24　三角波信号发生器电路原理图

（2）三角波信号发生器电路元器件及参数选择

① 运算放大器的选择。

根据指标要求，这里主要考虑双电源、通用、无须调零型的运放，可选择 LF353（其他亦可）。

② R_1 和 R_2 的选择。

R_1 和 R_2 一般在几千欧到几十千欧之间，这里选 $R_1=10$ kΩ，$R_2=10$ kΩ。此时有

$$U_{om} = \frac{R_1}{R_2} U_Z = U_Z$$

③ R_4、R_7 和 C 的选择。

当满足 $R_1/R_2=1$ 时，$f_0 = 1/[4(R_4+R_7)C]$。

若 f_0 不是很低，C 可选 1 μF 以下，(R_4+R_7) 可选几千欧到几百千欧之间，图中，R_7 应为电位器。设 $C = 0.033$ μF，当 $R_7 = 0$ 时，应有 $f_0 ≈ 1/(4R_4C) = 2000$ Hz，由此可得 $R_4 = 3.8$ kΩ；当 R_7 为最大时，应有 $f_0 ≈ 1/[2(R_4+R_7)C] = 200$ Hz，由此可得 $R_7 = 34.2$ kΩ。

暂取 $R_4 = 3.3$ kΩ 和 $R_{f2} = 50$ kΩ 的电位器。

④ 电源电压的选择。取 LF353 的电源电压为 15 V 左右。

⑤ 稳压二极管的选择。考虑输出电压和电源电压的要求，可选稳压二极管为 1N4740，其稳压值约为 10 V。

⑥ R_8、R_9 和 R_{10} 的选择。R_9 和 R_{10} 一般在几千欧到几十千欧之间，为实现输出电压可调，R_9 应为可调电位器。由于输入电压约为 10 V，而输出电压要求最大为 5 V，因此，可选 $R_{10} = 10$ kΩ，$R_9 = 4.7$ kΩ 的电位器。R_8 为平衡电阻，R_8 为 4.7 kΩ。

3）函数信号发生器

信号发生器电路原理图如图 5-25 所示。该电路共由三级放大器组成，第一级为方波发生电路，第二级为幅度调节电路，第三级为三角波发生电路。方波和三角波输出由开关 S 控制。

项目 5　函数信号发生器的测试与设计

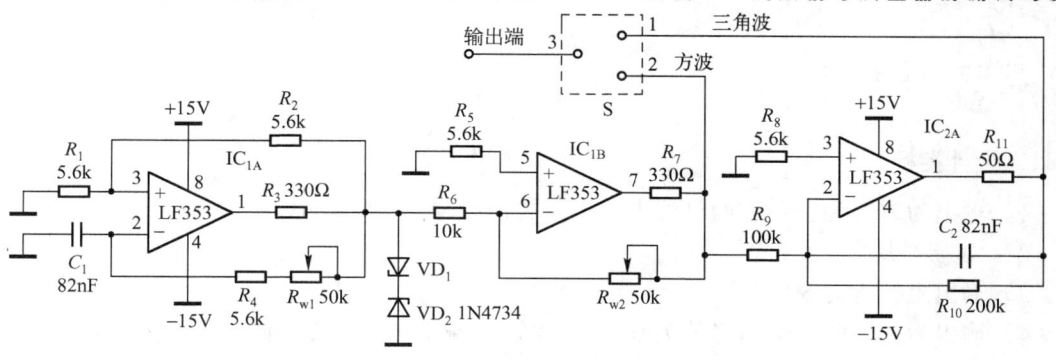

图 5-25　函数信号发生器电路

4）电路仿真调试

方波和三角波发生器的仿真调试如图 5-26 所示。

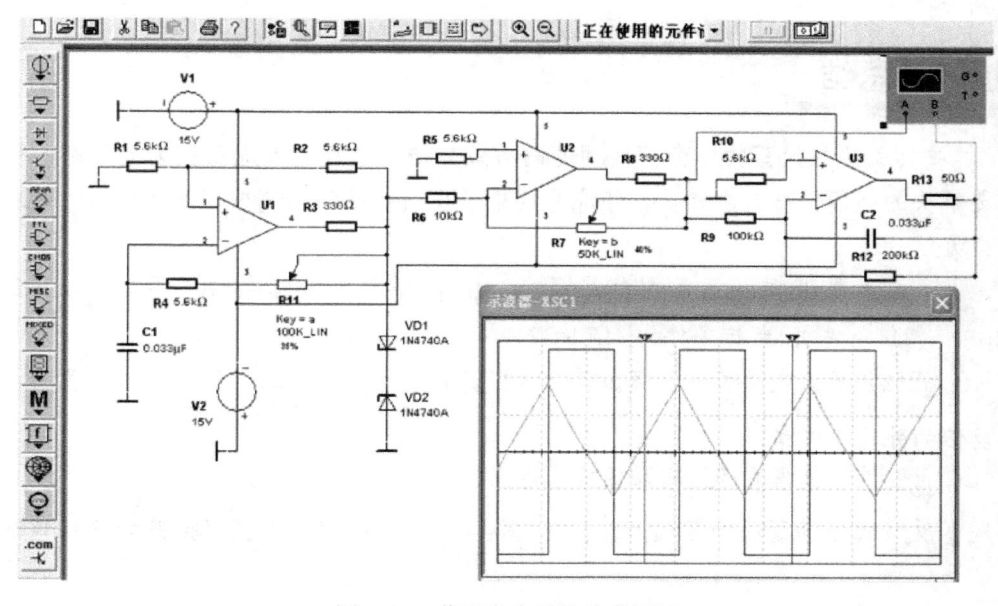

图 5-26　信号发生器的仿真调试

5）元器件选型

略。

6）电路装接与调试

略。

7）电路性能检测

略。

8）设计文档编写

略。

模拟电子技术与应用

应用设计

1. 设计指标

（1）输出为方波和三角波两种波形，用开关切换输出；
（2）均为双极性；
（3）输出阻抗均为 50 Ω；
（4）输出为方波时，输出峰值为 0～5 V 可调，输出频率为 200 Hz～2 kHz 可调；
（5）输出为锯齿波时，输出峰值为 0～5 V 可调，输出频率为 200 Hz～2 kHz 可调。

2. 任务要求

完成原理图设计、元器件参数计算、元器件选型、电路装接与调试、电路性能检测、设计文档编写。

知识梳理与总结

1. 解决负反馈放大器的自激振荡问题的有效方法是破坏其形成正反馈的条件；构成振荡器所要解决的问题恰好与之相反，即充分创造正反馈的条件，使振荡器能稳定持续地产生所需的交流信号。

2. 反馈式正弦波振荡器的平衡条件为 $|\dot{A}\dot{F}|=AF=1$（振幅条件）及 $\varphi_a + \varphi_f = 2n\pi$，$n=0,1,2,\cdots$（相位条件）；起振条件为 $|\dot{A}\dot{F}|=AF>1$。

3. RC 正弦波振荡电路属于低频振荡，其振荡频率为 $f_0 = \dfrac{1}{2\pi RC}$。为减小波形失真，通常引入负反馈的外稳幅电路。

4. LC 正弦波振荡器有变压器反馈式、电感三点式和电容三点式等。

变压器反馈式振荡器的振荡频率为：$f_0 \approx \dfrac{1}{2\pi\sqrt{L_1 C}}$；电感三点式振荡器的振荡频率为：$\omega = \omega_0 \approx \dfrac{1}{\sqrt{(L_1+L_2+2M)C}} = \dfrac{1}{\sqrt{LC}}$；电容三点式振荡器的振荡频率为：$f = f_0 \approx \dfrac{1}{2\pi\sqrt{L\dfrac{C_1 C_2}{C_1+C_2}}} = \dfrac{1}{2\pi\sqrt{LC}}$。

5. 石英晶体振荡器电路由于采用了具有极高 Q 值的石英晶体元件，所以具有极高的频率稳定度。并联型石英晶体振荡器的工作频率始终在石英晶体的串联谐振频率 f_S 和并联谐振频率 f_P 之间，而 f_S 和 f_P 非常接近。

6. 除了常见的正弦波外，还有方波、矩形波、三角波、锯齿波等非正弦波信号。非正弦波信号的实现方法很多，用运放电路来实现比较简单。

思考与练习题 5

1. 正弦波振荡电路的振荡条件和负反馈放大电路的自激条件都是环路放大倍数等于 1，但是由于反馈信号加到比较环节上的极性不同，前者为 $\dot{A}F=1$，而后者为 $\dot{A}F=-1$。除了数学表达式的差异外，构成相位平衡条件的实质有什么不同？

2. 在满足相位平衡条件的前提下，既然正弦波振荡电路的振幅平衡条件为 $|\dot{A}F|=1$，如果 $|\dot{F}|$ 为已知，则 $|\dot{A}|=|1/\dot{F}|$ 即可起振，你认为这种说法对吗？

3. 设图 5-4 中 $R_1=1\,\text{k}\Omega$，R_f 由一个固定电阻 $R_{f1}=1\,\text{k}\Omega$ 和一个 $10\,\text{k}\Omega$ 可调电阻 R_{f2} 串联而成。试分析：（1）当 R_{f2} 调到零时，用示波器观察输出电压 u_o 波形，将看到什么现象？说明产生这种现象的原因；（2）当 R_{f2} 调到 $10\,\text{k}\Omega$ 时，电路又将出现什么现象？说明产生这种现象的原因，并定性地画出 u_o 的波形。

4. 在图 5-6 中，利用 N 沟道 JFET 的漏源电阻 R_{DS} 随 U_{GS} 变负而增大的特点，可以达到稳幅的目的。若将 T 改用 P 沟道 JFET，为了达到同样的目的，图中二极管 VD 和滤波电容 R_4、C_3 是否也要相应进行调整？

5. 电容三点式振荡电路与电感三点式振荡电路相比，其输出谐波成分小、输出波形好，为什么？

6. 在电感三点式振荡电路中，若用绝缘导线绕制一电感线圈（线圈骨架为一纸质或其他材料制成的圆筒），问 L_1 和 L_2 如何绕法？如何抽出三个端子？L_1 的匝数还是 L_2 的匝数应多些？

7. 试比较 RC 正弦波振荡电路、LC 正弦波振荡电路和石英晶体正弦波振荡电路的频率稳定度，说明哪一种频率稳定度最高、哪一种最低。为什么？

8. 试分别说明，石英晶体在并联晶体振荡电路和串联晶体振荡电路中起何种作用。

9. 电路如图 5-27 所示，试用相位平衡条件判断哪个电路可能振荡，哪个不能，并简述理由。

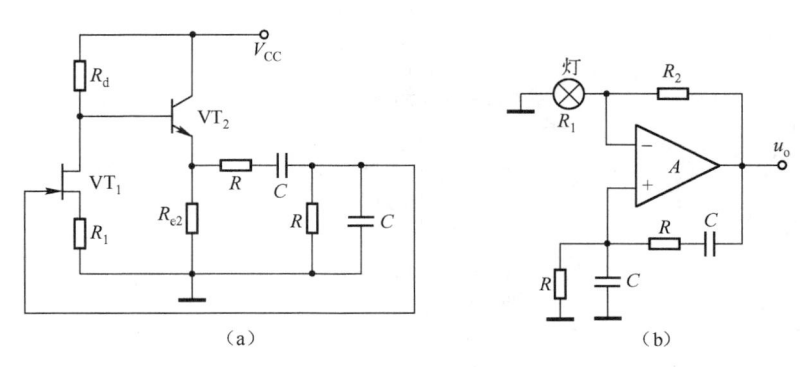

图 5-27　9 题图

10. 电路如图 5-28 所示，试用相位平衡条件判断哪个能振荡，哪个不能，说明理由。

模拟电子技术与应用

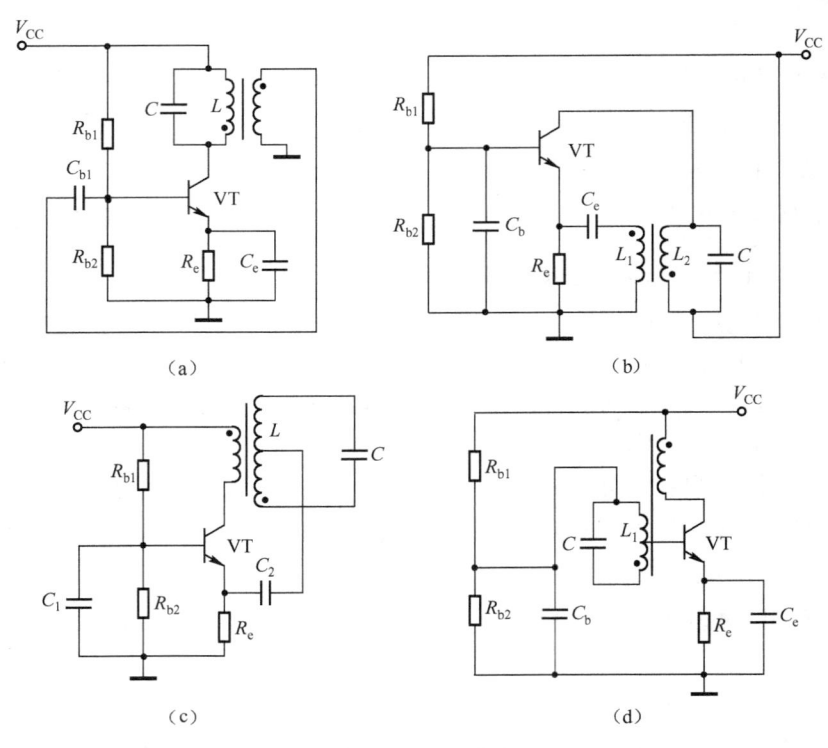

（a）　　　　　　　　　　　（b）

（c）　　　　　　　　　　　（d）

图 5-28　10 题图

11. 正弦波振荡电路如图 5-29 所示，已知 $R_1=2\ \text{k}\Omega$，$R_2=4.5\ \text{k}\Omega$，R_P 在 0～5 kΩ 范围内可调，设运放 A 是理想的，振幅稳定后二极管的动态电阻近似为 $r_d=500\ \Omega$，求 R_P 的阻值。（电路中的其他元件参数分别为：$R=10\ \text{k}\Omega$，$C=0.1\ \mu\text{F}$。）

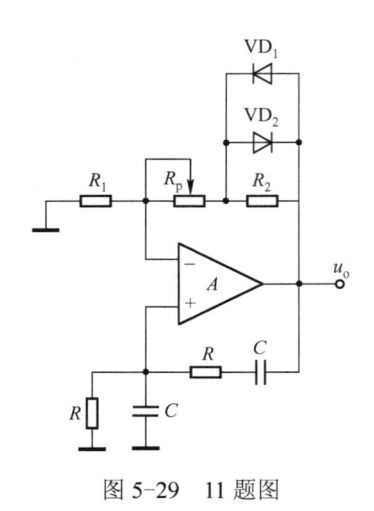

图 5-29　11 题图

12. 对图 5-30 所示的各三点式振荡器的交流通路（或电路），试用相位平衡条件判断哪

224

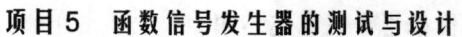

个可能振荡，哪个不能。指出可能振荡的电路属于什么类型。

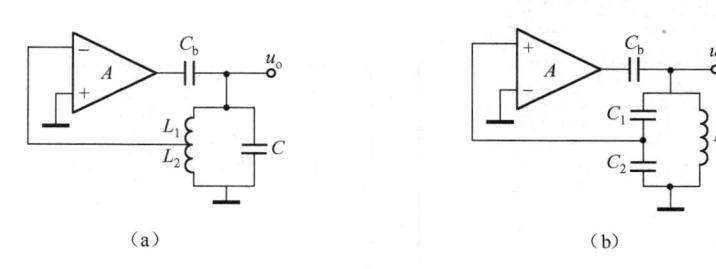

(a)　　　　　　　　　(b)

图 5-30　12 题图

附录 A 项目测试报告格式

项目测试报告：

　　　　　　　　　　　　项目编号：＿＿＿＿

《　　　　　　　　　　》报告

项目测试人（签名）：＿＿＿＿＿＿
项目审核人（签名）：＿＿＿＿＿＿
项目负责人（签名）：＿＿＿＿＿＿

项目名称：＿＿＿＿＿＿＿＿＿＿＿
项目编号：＿＿＿＿＿＿＿＿＿＿＿
测试设备：＿＿＿＿＿＿＿＿＿＿＿
　　　　　＿＿＿＿＿＿＿＿＿＿＿
　　　　　＿＿＿＿＿＿＿＿＿＿＿
测试电路：

第　页

测试程序：

第　页

结论：

第　页

附录 B 项目设计报告格式

项目设计报告：

项目编号：_____

《　　　　　　　　　》报告

项目设计人（签名）：_____
项目审核人（签名）：_____
项目负责人（签名）：_____

项目名称：_____
项目编号：_____
设计指标：_____

第　页

设计内容（标准电路图纸另附）：

第　页

性能测试结果与应用建议：

第　页

附录 C　标准电路图纸格式

电路名称	
项目名称	

项目编号		日　期	
设　　计		单　位	
审　　核		工　号	

附录 D　半导体器件型号命名方法

表 D-1　中国半导体器件型号组成部分的符号及其意义

第一部分		第二部分		第三部分				第四部分	第五部分
用数字表示器件的电极数目		用汉语拼音字母表示器件的材料和极性		用汉语拼音字母表示器件的类型				用数字表示序号	用汉语拼音字母表示规格号
符号	意义	符号	意义	符号	意义	符号	意义		
2	二极管	A	N 型，锗材料	P	普通管	D	低频大功率管 ($f_\alpha<3$ MHz, $P_C\geqslant 1$ W)		
		B	P 型，锗材料	V	微波管				
		C	N 型，硅材料	W	稳压管	A	高频大功率管 ($f_\alpha>3$ MHz, $P_C\geqslant 1$ W)		
		D	P 型，硅材料	C	参量管				
3	三极管	A	PNP 型，锗材料	Z	整流管	T	半导体闸流管（可控整流管）		
		B	NPN 型，锗材料	L	整流堆				
		C	PNP 型，硅材料	S	隧道管	Y	效应器件		
		D	NPN 型，硅材料	N	阻尼管	B	雪崩管		
		E	化合物材料	U	光电器件	J	阶跃恢复管		
				K	开关管	CS	场效应器件		
				X	低频小功率管 ($f_\alpha<3$ MHz, $P_C\geqslant 1$ W)	BT	半导体特殊器件		
						FH	复合管		
				G	高频小功率管 ($f_\alpha>3$ MHz, $P_C\geqslant 1$ W)	PIN	PIN 型管		
						JG	激光器件		

【示例 D-1】

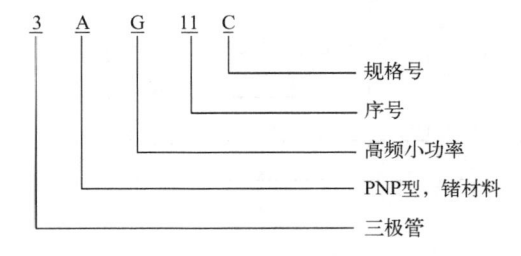

3 A G 11 C
- C — 规格号
- 11 — 序号
- G — 高频小功率
- A — PNP 型，锗材料
- 3 — 三极管

【示例 D-2】

CS 2 B
- B — 规格号
- 2 — 序号
- CS — 场效应器件

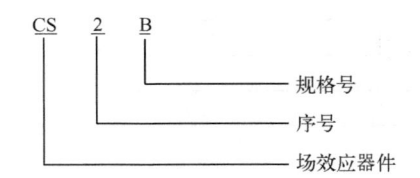

表 D-2 日本半导体器件型号组成部分的符号及其意义

第一部分		第二部分		第三部分		第四部分		第五部分	
用数字表示器件有效电极数目或类型			日本电子工业协会（JEIA）注册登记的半导体器件		用字母表示器件使用的材料和类型			器件在日本电子工业协会（JEIA）登记号		同一型号的改进型产品标志	
符号	意义	符号	意义	符号	意义	符号	意义	符号	意义
0	光电二极管或三极管及包括上述器件的组合管	S	已在日本电子工业协会（JEIA）注册登记的半导体器件	A	PNP 高频晶体管	多位数字	这一器件在日本电子工业协会（JEIA）的注册登记号。性能相同、不同厂家生产的器件可以使用同一个登记号	B C D ⋮	表示这一器件是原型号产品的改进产品
1	二极管			B	PNP 低频晶体管				
2	三极管或具有 3 个电极的其他器件			C	NPN 高频晶体管				
				D	NPN 低频晶体管				
				E	P 控制极可控硅				
3	具有 4 个有效电极的器件			F	N 控制极可控硅				
				G	N 基极单结晶体管				
⋮				H					
				J	P 沟道场效应管				
				K	N 沟道场效应管				
				M	双向可控硅				

【示例 D-3】

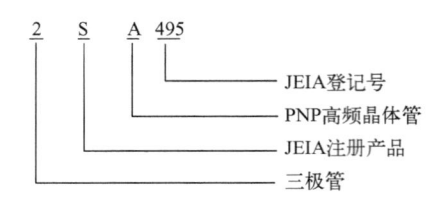

2 S A 495
- JEIA 登记号
- PNP 高频晶体管
- JEIA 注册产品
- 三极管

【示例 D-4】

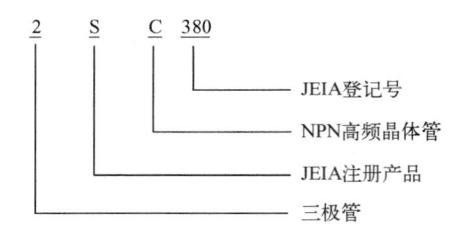

2 S C 380
- JEIA 登记号
- NPN 高频晶体管
- JEIA 注册产品
- 三极管

【示例 D-5】

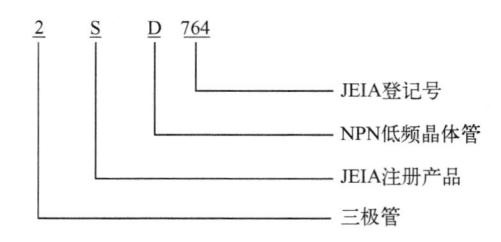

2 S D 764
- JEIA 登记号
- NPN 低频晶体管
- JEIA 注册产品
- 三极管

【示例 D-6】

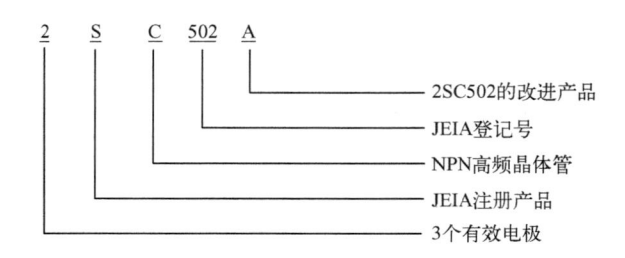

2 S C 502 A
- 2SC502 的改进产品
- JEIA 登记号
- NPN 高频晶体管
- JEIA 注册产品
- 3 个有效电极

附录 D 半导体器件型号命名方法

表 D-3 欧洲半导体器件型号组成部分的符号及其意义

第一部分 用字母表示器件使用的材料		第二部分 用字母表示器件的类型及主要特性		第三部分 用数字或字母加数字表示登记号		第四部分 用字母对同一型号器件进行分档	
符号	意义	符号	意义	符号	意义	符号	意义
A	器件使用禁带为 0.6～1.0eV（注）的半导体材料（如锗）	A	检波二极管 开关二极管 混频二极管	M	封闭磁路中的霍尔元件	三位数字	代表通用半导体器件的登记号（同一类型器件使用一个登记号）	A B C D E ⋮	表示同一型号的半导体器件按某一个参数进行分档的标志
		B	变容二极管	P	光敏器件				
B	器件使用禁带为 1.0～1.3eV 的半导体材料（如硅）	C	低频小功率三极管 R_{TJ}>15℃/W	Q	发光器件				
		D	低频大功率三极管 R_{TJ}≤15℃/W	R	小功率可控硅 R_{TJ}>15℃/W				
C	器件使用禁带大于 1.3eV 的半导体材料（如砷化镓）	E	隧道二极管	S	小功率开关管 R_{TJ}>15℃/W				
		F	高频小功率三极管 R_{TJ}>15℃/W	T	大功率可控硅 R_{TJ}≤15℃/W				
D	器件使用禁带小于 0.6eV 的半导体材料（如锑化铟）	G	复合器件及其他器件	U	大功率开关管 R_{TJ}≤15℃/W	一个字母两位数字	代表专用半导体器件的登记号（同一类型器件使用一个登记号）		
		H	磁敏二极管	X	倍增二极管				
R	（器件使用复合材料，如霍尔元件和光电池使用的材料）	K	开放磁路中的霍尔元件	Y	整流二极管				
		L	高频大功率三极管 R_{TJ}≤15℃/W	Z	稳压二极管				

【示例 D-7】

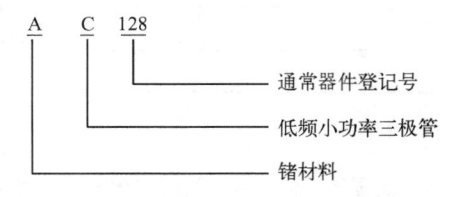

```
    A   C   128
                └── 通常器件登记号
            └────── 低频小功率三极管
        └────────── 锗材料
```

【示例 D-8】

模拟电子技术与应用

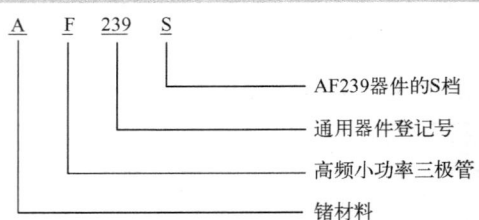

```
A F 239 S
        └── AF239器件的S档
    └────── 通用器件登记号
  └──────── 高频小功率三极管
└────────── 锗材料
```

【示例 D-9】

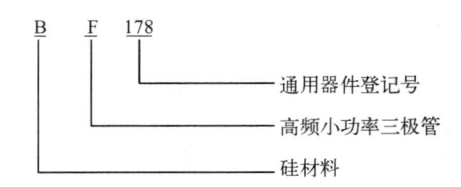

```
B F 178
    └── 通用器件登记号
  └──── 高频小功率三极管
└────── 硅材料
```

【示例 D-10】

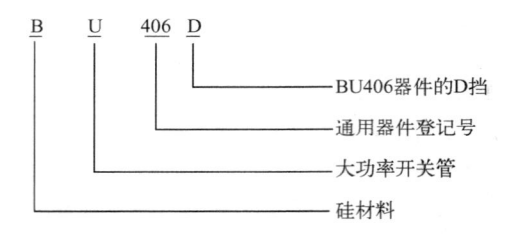

```
B U 406 D
        └── BU406器件的D挡
    └────── 通用器件登记号
  └──────── 大功率开关管
└────────── 硅材料
```

【示例 D-11】

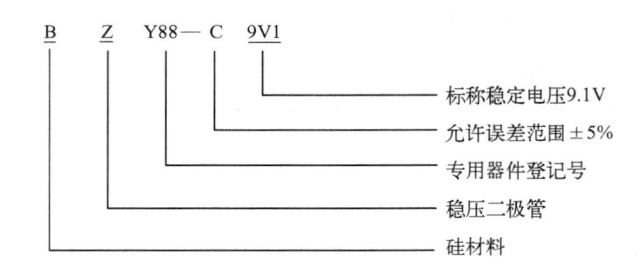

```
B Z Y88— C 9V1
             └── 标称稳定电压9.1V
          └───── 允许误差范围±5%
    └─────────── 专用器件登记号
  └───────────── 稳压二极管
└─────────────── 硅材料
```

表 D-4　美国半导体器件型号组成部分的符号及其意义

第一部分		第二部分		第三部分		第四部分		第五部分	
用符号表示器件类别		用数字表示PN结数目		美国电子工业协会（EIA）注册标志		美国电子工业协会（EIA）登记号		用字母表示器件分档	
符号	意义	符号	意义	符号	意义	符号	意义	符号	意义

232

附录 D 半导体器件型号命名方法

JAN 或 J	军用品	1	二极管	N	该器件已在美国电子工业协会（EIA）注册登记	多位数字	该器件在美国电子工业协会 EIA）的登记号	A B C D ：	同一型号器件的不同档别
		2	三极管						
无	非军用品	3	三个 PN 结器件						
		n	N 个 PN 结器件						

【示例 D-12】

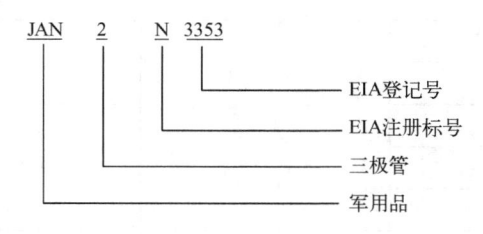

```
JAN  2  N  3353
 |   |  |   |
 |   |  |   └── EIA登记号
 |   |  └────── EIA注册标号
 |   └───────── 三极管
 └───────────── 军用品
```

【示例 D-13】

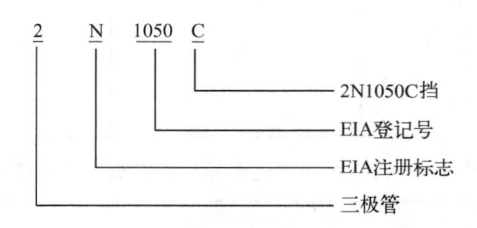

```
2  N  1050  C
|  |   |    |
|  |   |    └── 2N1050C挡
|  |   └─────── EIA登记号
|  └─────────── EIA注册标志
└────────────── 三极管
```

【示例 D-14】

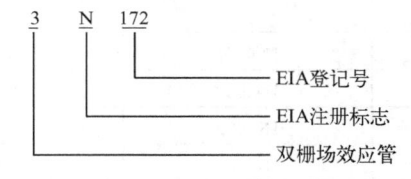

```
3  N  172
|  |   |
|  |   └── EIA登记号
|  └────── EIA注册标志
└───────── 双栅场效应管
```

【示例 D-15】

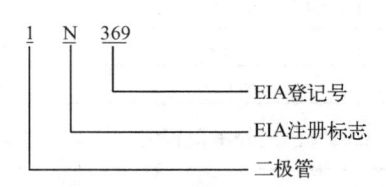

```
1  N  369
|  |   |
|  |   └── EIA登记号
|  └────── EIA注册标志
└───────── 二极管
```

附录 E 常用半导体二极管参数表

表 E-1 2AK、2CK、1N 系列开关二极管的主要参数

型 号	反向峰值工作电压 U_{RM}/V	正向重复峰值电流 I_{FRM}/mA	正向压降 U_F/V	额定功率 P/mW	反向恢复时间 t_{rr}/ns
1N4148	60	450	≤1	500	4
1N4149					
2AK1	10	150	≤1		≤200
2AK2	20				
2AK3	30				
2AK5	40		≤0.9		≤150
2AK6	50				
2CK74(A~E)	A≥30	100	≤1	100	≤5
2CK75(A~E)	B≥45	150		150	
2CK76(A~E)	C≥60	200		200	≤10
2CK77(A~E)	D≥75 E≥90	250		250	

表 E-2 1N 系列常见普通整流二极管性能速查表

反向耐压/V \ 正向电流/A	1	3	6
50	1N4001	1N5401	6A01
100	1N4002	1N5402	6A02
200	1N4003	1N5403	6A03
400	1N4004	1N5404	6A04
600	1N4005	1N5405	6A05
800	1N4006	1N5406	6A06
1000	1N4007	1N5407	6A07

表 E-3 国内外常用整流二极管主要参数表

额定电流/A	反向电压/V										
	50	100	200	300	400	500	600	800	1000	1200	1400
0.1	2CP11	2CP12	2CP14	2CP17	2CP18	2CP19	2CP20	2CP20A			
0.3			2CZ21A		2CZ21B		2CZ21C	2CZ21	2CZ21E	2CZ21F	
			2DP3A		2DP3B		2DP3C	2DP3D	2DP3E	2DP3	2DP3G
0.5	2CP1A	2CP1	2CP2	2CP3	2CP4	2CP5	2CP1E	2CP1G			
			2DP4A		2DP4B		2DP4C	2DP4D	2DP4E	2DP4F	2DP4G
1	2CZ11K	2CZ11A	2CZ11B	2CZ11C	2CZ11D	2CZ11E	2CZ11F	2CZ11H			
			2CZ20A		2CZ20B		2CZ20C	2CZ20D	2CZ20E	2CZ20F	

附录 E 常用半导体二极管参数表

续表

额定电流/A	反向电压/V									
	50	100	200	300	400	500	600	800	1000	1200	1400
1			2DP5A		2DP5B		2DP5C	2DP5D	2DP5E	2DP5F	2DP5G
	1N4001	1N402	1N4003		1N4004		1N4005	1N4006	1N4007		
1.5	1N5391	1N5392	1N5393	1N5394	1N5395	1N5396	1N5397	1N5398	1N5399		
2	PS200	PS201	PS202		PS204		PS206	PS208	PS209		
3	2CZ12	2CZ12	2CZ12B	2CZ12C	2CZ12D	2CZ12E	2CZ12F	2CZ12H			
	1N5400	1N5401	1N5402	1N5404	1N5405	1N5406	1N5407	1N5408	1N5409		
5	2CZ13	2CZ13	2CZ13B	2CZ13C	2CZ13D	2CZ13E	2CZ13F	2CZ13H			

表 E-4 部分 2AP 型检波二极管的主要参数

型号	击穿电压 U_{BR}/V	反向漏电流 I_R/μA	最高反向工作电压 U_{RM}/V	额定正向电流 I_F/mA	检波损耗 L_{rd}/dB	截止频率 f/Hz	势垒电容 C_B/pF
2AP9	20	≤200	15	≥8	≥20	100	≤0.5
2AP10	40	≤200	30				

表 E-5 部分 2EF 系列发光二极管主要参数

型号	工作电流 I_F/mA	正向电压 U_F/V	发光强度 I/mcd	最大工作电流 I_{FM}/mA	反向耐压 U_{RM}/V	发光颜色
2EF401 2EF402	10	1.7	0.6	50	≥7	红
2EF411	10	1.7	0.5	30	≥7	红
2EF412			0.8			
2EF441	10	1.7	0.2	40	≥7	红
2EF501 2EF502	10	1.7	0.2	40	≥7	红
2EF551	10	2	1.0	50	≥7	黄绿
2EF601 2EF602	10	2	0.2	40	≥7	黄绿
2EF641	10		1.5	50	≥7	红
2EF811 2EF812	10	2	0.4	40	≥7	红
2EF841	10	2	0.8	30	≥7	黄

表 E-6 部分 2CU 型硅光敏二极管的主要参数

型号	最高反向工作电压 U_{RM}/V	暗电流 I_D/μA	光电流 I_L/μA	峰值波长 λ_P/A	响应时间 t_r/ns
2CU1A	10	≤0.2	≥80	8800	≤5
2CU1B	20				
2CU1C	30				
2CU1D	40				
2CU1E	50	≤0.2	≥80		
2CU2A	10	≤0.1	≥30	8800	≤5
2CU2B	20				

续表

型 号	最高反向工作电压 U_{RM}/V	暗 电 流 $I_D/\mu A$	光 电 流 $I_L/\mu A$	峰值波长 λ_P/A	响应时间 t_r/ns
2CU2C	30	≤0.1	≥30	8800	≤5
2CU2D	40				
2CU2E	50				
测试条件	$I_R=I_D$	无光照 $U=U_{RM}$	光照度 E=1000 lx $U=U_{RM}$		$R_L=50\Omega$ U=10V f=300Hz

表 E-7 部分稳压二极管的主要参数

型 号	稳定电压 U_Z/V	动态电阻 R_Z/Ω	温度系数 $C_{TV}/(10^{-4}/℃)$	工作电流 I_Z/mA	最大电流 I_{ZM}/mA	额定功耗 P_Z/W
1N748	3.8~4.0	100		20		0.5
1N752	5.2~5.7	35				
1N753	5.88~6.12	8				
1N754	6.3~7.3	15				
1N755	7.07~7.25	6				
1N757	8.9~9.3	20				
1N962	9.5~11.9	25		10		
1N963	11.9~12.4	35				
1N964	13.5~14.0	35				
1N969	20.8~23.3	35		5.5		
2CW50	1.0~2.8	50	≥-9	10	83	0.25
2CW51	2.5~3.5	60	≥-9		71	
2CW52	3.2~4.5	70	≥-8		55	
2CW53	4.0~5.8	50	-6~4		41	
2CW54	5.5~6.5	30	-3~5		38	
2CW55	6.2~7.5	15	≤6		33	
2CW56	7.0~8.8	15	≤7		27	0.25
2CW57	8.5~9.5	20	≤8		26	
2CW58	9.2~10.5	25	≤8	5	23	
2CW59	10~11.8	30	≤9		20	
2CW60	11.5~12.5	40	≤9		19	
2CW61	12.4~14	50	≤95		16	0.25
2CW62	13.5~17	60	≤9.5		14	
2CW63	16~19	70	≤9.5		13	
2CW64	18~21	75	≤10		11	
2CW65	20~24	80	≤10		10	
2CW66	23~26	85	≤10	3	9	0.25
2CW67	25~28	90	≤10		9	
2CW68	27~30	95	≤10		8	
2CW69	29~33	95	≤10		7	
2CW70	32~36	100	≤10		7	
2CW71	35~40	100	≤10		6	
2DW230 (2DW7A)	5.8~6.6	≤25 ≤15	≤|0.05|	10	30	0.2
2DW231 (2DW7B)						
2DW232 (2DW7C)	6.0~6.5	≤10	≤|0.05|			

附录F 常用半导体三极管参数表

表F-1 部分常用中、小功率晶体三极管技术参数

型 号	$U_{BR,CBO}$/V	$U_{BR,CEO}$/V	I_{CM}/A	P_{CM}/W	h_{FE}	f_T/MHz
9011（NPN）	50	30	0.03	0.4	28～200	370
9012（PNP）	40	20	0.5	0.625	64～200	300
9013（NPN）	40	20	0.5	0.625	64～200	300
9014（NPN）	50	45	0.1	0.625	60～1800	270
9015（PNP）	50	45	0.1	0.45	60～600	190
9016（NPN）	30	20	0.025	0.4	28～200	620
9018（NPN）	30	15	0.05	0.4	28～200	1100
8050（NPN）	40	25	1.5	1.0	85～300	110
8550（PNP）	40	25	1.5	1.0	60～300	200
2N5401		150	0.6	1.0	60	100
2N5550		140	0.6	1.0	60	100
2N5551		160	0.6	1.0	80	100
2SC945		50	0.1	0.25	90～600	200
2SC1815		50	0.15	0.4	70～700	80
2SC965		20	5	0.75	180～600	150
2N5400		120	0.6	1.0	40	100

表F-2 部分开关晶体管主要参数

型 号	P_{CM}/mW	f_T/MHz	I_{CM}/mA	$U_{BR,CEO}$/V	I_{CBO}/mA	t_{on}/μs	t_{off}/μs	$U_{CE,sat}$/V	h_{FE}
3DK4	700	100	600	30～45	1	0.05	—	0.5	30
3DK7	300	150	50	15	1	0.045	—	0.3	30
3DK9	700	120	800	20～80	0.5～1	0.1	—	0.5	30
3DK101	100W	3	10A	50～250	0.1	1.0	0.8	1.5	7～120
3DK200	200W	2	12.5A	300～800	0.1	1.5	1.2	1.5	7～120
3DK201	200W	3	20A	50～250	0.1	1.2	1.0	1.5	7～120
DK55	40W	5	3S	400	0.2	—	—	1	>10
DK56	40W	5	5A	500	0.2	—	—	1	>10

表F-3 部分功率晶体三极管主要参数

型 号	$U_{BR,CBO}$/V	$U_{BR,CEO}$/V	I_{CM}/A	P_{CM}/W
BU207	1500	600	7.5	12
BU208	1500	700	7.5	12
BU208A	1500	700	5.0	12
BU205	1500	700	2.5	10
BU204	1300	600	2.5	10

续表

型　号	$U_{BR,CBO}$/V	$U_{BR,CEO}$/V	I_{CM}/A	P_{CM}/W
BU326	500	375	6	60
BU406	400	260	10	60
BU407	330	200	10	60
BU408	400		7	60
BU508	1500	700	8	125
BU508A	1500	700	8	125
BU806	400	200	8	60
BUX48A	1000	450	15	175
BUX98C	1200	700	30	250
BUY71	2200	800	2	40
2SD785	1900		5	50
2SD850	1500		3	65
2SD820	1500	600	5	50
2SD1550	1500		10	50
2SD869	1500	600	3.5	50
2SD1543	150		2.5	40
2SD870	1500	600	5	50
2SD1186	1500		5	50
2SD898	1500		3	50
2SD903	1500		7	50
2SD951	1500	700	4.5	65
2SD957	1500	6	/	
2SD1403	1500	800	6	120
2SD995	2500		3	10
2SD1431	1500	600	5	80
2SD1426	1500	600	3.5	80
2SD1173	1500		5	70
2SD1427	1500	600	5	80
2SD1340	1500		3.5	50
2SD1398	1500	800	5	50
2SD1440	1500		3	50
2SD401A	200	150	2	20
2SD1453	1500		4	50
2SD871	1500	600	6	50
2SD1496	1500		5	50
2SD953	1500	700	5	80

附录F 常用半导体三极管参数表

续表

型 号	$U_{BR,CBO}$/V	$U_{BR,CEO}$/V	I_{CM}/A	P_{CM}/W
2SC1942	1500	800	3	50
2SC1034	1100		1	25
2SC2233	200	60	4	40
2SD1100	1100		4.5	50
2SC2073	150	150	1.5	20
2SC1154	1200		3.5	50
2SC2068	300	300	0.5	1.5
2SC1922	1500		2.5	50
2SC2027	1500	800	5	50
2SC2124	2200		2	10
2SC2761	450	400	30	200
2SC2358	1000		10	150
2SC3153	900	800	6	100
2SC3026	1700		5	50
2SC3505	900	700	6	80
2SC3060	1200		5	100
2N3055	100	60	15	117
2SC3215	1200		10	125
MTM2955	100	60	15	117
2SC3388	1200		5	50
2SC3459	1100		4.5	90
2SB566	70	50	4	40
2SC3466	1200		8	120
3DD15A	80	60	5	50
3DD15B	150	100	5	50
3DD15C	200	150		
3DD15D	300	200	5	50
3DD15E	400	300	5	50
3DD15F	500	350	5	50
MJE3055	100	60	10	90
MJE2955	100	60	10	90
2SC3480	1500		3.5	80
2SC3482	1500		6	120
2SC3491	1000		4	60
2SC3507	1000		5	80
2SC3517	1200		50	300

模拟电子技术与应用

续表

型　号	$U_{BR,CBO}$/V	$U_{BR,CEO}$/V	I_{CM}/A	P_{CM}/W
2SC3532	1000		3	60
2SC3594	1400		8	50
2SD246	1500		4.5	16
2SD350	1500		5	35
2SD517	1500		3	16
2SD627	1500		3	50

表 F-4　部分达林顿管主要参数

型　号	P_{CM}/W	f_T/MHz	I_{CM}/A	$U_{BR,CBO}$/V	$U_{BR,CEO}$/V	I_{CEO}/mA	h_{FE} min	h_{FE} max	$U_{CE,sat}$/V
3DD30LA-E	30	1	0	100～600	5	2	50	10000	2
3DD50LA-E	50	1	10	100～600	5	2	500	10000	2.5
3DD75LA-E	75	1	12.5	100～600	5	2	500	10000	3
3DD100LA-E	100	1	15	100～600	5	2	500	10000	3
3DD200LA-E	200	1	20	100～600	5	2	500	10000	3.5
3DD300LA-E	300	1	30	100～600	5	2	500	10000	3.5

附录 G 常用半导体场效应管参数表

表 G-1 3DJ、3DO、3CO 系列场效应晶体管的主要参数

型 号	类 型	饱和漏源电流 I_{DSS}/mA	夹断电压 $U_{GS,off}$/V	开启电压 $U_{GS,th}$/V	共源低频跨导 g_m/μS	栅源绝缘电阻 R_{GS}/Ω	最大漏源电压 $U_{BR,DS}$/V
3DJ6D E F G H	结型场效应管	<0.35 0.3～1.2 1～3.5 3～6.5 6～10	<|-9|		300 500 1000	≥10^8	>20
3DO1D E F G H	MOS场效应管（N沟道耗尽型）	<0.35 0.3～1.2 1～3.5 3～6.5 6～10	<|-4| <|-9|		>1000	≥10^9	>20
3DO6A B	MOS场效应管（N沟道增强型）	≤10		2.5～5 <3	>2000	≥10^9	>20
3CO1	MOS场效应管（P沟道增强型）	≤10		|-2|～|-6|	>500	10^8～10^{11}	>15

表 G-2 MT 系列功率 VMOS 场效应晶体管的主要参数

型 号	类型	最大漏源电压 $U_{BR,DS}$/V	漏源极导通电阻最大值 $R_{DS(on)max}$/Ω	漏极电流 I_D/A	漏极电流最大值（连续工作时）I_{Dmax}/A	漏极耗散功率 $P_D(25℃)$/W
MTM10N05	N沟道	50	0.28	5.0	10	75
MTM25N05			0.055	17.5	25	150
MTM10N10		100	0.33	5.0	10	40
MTM25N10			0.055	12.5	25	150
MTM5N20		200	1.0	2.5	5.0	75
MTM40N20			0.08	20	40	250
MTM3N40		400	3.3	1.0	3.0	75
MTM15N40			0.30	7.5	15	150
MTM1N100		1000	10	0.5	1.0	75

241

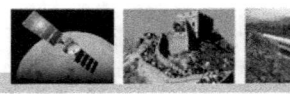

续表

型 号	类型	最大漏源电压 $U_{BR,DS}/V$	漏源极导通电阻最大值 $R_{DS(on)max}/\Omega$	漏极电流 I_D/A	漏极电流最大值（连续工作时）I_{Dmax}/A	漏极耗散功率 $P_D(25℃)/W$
MTP10N05	N沟道	50	0.28	5.0	10	75
MTP5N40		400	1.5	2.0	5.0	75
MTP1N100		1000	10	0.5	1.0	75
MTP8P10	P沟道	100	0.4	4.0	8.0	75
MTP2P50		500	6.0	1.0	2.0	75
VN05M60	N沟道	50	0.028		60	200
VN06M60		60	0.028		60	200

附录 H 部分集成运算放大器的主要参数表

表 H-1 集成运算放大器的分类

分类			国内型号举例	相当国外型号
通用型	III型单运放		CF741	LM741、μA741、AD741
	双运放	单电源	CF158/258/358	LM158/258/358
		双电源	CF1558/1458	LM1558/1458、MC1558/1458
	四运放	单电源	CF124/224/324	LM124/224/324
		双电源	CF148/248/348	LM148/248/348
专用型	低功耗		CF253	μPC253
			CF7611/7621/7631/7641	ICL7611/7621/7631/7641
	高精度		CF725	LM725、μA725、μPC725
			CF7600/7601	ICL7600/7601
	高阻抗		CF3140	CA3140
			CF351/353/354/347	LF351/353/354/347
	高速		CF2500/2505	HA2500/2505
			CF715	μA715
	宽带		CF1520/1420	MC1520/1420
	高电压		CF1536/1436	MC1536/1436
	其他	跨导型	CF3080	LM3080、CA3080
		电流型	CF2900/3900	LM2900/3900
		程控型	CF4250、CF13080	LM4250、LM13080
		电压跟随器	CF110/210/310	LM110/210/310

国外型号：AD—美国模拟器件公司；CA—美国无线电公司；HA—日本日立公司；

ICL—美国英特锡尔公司；LM、LF—美国国家半导体公司；

MC—美国摩托罗拉公司；μA—美国仙童公司；μPC—日本电气公司。

表 H-2 常用集成运算放大器主要参数

参数 型号	输入失调电压 U_{IO} (mV)	输入失调电流 I_{IO} (nA)	输入偏置电流 I_{IB} (nA)	开环电压增益 A_{VD} (V/mV)	输出峰-峰电压 U_{OPP} (V)	共模输入电压范围 U_{ICR} (V)	共模抑制比 K_{CMR} (dB)	电源电压抑制比 K_{SVR} (μV/V)	单位增益带宽 BW_G (MHz)	电源电流 I_S (mA)
CF741	1.0	20	80	200	±14	±12	70	30		1.7
CF124/224/324	±2.0	±3.0	45	100	26	U_+−1.5	85	100 dB		1.0
CF148/248/348	1.0	4.0	30	160	±12	±12	90	96 dB	1.0	2.4
CF1458/1558	1.0	2.0	80	200	±14	±13	90	30		2.3
CF253	5.0	50	100	110	±13.5		100	10		40
CF7621B	5.0	0.5 pA	1.0 pA	102	±4.9	±4.2	91	86 dB	0.48	
CF353	5.0	25 pA	50 pA	100	±13.5	+15 −12	100	100 dB	4.0	3.6
CF715M	2.0	70	0.4 μA	30	±13	±12	92	45 dB		5.5

续表

参数 型号	输入失调电压 U_{IO} (mV)	输入失调电流 I_{IO} (nA)	输入偏置电流 I_{IB} (nA)	开环电压增益 A_{VD} (V/mV)	输出峰-峰电压 U_{OPP} (V)	共模输入电压范围 U_{ICR} (V)	共模抑制比 K_{CMR} (dB)	电源电压抑制比 K_{SVR} (μV/V)	单位增益带宽 BW_G (MHz)	电源电流 I_S (mA)
CF2500	2.0	10	100	30	±12.0	±10.0	90	90 dB		4.0
CF725M	0.5	2.0	42 mA	3000	±13.5	±14	120	2.0		
CF7600	±2			105 dB		±4.0	88	110		
CF1536	14	5.0	15 μA	500	±22	±25	110	35	1.0	
CF1520	5.0	30	0.8 μA	64 dB	±4.0	±4.0	±3.0	90	10	
CF3900			30 μA	2.8				70 dB	2.5	6.2
CF3080	0.4	0.12 μA	2.0 μA			±14	110		2.0	1.0
CF4250	6.0	20	75	60	±12	±13.5	70	74 dB		100 μA
CF13080	±3.0	±30	100	10			85			3.0
CF110	2.5		2.0	0.9999	±10			80 dB		3.9
CF4558	1.0	20	80	200	±12	±13	90	30	2.8	4.5

附录I 常用集成稳压器的主要参数表

表I-1 集成稳压器的分类

分 类	产品型号	国外对应型号	封装形式
三端固定正输出	CW78×× CW78M×× CW78L×	μA78×× 、LM78×× μA78M×× 、LM78M×× μA78L×× 、LM78L××	K02、S1、S6 (S7)、T03
三端固定负输出	CW79×× CW79M×× CW79L××	μA79×× 、LM79×× μA79×× 、LM79M×× μA79L×× 、LM79L××	K02、S1、S6 (S7)、T03
三端可调正输出	CW117 / 217 / 317 CW117M / 217M / 317M CW117L / 217L / 317L	LM117 / 217 / 317 LM117M / 217M / 317M LM117L / 217L / 317L	K02、S1、S6 (S7)、T03
三端可调负输出	CW137 / 237 / 337 CW137M / 237 / 337M CW137L / 237L / 337L	LM137 / 237 / 337 LM137M / 237M / 337M LM137L / 237L / 337L	K02、S1、S6 (S7)、T03
多端可调正输出	CW723 / 723C	μA723、LM723	T10、D14、J14、P14
	CW3085	CA3085	T08、J08
	CW105 / 205 / 305	LM105 / 205 / 305、μPCI41	T08、J08
	CW1569 / 1469	MC1569 / 1469	T10
多端可调负输出	CW104 / 204 / 304	LM104 / 204 / 304、μPCI42	T10
	CW1511	SG1511	T10
	CW1463 / 1563	MC1463 / 1563	T10、D14、J14、P14
正、负对称输出	CW1468 / 1568	MC1468 / 1568	D14、J14、P14

国外型号：AD—美国模拟器件公司；CA—美国无线电公司；SG—美国硅通用公司；
　　　　　ICL—美国英特锡尔公司；LM、LF—美国国家半导体公司；
　　　　　MC—美国摩托罗拉公司；μA—美国仙童公司；μPC—日本电气公司。

表I-2 CW78××、CW79××系列封装形式及引线功能

封装形式	产品名称	引线功能
封装号：S₁	CW78L××	1—U_O, 2—GND, 3—U_I
	CW79L××	1—GND, 2—U_I, 3—U_O
封装号：S₆, S₇	CW78M××、CW78××	1—U_I, 2—GND, 3—U_O
	CW79M××、CW79××	1—GND, 2—U_I, 3—U_O
封装号：K₀₂	CW78××	1—U_I, 2—U_O, 外壳—GND
	CW79××、CW79M××	1—GND, 2—U_O, 外壳—U_I
封装号：T₀₃	CW78L××、CW78M××	1—U_I, 2—U_O, 3—GND
	CW79L××、CW79M××	1—GND, 2—U_O, 3—U_I

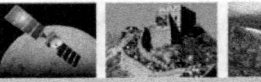

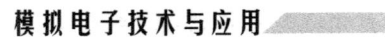

表 I-3 CW78××系列部分电参数规范（全结温，T_A=25℃）

参数名称	符号	单位	CW7805C 最小	典型	最大	CW7812C 最小	典型	最大	CW7815C 最小	典型	最大
输入电压	U_I	V	10			19			23		
输出电压	U_O	V	4.75	5.0	5.25	11.4	12.0	12.5	14.4	15.0	15.6
电压调整率	S_V	mV		3.0	100		18	240		11	300
电流调整率	S_I	mV		15	100		12	240		12	300
静态工作电流	I_D	mA		4.2	8.0		4.3	8.0		4.4	8.0
纹波抑制比	S_{RIP}	dB	62	78		55	71		54	70	
最小输入-输出压差	$U_I - U_O$	V		2.0	2.5		2.0	2.5		2.0	2.5
最大输出电流	I_{Omax}	A		2.2			2.2			2.2	